高等教育规划教材

Android 程序设计

卫颜俊　编著

机 械 工 业 出 版 社

本书介绍了Android应用程序开发所需要的基本知识、基本技术和基本方法，主要内容包括Android基础知识与Android程序的基本结构，Java语言基本语法和面向对象程序设计基础，可视化程序设计，多界面程序设计，以及文件、多媒体、网络、数据库和传感器等技术的应用程序设计，最后介绍了一个天气预报机器人客户端案例。在附录中还提供了 Android和Eclipse的相关参考资料。

本书的组织形式是以 Android 的程序设计实例为主线，从程序设计基本知识出发，到基本程序设计方法，再到应用程序设计技术，最后是案例剖析。本书的编写原则是学以致用，特点是由浅入深、结构清晰、内容实用、例题丰富，非常适合作为具有一定基础的读者系统学习 Android 的教科书或教辅参考书。

本书配套授课电子课件，需要的教师可登录 www.cmpedu.com 免费注册，审核通过后下载，或联系编辑索取（QQ：2850823885，电话：010-88379739）。

图书在版编目（CIP）数据

Android程序设计/卫颜俊编著．—北京：机械工业出版社，2016.1
高等教育规划教材
ISBN 978-7-111-53289-7

Ⅰ.①A… Ⅱ.①卫… Ⅲ.①移动终端—应用程序—程序设计—高等学校—教材 Ⅳ.①TN929.53

中国版本图书馆CIP数据核字（2016）第058301号

机械工业出版社（北京市百万庄大街22号 邮政编码100037）
责任编辑：郝建伟 责任校对：张艳霞
责任印制：常天培
北京机工印刷厂印刷（三河市南杨庄国丰装订厂装订）
2016年5月第1版·第1次印刷
184mm×260mm·17.5印张·434千字
0 001—3 000册
标准书号：ISBN 978-7-111-53289-7
定价：45.00元

出 版 说 明

当前，我国正处在加快转变经济发展方式、推动产业转型升级的关键时期。为经济转型升级提供高层次人才，是高等院校最重要的历史使命和战略任务之一。高等教育要培养基础性、学术型人才，但更重要的是加大力度培养多规格、多样化的应用型、复合型人才。

为顺应高等教育迅猛发展的趋势，配合高等院校的教学改革，满足高质量高校教材的迫切需求，机械工业出版社邀请了全国多所高等院校的专家、一线教师及教务部门，通过充分的调研和讨论，针对相关课程的特点，总结教学中的实践经验，组织出版了这套“高等教育规划教材”。

本套教材具有以下特点：

1）符合高等院校各专业人才的培养目标及课程体系的设置，注重培养学生的应用能力，加大案例篇幅或实训内容，强调知识、能力与素质的综合训练。

2）针对多数学生的学习特点，采用通俗易懂的方法讲解知识，逻辑性强、层次分明、叙述准确而精炼、图文并茂，使学生可以快速掌握，学以致用。

3）凝结一线骨干教师的课程改革和教学研究成果，融合先进的教学理念，在教学内容和方法上做出创新。

4）为了体现建设“立体化”精品教材的宗旨，本套教材为主干课程配备了电子教案、学习与上机指导、习题解答、源代码或源程序、教学大纲、课程设计和毕业设计指导等资源。

5）注重教材的实用性、通用性，适合各类高等院校、高等职业学校及相关院校的教学，也可作为各类培训班教材和自学用书。

欢迎教育界的专家和老师提出宝贵的意见和建议。衷心感谢广大教育工作者和读者的支持与帮助！

机械工业出版社

前　言

计算机技术的发展非常快，特别是在网络技术、移动技术、智能技术和嵌入式技术应用领域更凸显出其应用的广阔天地，每个人、每个企业，乃至整个社会都值得去追逐。

互联网技术的发展给人们提供了新的机会、新的思路乃至新的领域、新的世界，电子商务、搜索引擎和博客等已家喻户晓。随着互联网技术与 3G、4G 移动通信技术的强强结合，由此诞生了移动互联网技术，其应用可以说是日新月异，许多机关、企业和学校的业务系统都迈入这个应用领域，移动服务和云计算服务成为新的消费增长点。其中，Android 智能手机应用开发遥遥领先于其他平台，占据着大半江山，因此，在新时代，掌握 Android 开发技术不仅仅是追新，更可以给个人的发展提供新的契机。

Java 技术是当今最流行、最实用、最全面的计算机技术之一，Java 语言是 Android 平台开发的核心语言，Java 适用于互联网、无线移动通信设备、嵌入式和游戏开发等大部分应用领域。因此，通过学习 Java 语言程序设计，在 Android 平台上进行具体的应用开发，既能够锻炼学生的计算机学习应用综合能力，又能使新技术找到应用的场所。打好这方面的基础，可以使学生掌握新技术，也为学生将来的深造研究、工作创业及创新进行技术储备。

本书编者开发过多个项目，给各大学、企业和培训中心培训过多门多次计算机相关课程，目前仍然致力于计算机教学、研究和开发工作。

编写这本书也是对编者自己多年教学、研究和开发的一个总结，希望能够给后来者提供一些经验，使读者少走弯路，这是编者一直乐于做的事情。

本书介绍了 Android 应用程序（App）开发所需要的基本知识、基本技术和基本方法，主要内容包括 Android 操作系统、Android SDK 及 Android 程序的基本结构，Android 程序开发中所涉及的 Java 语言的基本语法和面向对象程序设计基础，Android 基本可视化程序设计的组成要素，多界面程序设计，文件应用程序设计，多媒体应用程序设计，网络应用程序设计，以及数据库应用程序设计和传感器应用程序设计，最后介绍了一个天气预报机器人客户端案例。在本书附录中还提供了与 Android、Java 和 Eclipse 相关的一些参考资料。各个章节内容安排如下。

第 1 章　Android 简介，主要内容包括 Android 操作系统、Android SDK 及 Android 程序基本结构的简单介绍。

第 2 章　基本语法，主要内容包括 Java 语言的数据类型、运算符和表达式，以及控制结构等。

第 3 章　面向对象，主要内容包括 Java 语言中的类、对象、继承、覆盖、接口和抽象类等。

第 4 章　基本可视化程序设计，主要内容包括 Android 项目的框架结构、界面控件和典型资源设计。

第 5 章　多界面程序设计，主要内容包括菜单、对话框和多活动。

第 6 章　文件应用程序设计，主要内容包括 Java 语言中的文件类与方法、Android 中的资源文件、内存储器文件和SD卡文件的读写方法。

第7章 多媒体应用程序设计，主要内容包括图像显示、图形绘制，以及音频和视频的录制与播放。

第8章 网络应用程序设计，主要内容包括局域网内的C/S结构、Socket网络通信，以及Web和因特网资源访问等。

第9章 数据库应用程序设计，主要内容包括数据库基础知识、SQL语言、SQLite数据管理系统，及其在Android中的数据库应用开发。

第10章 传感器应用程序设计，主要内容包括手机中传感器的基础知识，加速度、光感应和方向等几种典型的传感器的应用，以及GPS位置服务等。

第11章 综合案例分析与设计，主要内容包括对一个手机网络版的天气预报客户端案例的分析、设计与解剖。

附录的主要内容包括 Android SDK 和 Java 的常用包和类、Android 常用资源索引、Eclispe开发工具常用快捷键、Eclispe下调试Android程序的方法，以及常用的ADB命令格式等参考资料。

本书是编者对多年讲授 Android 和 Java 课程的课件、例题、资料和开发经验的总结，基本以 Android 的活动（Activity）类型的程序为主线，从程序设计基本知识，到基本程序设计方法，再到应用型程序设计技术，最后是案例解剖，本着学以致用的原则，由浅入深、结构清晰、内容实用、例题丰富。本书适合具有一定计算机的基础知识和程序设计初步知识的读者系统学习Android之用，也可作为大中专院校和培训机构的教科书或教辅参考书，建议学时至少48学时，其中上课24学时，上机实验24学时以上。由于各章内容是相对独立的，也可以根据学时适当增减，并建议采用多媒体授课方式。

欢迎读者选用本书，但因编者水平有限，本次编写必有纰漏，请提出宝贵的意见和建议，编者将进一步加以改进并致谢。编者的联系方式为Mr.Java@163.com。

在本书的编写过程中，恩师冯博琴教授给了许多指导，李波和赵英良两位老师也提供了不少支持，家人也都非常支持这项工作，特此表示感谢。

编　者

目 录

第1章 Android简介

随着智能手机的普及，手机操作系统变得越来越重要。目前，三大移动操作系统分别是谷歌公司的 Android、苹果公司的 iOS 和微软公司的 Windows Phone。这三种系统的手机各有优缺点，Android 是目前为止功能最完整的智能手机系统，开源是它最大的特点，其上的开发人数和应用程序数量也是最多的；iOS 是一款非常稳定成熟的平台，但价格偏高，不开放，可定制性不强；Windows Phone 问世的时间虽然短，但在易用性方面较好，如强大的云服务及广受欢迎的 Office 工具对用户都很有吸引力。Android 是一个手机开发平台，它采用 WebKit 浏览器引擎，具备触摸屏、高级图形显示和上网功能，用户能够在手机上查看电子邮件、搜索网址、使用 QQ、微信、云服务和观看视频节目等。总的来讲，Android 最为流行的原因是 Android 支持的厂商最多，在其上的开发也是最容易入门的。

本章首先简要介绍 Android SDK 的组成部分及 Android 程序的基本结构，然后讲述 JDK、ADT、Eclipse 和 AVD 的安装、配置与使用步骤，以及怎样通过 AVD 和手机调试并运行 Android 程序，最后通过几个简单的实例展示 Android 程序的基本结构。

1.1 Android基本知识

Android 是一种缩小版的 Linux 系列操作系统，其上一般安装了许多硬件驱动程序和大量的 App，为了学习 Android 程序开发，首先需要对 Android 操作系统和开发平台有所了解，熟悉 Android 程序的基本结构，以及一种开发工具（比如 Eclipse）和开发步骤。

1.1.1 Android概述

Android 是谷歌公司于 2007 年发布的基于 Linux 平台的开源移动操作系统平台，该平台由操作系统、中间件、用户界面和应用软件组成。2008 年美国运营商 T-Mobile USA 在纽约正式发布第一款 Google 手机。随后，谷歌与国际开源手机联盟合作开发了 Android 移动开发平台。Google 与运营商、设备制造商、开发商和其他合作者开发了大量硬件、驱动程序和 App，从而使得 Android 大行兼容之道，普及率大大提高。目前最新版是 Android 6.0，不过本书采用较成熟的 Android 4.4（或称 API 19），对应的 Android SDK 和 ADT 为 v22.3。

Android 的基本底层核心、中间层和虚拟机由谷歌公司控制，其中，Android 的基本底层使用 C 语言开发，而中间层包括函数库和虚拟机使用 C++开发，最上层包括通话程序、短信程序等各种应用软件，向各公司开放并采用开源开发方式，这一层以 Java 语言为主流编程语言。

Android 系统特性包括应用程序框架技术、Dalvik 虚拟机、内部集成浏览器、优化的

2D 和 3D 图形库、SQLite 数据库技术、多媒体支持、GSM 电话、蓝牙、3G、Wi-Fi、照相机、GPS、指南针和加速度计，以及丰富的开发环境，比如设备模拟器、调试工具、内存及性能分析图表，以及 Eclipse 集成开发环境插件等。

Android 操作系统的架构是分层的，结构非常清晰，分工也很明确，主要分成 3 大层，即操作系统层、中间件层和应用程序层。还可以细分为 5 个层次结构，即 Linux 内核、Android 运行时、库、应用程序框架和应用程序，如图 1-1 所示。

图 1-1　Android 操作系统的层次结构

下面对图 1-1 中的每一层进行简要介绍。

1．Linux 内核层（Linux Kernel）

Android 基于 Linux 2.6 内核，提供一些如安全、内存管理、进程管理、网络堆栈和驱动模型等核心系统服务。而其中的 Linux 内核（Linux Kernel）作为硬件和软件之间的抽象层，隐藏了具体硬件细节而为 Android 库和运行时层提供统一的服务，其实就是提供各种各样的硬件驱动程序，包括显示驱动程序（Display Driver）、相机驱动程序（Camera Driver）、蓝牙驱动程序（Bluetooth Driver）、Flash 内存驱动程序（Flase Memory Driver）、特殊驱动程序（Binder IPC）、USB 驱动程序（USB Driver）、键盘驱动程序（Keypad Driver）、Wi-Fi 驱动程序（Wi-Fi Driver）、音频驱动程序（Audio Driver）和电源管理程序（Power Management）。

2．Android 库层（Libraries）

在 Android 应用框架中包含一个 C/C++库的集合，以 API 方式提供系统的各个组件使用。核心库包括显示、绘图、合成和数据存取管理（Surface Manager）、多媒体库（Media Framework）、关系数据库引擎（SQLite）、3D 效果的支持（OpenGL ES）、位图和矢量字体渲染（FreeType）、Web 浏览器引擎（WebKit）、2D 图形引擎库（SGL）、安全数据通信（SSL），以及标准 C 系统库（Libe）。

3．Android 运行时层（Android Runtime）

该层包含一个核心库的集合，提供 Java 语言核心类库中的大部分功能，每一个 Android 应用程序又是在 Dalvik 虚拟机中运行的。

4．应用程序框架层（Application Framework）

该层包含活动管理器（Activity Manager）、窗口程序管理器（Window Manager）、内容提供者（Content Providers）、视图系统（View System）、通知管理器（Notification Manager）、软件包管理器（Package Manager）、电话管理器（Telephony Manager）、资源管理器（Resource Manager）、位置管理器（Location Manager），以及传感器管理器（Sensor Manager）。

5．应用程序层（Aplications）

应用是使用 Java 语言编写的运行在虚拟机上的程序，Android 预装了一个核心应用程序集合，包括电子邮件客户端、SMS 程序、日历、地图、浏览器、联系人和其他设置，进一步还可以由第三方和用户开发更加丰富的应用程序。

1.1.2　Android SDK 体系结构

SDK 是指软件开发工具包（Software Development Kit），是一个软件开发工程师用于为特定的软件包、软件框架、操作系统和硬件平台等构建的一组应用软件和开发工具的集合。而 Android SDK 专指 Android 程序的专属软件开发工具包。

完整的 Android SDK 目录包括以下文件和文件夹。

1）add-ons 是附加的库，比如 Google Maps 等。

2）docs 是 Android SDK API 参考文档。

3）sources 是 Android SDK 源代码。

4）samples 是 Android SDK 自带的默认示例工程。

5）platforms 是每个平台的 SDK 真正的文件，里面会根据 API 级别划分 SDK 版本，比如以 Android 4.4 为例，进入后有一个 android-19 的文件夹，它包含 Android 4.4 SDK 的主要文件，其中 data 保存着一些系统资源， skins 是 Android 模拟器的皮肤，templates 是工程创建的默认模板，android.jar 则是该版本的主要 framework 文件。

6）build-tools 目录里面包含了重要的编译工具，比如 aapt、aidl、逆向调试工具 dexdump 和编译脚本 dx。

7）platform-tools 保存着一些通用工具，比如 adb 等非常重要的程序文件。

8）tools 作为 SDK 根目录下的 tools 文件夹，包含了一些重要工具，比如 ddms 用于启动 Android 调试工具，如 logcat、屏幕截图和文件管理器，而 draw9patch 则是绘制 android 平台的可缩放 png 图片的工具，sqlite3 可以在 PC 上操作 SQLite 数据库，而 monkeyrunner 则是一个不错的压力测试应用，模拟用户随机按键，mksdcard 则是模拟器 SD 卡映像的创建工具，emulator 是 Android SDK 模拟器主程序，ant 为 ant 编译脚本。在其中的 lib 文件夹中还包括各种 jar 库文件。

Android SDK 目录结构如图 1-2 所示。

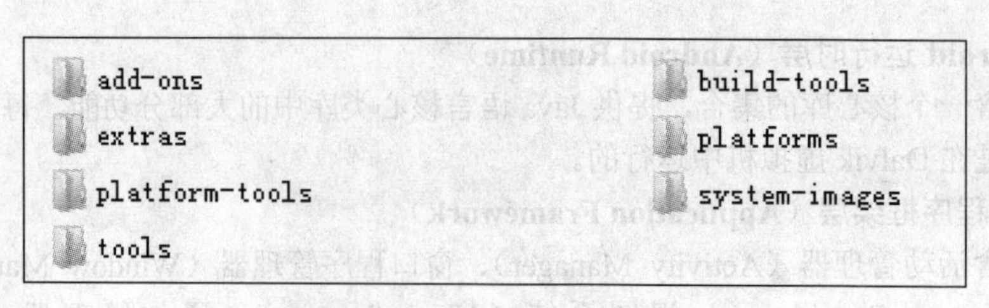

图 1-2 Android SDK 目录结构

1.1.3 基本 Android 开发工具介绍

在开发 Android App 之前，需要安装 Java 和 Android 软件，主要包括 Java JDK、Android SDK 和 API、IDE 集成开发工具 Eclipse，以及 Eclipse 上的 Android 开发插件 ADT。当然也可以选择如 Netbeans、Android Studio 和 IntelliJ IDEA 等其他 IDE，本书所采用的是谷歌公司提供的 Android 与 Eclipse 捆绑套件，是一个免安装版的压缩包，只需要先安装 Java JDK（本书采用“jdk-6u45-windows-i586.exe”），然后解压 Android 与 Eclipse 的捆绑套件压缩包（本书采用“adt-bundle-windows-x86-20131030.zip”），最后在解压后的文件夹中找到 Eclipse.exe，双击这个文件即可打开使用。

1.2 Android 程序开发步骤

一个 Android App 就是一个软件项目，项目中编写的程序代码以 Java 类的源程序文件方式出现，而如人机界面、文本、颜色、菜单、图片和声音等资源却是以 XML 可扩展标记语言文件方式存在的，对于一个较复杂的 App，可能会包含许多 Java 文件和 XML 文件，程序员自己手工维护非常不易，只要使用 Eclipse 开发工具就可以方便管理 Android 项目，大大提高了开发效率，程序员只需要把主要精力放在构思和设计程序上，其他的工作将由 Eclipse 来自动或半自动完成。

1.2.1 Android 基本程序结构

一个简单的 Android 程序只需要关心两个文件即可，一个是称为活动的 Java 类源程序文件，它含有类的定义、类的成员的定义、事件方法的定义、算法代码，以及资源的使用等，是程序的逻辑代码，另一个是人机界面的 XML 描述文件，它是界面大小、布局、字体、颜色和文字等属性的定义，是程序的资源。

活动（Activity）提供抽象的可视化用户界面（或称为图形界面），是一个容器，其中可以放置多个控件，用户与应用程序通过它来交互，活动是 android.app 包中的一个类，需要继承这个类得到活动子类来定制代码，通常一个 Android App 至少编写一个 Activity 子类。所谓活动的生命周期，是指一个图形界面从建立、显示、暂停、恢复、停止到退出等一系列的执行过程，由于这个过程由 Android 操作系统来控制，因此活动的每个生命周期都设计成由操作系统调用的回调方法方式（方法标识符以 on 开头）。表 1-1 列出了活动的 7 个生命周期。

表 1-1　活动的七个生命周期

方法名称	方法体中的代码功能
onCreate()	创建活动时完成一些初始化操作
onStart()	活动启动时执行的代码
onResume()	活动获得用户输入焦点时调用
onPause()	活动失去用户输入焦点时调用
onStop()	活动停止时调用
onRestart()	活动重新开始执行时调用
onDestroy()	活动执行完毕或被系统杀掉时调用

表 1-1 中用得最多的是 onCreate()方法，它是程序的图形界面启动时需要执行的第一步，比如设定活动的图形界面布局、打开文件、打开数据库连接、建立连接网络及控件对象建立等代码都在这个方法中编写。最简单的一个活动子类定义如下。

```
import android.os.Bundle;                          // 导入 Bundle 系统类
import android.app.Activity;                       // 导入 Activity 系统类
public class MainActivity extends Activity {       // 继承 Activity 父类
    @Override                                      // 声明覆盖父类的 onCreate 方法
    protected void onCreate(Bundle bundle) {       // 生命周期方法 onCreate
        super.onCreate(bundle);                    // 调用父类的生命周期方法 onCreate
        setContentView(R.layout.activity_main);    // 显示来自于资源的图形界面
    }
}
```

其中的 Activity 为系统的活动父类，MainActivity 为自定义的活动子类，由于活动父类已经编写过 onCreate()方法，因此在活动子类中再次编写这个方法时，需要指明强制覆盖（@Override）才不容易出错，onCreate()的方法参数为另一个被称为绑定的类（android.os 包中的 Bundle 类），此处主要是由 Android 操作系统在建立图形界面时传递给活动的一些值，当前不去使用而已。onCreate()的方法体中仅包含两条代码，第一条为 super.onCreate(bundle);表示调用父类的同名方法去完成一些默认的任务；第二条为 setContentView(R.layout.activity_main);表示按照所设计好的资源框架布局来显示图形界面，其中的 activity_main 为文件 activity_main.xml 的资源标识符。

布局是图形界面的框架结构，一般是以 XML 文件的形式来保存的，其内容主要是描述在手机屏幕上的图形界面，以及在图形界面中所放置的各个控件的资源 id 号、排列方式、位置、大小、字体、颜色和事件等。布局方式有许多种，最简单的是流线型布局，可以按行或按列排列各个控件，这里的布局文件 activity_main.xml 的内容如下。

```
<?xml version="1.0" encoding="utf-8"?>
<LinearLayout xmlns:android="http://schemas.android.com/apk/res/android"
    android:id="@+id/linearLayout1"
    android:layout_width="fill_parent"
    android:layout_height="fill_parent"
    android:orientation="vertical" >
```

```
    <TextView
        android:id="@+id/textView1"
        android:layout_width="match_content"
        android:layout_height="wrap_content"
        android:text="Hello Android!"
        android:textSize="25dp"
        android:textColor="#ff0000"
        android:background="#ffffff" />
</LinearLayout>
```

以上布局文件中的指定图形界面采用线型（LinearLayout）垂直布局（android: orientation= "vertical"），布局的资源 id 号通过 android:id="@+id/linearLayout1"设定为 linearLayout1，布局的宽度和高度为填满整个手机屏幕（fill_parent）；其中放置了一个文本显示框控件（TextView），其资源 id 号通过 android:id="@+id/textView1"设定为 textView1，宽度为填满界面的一行（match_content），高度为根据自身的文本内容自动调整高度（wrap_content），文本内容为 Hello Android!，文本大小为 25 个独立像素，文本颜色为红色（"#ff0000"），控件背景为白色（"#ffffff"）。

1.2.2 使用 Eclipse 开发最简单的 Android 程序

本节将使用 Eclipse 开发最简单的 Android 程序，步骤如下。

1）安装 Java JDK，这里安装的是 JDK 1.6 版 jdk-6u45-windows-i586.exe，双击这个可执行文件即可启动安装程序，如图 1-3 所示，然后不需要修改任何配置，一直单击“下一步”到最后即可。

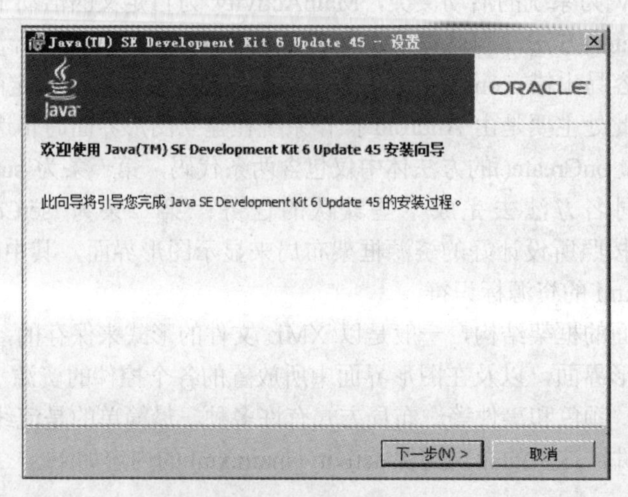

图 1-3　Java JDK 安装起始画面

2）对 Android 与 Eclipse 的捆绑版 adt-bundle-windows-x86-20131030.zip 进行解压，解压到当前文件夹，解压完成后会在当前文件夹中产生一个名为 adt-bundle-windows-x86-20131030 的子文件夹。进入这个文件夹，找到 eclipse 文件夹再行进入，双击 eclipse.exe 可执行文件，进一步会提示确定工作空间（workspace）的位置，用于保存将要开发的每个项目的全部文件的文件夹，如图 1-4 所示，这里的工作空间名称为 i:\androidworkspace1，然后单击 OK 按钮。

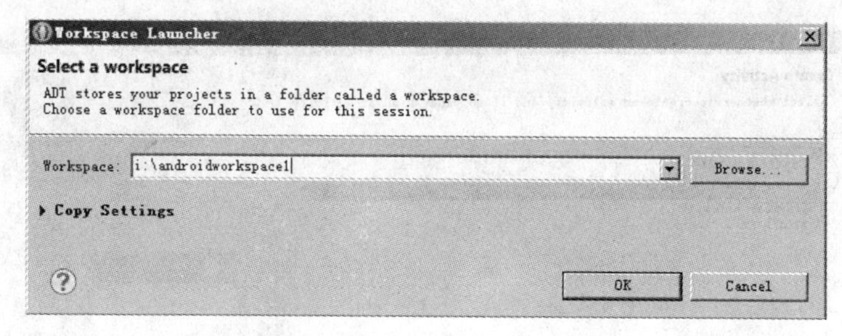

图 1-4　Eclipse 工作空间配置窗口

最后进入 Eclipse 的主界面，如图 1-5 所示。

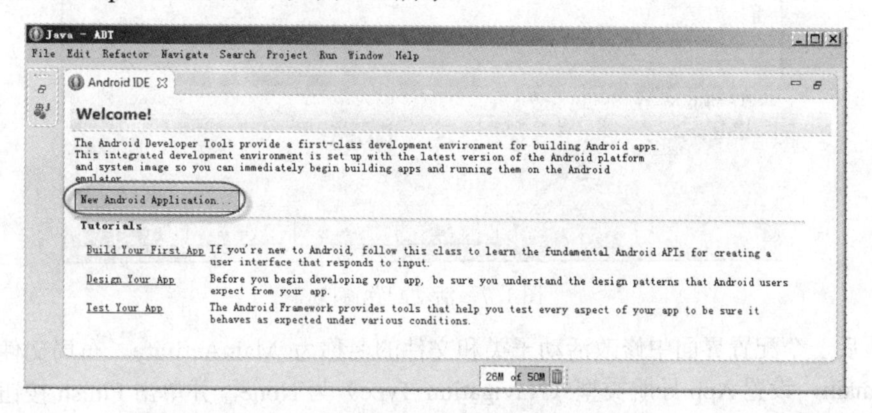

图 1-5　Eclipse 主界面

3）双击 Eclipse 中的 New Android Application 按钮，新建一个 Android App 工程项目，并设置 App 工程名为 HelloAndroid，包名为 com.example.hellloandroid，如图 1-6 所示。

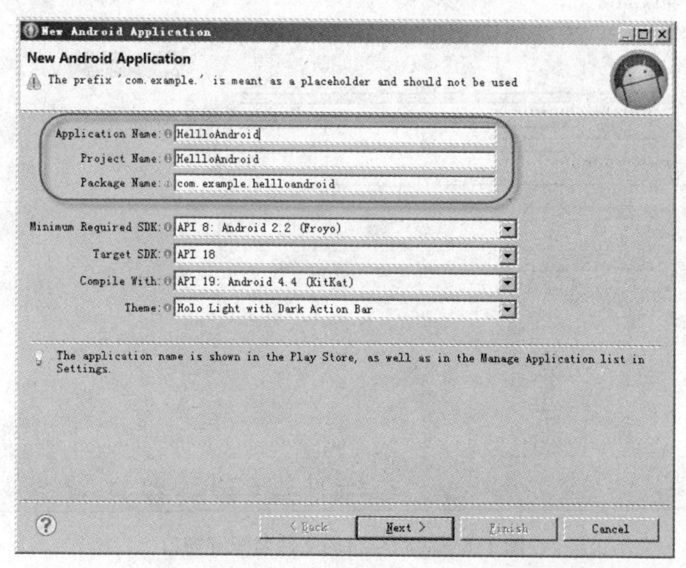

图 1-6　App、工程和包的命名及 SDK 版本配置窗口

接着有好几个工程配置界面，在倒数第二个界面中选择 Create Activity 复选框，并选择 Blank Activity 选项，如图 1-7 所示。

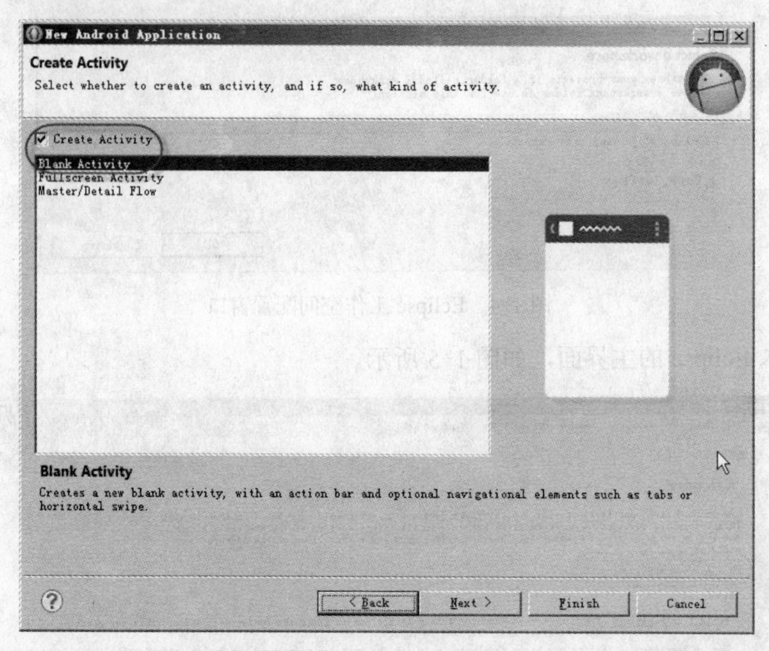

图 1-7　活动配置窗口

在最后一个配置界面中修改活动子类和文件的名称为 MainActivity，布局文件的名称为 activity_main，设置 App 导航类型（Navigation Type）为 None，并单击 Finish 按钮，完成最后的配置，如图 1-8 所示。

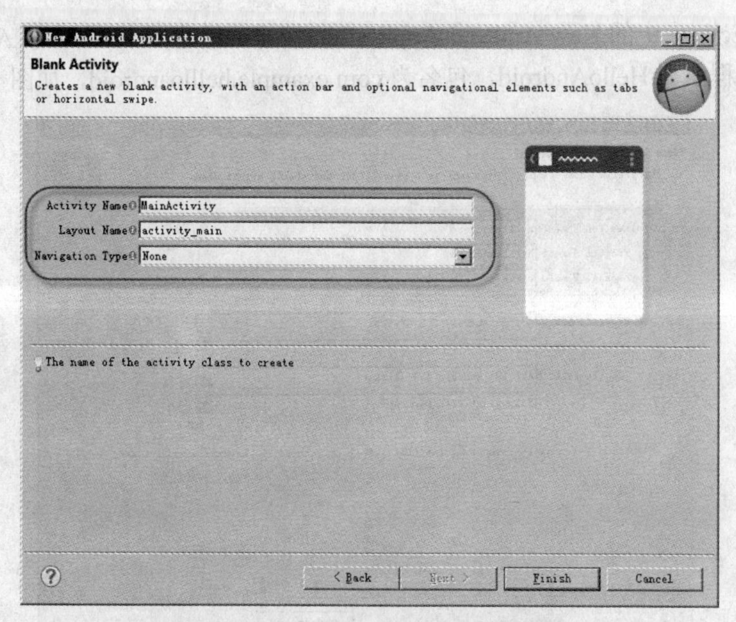

图 1-8　活动与布局文件名配置窗口

配置完成后，Eclipse 会生成所需要的全部文件，稍候会进入 Eclipse 的工程主界面，如

图 1-9 所示。其中左侧为工程浏览窗口，会列出全部工程的层次结构，目前只含有一个名为 HelloAndroid 的工程，最主要的文件有两个，一个是 src 文件夹下面的 MainActivity.java 类文件，另一个是 res\layout 文件夹下面的 activity_main.xml 界面布局文件；中间为代码与资源文件内容标签窗口，目前有两个标签：activity_main.xml 和 MainActivity.java，单击标签可以查看相关的文件内容；右侧为类或资源的轮廓结构窗口；最下面为编译、调试和运行信息提示窗口。这里产生的类文件内容中多出一段关于菜单的 onCreateOptionsMenu (Menu menu)方法代码，可以暂时不去理会。

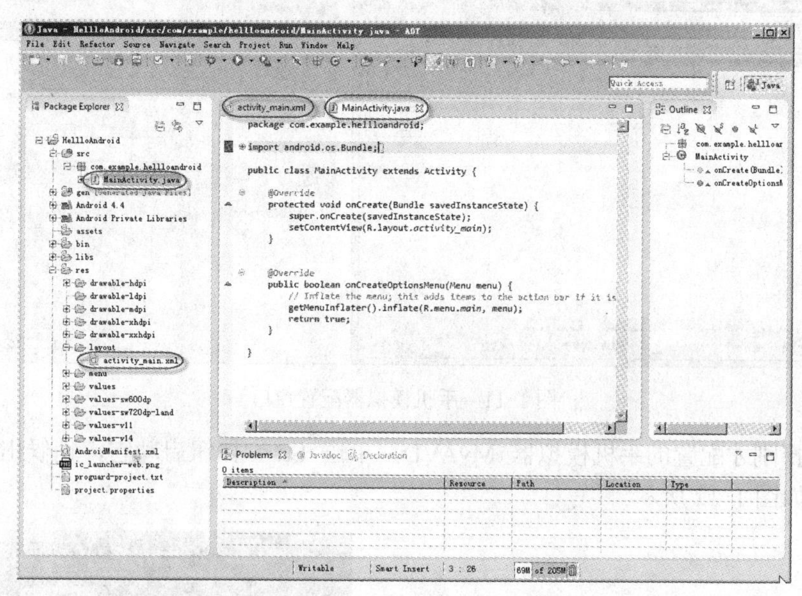

图 1-9　Android App 工程主窗口

4）在运行这个应用程序之前，需要首先配置手机模拟器（AVD）或使用 USB 线连接一部真实 Android 手机。

打开 Eclipse 的 Windows 菜单，选择 Android Virtual Device Manager 选项，进入配置手机模拟器的界面，首先进行手机设备的定义子界面 Device Defintions，选择一个合适的手机型号，这里选的是 Nexus S，并复制（Clone）成一个新的设备 MyMobile，如图 1-10 所示。

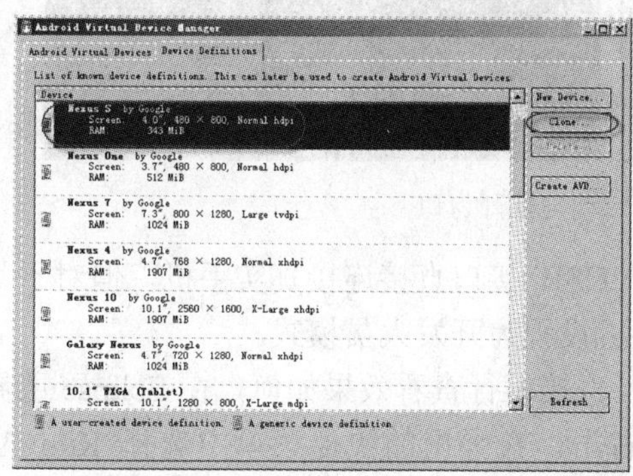

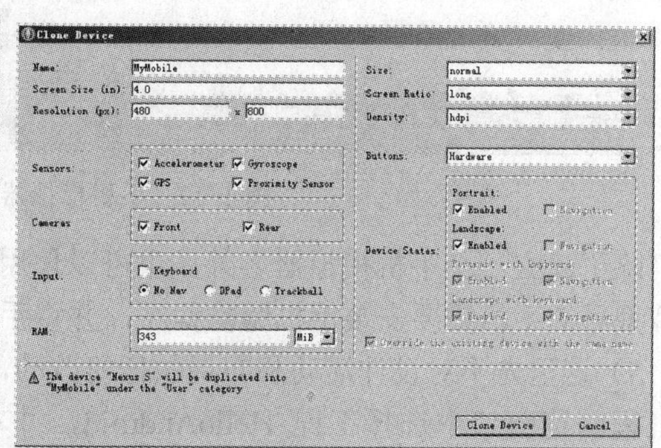

图 1-10　手机设备配置窗口

然后选择 Android Virtual Devices 选项卡，新建一个模拟器 MyAVD，选择的设备类型为刚才复制的 MyMobile，如图 1-11 所示。

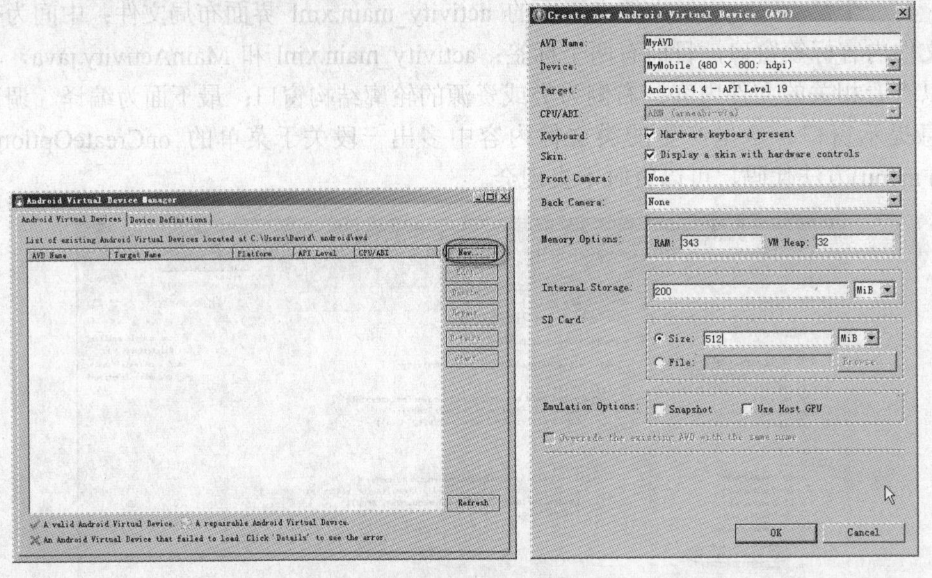

图 1-11　手机模拟器配置窗口

最后选择刚才配置的手机模拟器 MyAVD，单击 Start 按钮启动它，稍候出现手机模拟器的界面，如图 1-12 所示。

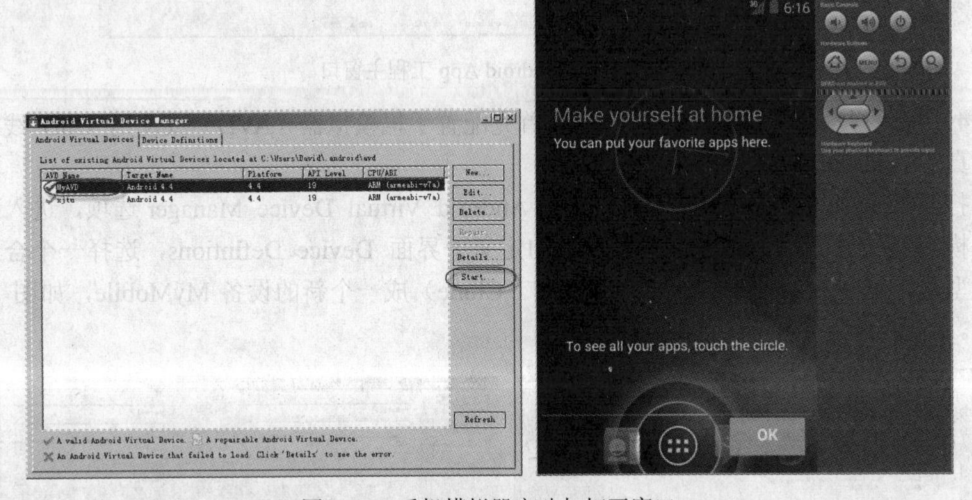

图 1-12　手机模拟器启动与打开窗口

除了建立一个手机模拟器之外，也可以使用 USB 接口直接连接真实手机，但对于某些品牌型号的手机需要安装手机驱动程序，并将手机设置为开发人员模式。

5）这里先不对设计活动和布局做任何改动，直接运行查看效果如何，在 Eclipse 主界面的工程浏览窗口中选择工程 HelloAndroid，并右击，在弹出的快捷菜单中选择 Run As→Android Application 命令，如图 1-13 所示，如果配置多个手机或手机模拟器的话，还会出现一个选择窗口。

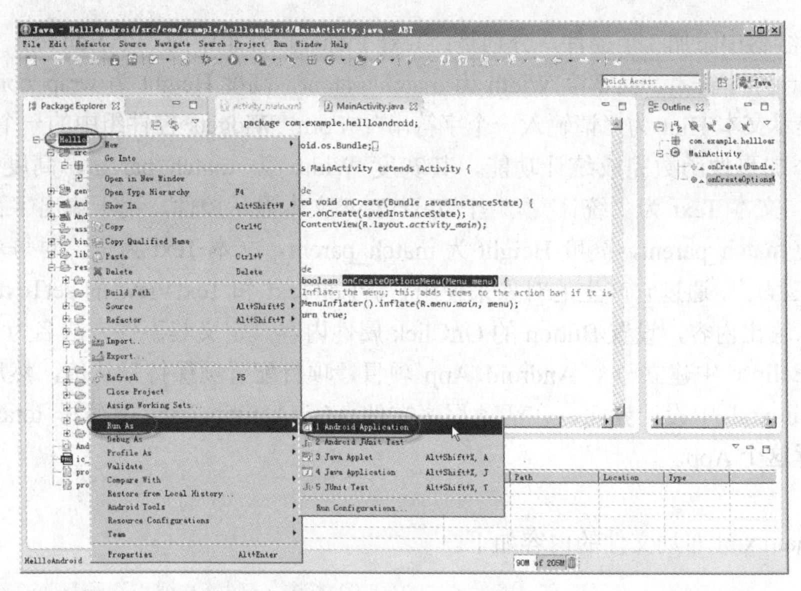

图 1-13　App 运行菜单

这里建立的工程 App 的运行结果如图 1-14 所示。

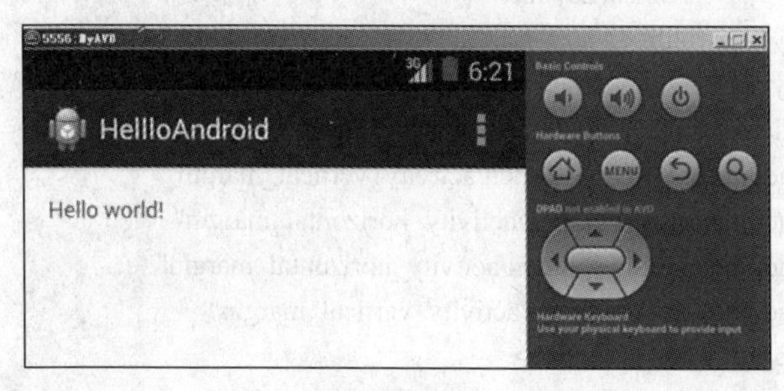

图 1-14　App 运行结果窗口

以上就是一个最简单的 Android App 的配置、开发与运行过程。

如果在以上工程中的 activity_main.xml 文件的 TextView 标签下增加以下内容。

```
android:ellipsize="marquee"
android:marqueeRepeatLimit="marquee_forever"
android:scrollHorizontally="true"
android:singleLine="true"
```

则会出现走马灯效果，读者不妨一试。

1.3　综合例题

【例 1-1】 编写一个程序，用于统计一个字符串中所含字符的个数。

题目分析：

本题的 App 名和工程名都为 example1_1，包名为 com.example.example1_1，活动名为 MainActivity，布局名为 activity_main。需要将活动的布局方式设定为 LinerLayout 线型垂直布

局，并在布局容器中添加3个控件，分别是：Text Fields控件组中的一个EditText文本输入控件，用于输入一个字符串，其宽度Width为match_parent，高度Height为wrap_content，文本Text为空，提示文本Hint为“请输入一个字符串”；Form Widgets控件组中的一个Button按钮控件，并添加事件函数完成统计功能，其宽度Width为match_parent，高度Height为wrap_content，文本Text为“统计”；一个TextView文本显示控件，用于输出字符个数，其宽度Width为match_parent，高度Height为match_parent，文本Text为空。对每个控件增加id号，以便在程序中通过它产生的对象来使用它。EditText和TextView的setText和getText方法用于输入输出内容，设置Button的OnClick属性内容，定义其事件方法名为total。

首先在Eclipse中建立一个Android App项目，项目配置项保持默认值，然后在布局文件layout_main.xml中设计界面，在活动程序文件MainActivity.java中编写total方法的代码，最后运行这个App。

程序：

layout_main.xml布局文件的内容如下。

```
<LinearLayout xmlns:android="http://schemas.android.com/apk/res/android"
    xmlns:tools="http://schemas.android.com/tools"
    android:id="@+id/LinearLayout1"
    android:layout_width="match_parent"
    android:layout_height="match_parent"
    android:orientation="vertical"
    android:paddingBottom="@dimen/activity_vertical_margin"
    android:paddingLeft="@dimen/activity_horizontal_margin"
    android:paddingRight="@dimen/activity_horizontal_margin"
    android:paddingTop="@dimen/activity_vertical_margin"
    tools:context=".MainActivity" >

    <EditText
        android:id="@+id/editText1"
        android:layout_width="match_parent"
        android:layout_height="wrap_content"
        android:ems="10"
        android:hint="请输入一个字符串"
        android:text="" >

        <requestFocus />
    </EditText>

    <Button
        android:id="@+id/button1"
        android:layout_width="match_parent"
        android:layout_height="wrap_content"
        android:onClick="total"
        android:text="统计" />
```

```
    <TextView
        android:id="@+id/textView1"
        android:layout_width="match_parent"
        android:layout_height="match_parent"
        android:text="" />

</LinearLayout>
```

MainActivity.java 活动源程序文件的内容如下。

```
package com.example.example1_1;

import android.os.Bundle;
import android.app.Activity;
import android.view.View;
import android.widget.EditText;
import android.widget.TextView;

public class MainActivity extends Activity {

    @Override
    protected void onCreate(Bundle savedInstanceState) {
        super.onCreate(savedInstanceState);
        setContentView(R.layout.activity_main);
    }

    public void total(View view) {
        EditText editText1 = (EditText) this.findViewById(R.id.editText1);
        String str = editText1.getText().toString();
        int strlen = str.length();

        TextView textView1 = (TextView) this.findViewById(R.id.textView1);
        textView1.setText("" + strlen);
    }
}
```

运行结果：

程序初始运行结果和输入一个字符串进行统计后的结果如图 1-15 所示。

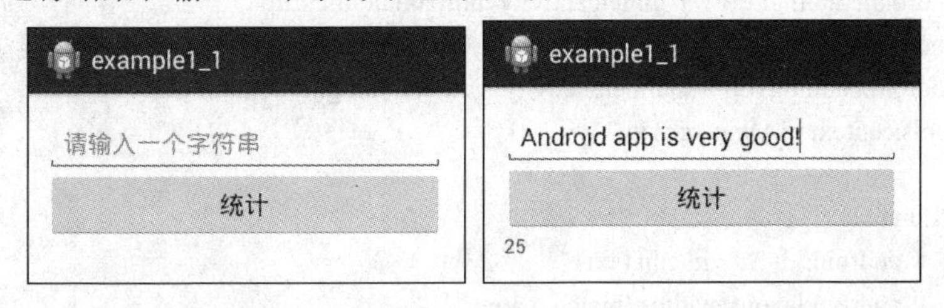

图 1-15 【例 1-1】程序运行结果

程序分析：

本题需要使用活动类的 findViewById()方法和资源 id 参数来建立 editText1 控件和 textView1 控件的对象，然后使用 EditText 类的 getText()方法取得 editText1 控件的文本字符串，并使用系统提供的字符串类 String 的 length()方法取得字符串中字符的长度，最后将这个长度转换为字符串，并使用 TextView 类的 setText()方法显示到 textView1 控件中。

【例 1-2】 编写计算阶乘的程序。

题目分析：

本题的 App 名和工程名均为 example1_2，包名为 com.example.example1_2，活动名为 MainActivity，布局名为 activity_main。界面设计与【例 1-1】类似。

计算阶乘算法的程序片段如下。

```
int fact=1;
for(int i=1;i<=n;i++)
{
   fact=fact*i;
}
```

其中的整数 n 由 editText1 控件中输入的字符串并通过使用 Integer 类中的 parseInt()函数转换而来。

```
int n=Integer.parseInt(editText1.getText().toString());
```

fact 变量保存最后的阶乘计算结果，最后显示到 textView1 控件中。

```
textView1.setText(""+fact);
```

程序：

layout_main.xml 布局文件的内容如下。

```
<LinearLayout xmlns:android="http://schemas.android.com/apk/res/android"
    xmlns:tools="http://schemas.android.com/tools"
    android:id="@+id/LinearLayout1"
    android:layout_width="match_parent"
    android:layout_height="match_parent"
    android:orientation="vertical"
    android:paddingBottom="@dimen/activity_vertical_margin"
    android:paddingLeft="@dimen/activity_horizontal_margin"
    android:paddingRight="@dimen/activity_horizontal_margin"
    android:paddingTop="@dimen/activity_vertical_margin"
    tools:context=".MainActivity" >

    <EditText
        android:id="@+id/editText1"
        android:layout_width="match_parent"
        android:layout_height="wrap_content"
```

```
            android:ems="10"
            android:hint="请输入一个整数"
            android:text="" >

            <requestFocus />
        </EditText>

        <Button
            android:id="@+id/button1"
            android:layout_width="match_parent"
            android:layout_height="wrap_content"
            android:onClick="calc"
            android:text="计算阶乘" />

        <TextView
            android:id="@+id/textView1"
            android:layout_width="match_parent"
            android:layout_height="match_parent"
            android:text=""
            android:textAlignment="center" />

    </LinearLayout>
```

MainActivity.java 活动源程序文件的内容如下。

```
package com.example.example1_2;

import java.math.BigInteger;

import android.os.Bundle;
import android.app.Activity;
import android.view.View;
import android.widget.EditText;
import android.widget.TextView;

public class MainActivity extends Activity {

    @Override
    protected void onCreate(Bundle savedInstanceState) {
        super.onCreate(savedInstanceState);
        setContentView(R.layout.activity_main);
    }

    public void calc(View view) {
        EditText editText1 = (EditText) this.findViewById(R.id.editText1);
        TextView textView1 = (TextView) this.findViewById(R.id.textView1);
```

```
            int n = Integer.parseInt(editText1.getText().toString());
            int fact = 1;
            for (int i = 1; i <= n; i++) {
                fact = fact * i;
            }

            textView1.setText("" + fact);
        }
    }
```

运行结果：

程序的初始运行结果和输入 10 进行阶乘计算后的结果如图 1-16 所示。

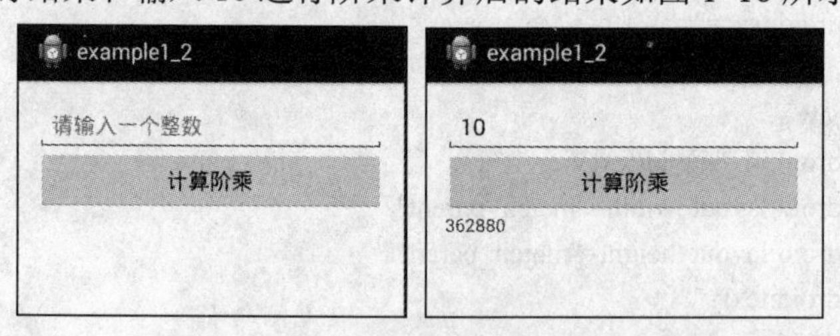

图 1-16 【例 1-2】程序运行结果

扩展思考：

尽管本题计算阶乘的算法是通用的，但由于 fact 变量是 int 类型，只能计算 12 以内数的阶乘，很有局限性。如果把 fact 变量的类型改为 long，也仅仅可以计算 20 以内数的阶乘。为了计算大数的阶乘，需要使用系统提供的 BigInteger 大数类，以及它的构造方法和乘法方法。

构造方法格式为：BigInteger(String val);

两个大整数乘法方法格式为：BigInteger multiply(BigInteger val);

由此可以将上面的阶乘算法代码改写为如下计算大数阶乘的形式。

```
BigInteger fact = new BigInteger("1");
for (int i = 1; i <= n; i++) {
   fact = fact.multiply(new BigInteger("" + i));
}
```

这段代码可以计算百、千、万等大数的阶乘，比如计算 200 的阶乘结果如图 1-17 所示。

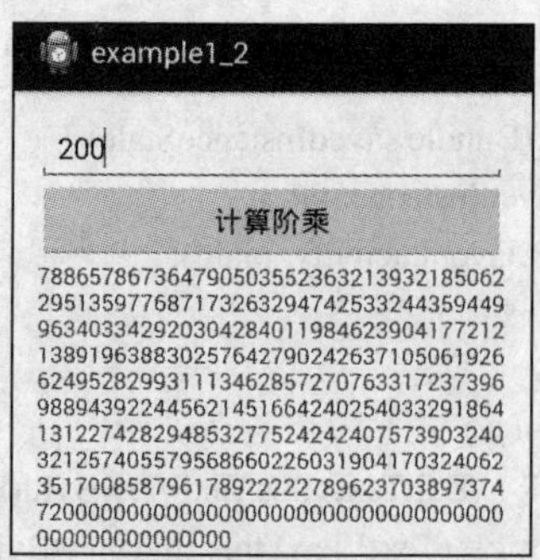

图 1-17 【例 1-2】中计算 200 阶乘的程序运行结果

1.4 习题 1

1. 请写出 Android SDK 的 5 个命令和意义。

2. Android 包括哪几个部分？

3. 列出 8 个 Android 开发网站网址。

4. 列出开发 Android 程序的常用软件名称及版本。

5. 如何安装、配置和使用 Java JDK 软件、Android-SDK 和 Eclipse 软件？

6. Android 程序的基本结构是怎样的？请写出 Android 的“Hello World”程序的主要内容部分。

7. 请写出 10 本 Android 开发参考书清单。

8. 编写给朋友显示一张贺卡的程序。要求能够输入自己和朋友的姓名及贺语。

注：需要使用三个 EditText 控件完成输入，一个 Button 控件执行事件，一个 TextView 控件输出贺卡结果。

9. 编写摄氏和华氏温度转换程序。

注：需要使用两个 EditText 控件完成输入和输出，两个 Button 控件执行转换事件。

10. 编写根据边长计算三角形面积的程序。

注：需要使用三个 EditText 控件完成输入，一个 Button 控件执行事件，一个 TextView 控件输出结果。

11. 编写对一组数进行排序的程序。

注：需要使用一个 EditText 控件完成输入，一个 Button 控件执行事件，一个 TextView 控件输出排序结果。对输入的字符串应使用 String 类的 split()函数分隔字符串，对于分割符为空格的情况，split()函数分割结果为一个一维的字符串数组，其使用格式示例如下。

```
String[] results=str.split("\\s");
```

然后需要将这个字符串数组转换为整数数组，可以选择冒泡、插入或选择等算法对数组进行排序。

12. 编写求斐波那契第 n 项和前 n 项之和的程序。

注：需要使用一个 EditText 控件完成输入，一个 Button 控件执行事件，一个 TextView 控件输出结果。

第2章　基本语法

Android SDK API 和 Android App 的开发是以 Java 语言为蓝本的，因此本章简要介绍一下 Java 的基本语法，首先介绍基本数据类型，包括整数、字符、浮点数和布尔等 8 种，然后介绍常用的运算符与表达式，包括算术、关系、逻辑和二进制位运算符与表达式；接着介绍控制结构，包括顺序控制结构、输入输出格式、分支、循环和异常控制结构；最后介绍复合数据类型，包括数组、字符串和系统提供的一些高级的类，比如系统类、数据类型类、日期时间类、集合类和映射类等。通过本章的学习，应对 Java 语言基本语法有所了解，使读者更好地去掌握后面章节中的所涉及的算法题目。

2.1　基本数据类型与变量

Java 语言中的基本数据类型包括整数、字符、浮点数和布尔等 8 种类型，在基本类型中还要考虑数的进制问题（比如十进制、八进制和十六进制数），字符转义表示，以及常量和变量的定义与使用问题。

2.1.1　整数类型

整数分 4 种，分别是字节类型（byte）、短整数类型（short）、整数型（int）和长整数类型（long），它们的二进制位数分别为 8 位、16 位、32 位和 64 位，都是带符号的整数，表示范围如表 2-1 所示。

表 2-1　整数类型的表示范围

类型名	范　围	十进制表示范围	用符号量表示范围
byte	$-2^7 \sim 2^7-1$	–128 ～ 127	Byte.MIN_VALUE～Byte.MAX_VALUE
short	$-2^{15} \sim 2^{15}-1$	–32768 ～ 32767	Short.MIN_VALUE～Short.MAX_VALUE
int	$-2^{31} \sim 2^{31}-1$	–2147483648 ～ 2147483647	Integer.MIN_VALUE～Integer.MAX_VALUE
long	$-2^{63} \sim 2^{63}-1$	–9223372036854775808 ～ 9223372036854775807	Long.MIN_VALUE～Long.MAX_VALUE

由表 2-1 还可以看出，每个整数类型都对应着 Java 语言中的一个类，这些类分别是 Byte、Short、Integer 和 Long。其中，Byte.MIN_VALUE 的值就是-128，而 Byte.MAX_VALUE 的值就是 127，以此类推。

可以使用以上整数类型定义变量和常量，变量的定义格式是类型在前，标识符在后，常量在变量定义的最左边再加上 final 修饰符，并且常量的名称为全大写字符。变量和常量必须赋初值。在程序中书写整数时，有时为了区别类型，可以在数之后加上 L 后缀，表示是 long 类型而不是其他类型。还可以采用十六进制（0x 前缀）和八进制（O 前缀）的形式书写整数，以下列举几个例子。

```
byte x;
short x;
int x;
int y=100;
int z=0x64;
int u=O144;
long v=100L;
final int MAXVALUE=100;
```

2.1.2 字符类型

字符类型（char）采用国际上标准的 Unicode 编码方式进行编码，编码结果为 16 位的无符号整数，可以表示全世界任何文字中的一个字符，表示范围如表 2-2 所示。

表 2-2 整数类型的表示范围

类型名	范　　围	十进制表示范围	用符号量表示范围
char	'\u0000' ~ '\uffff'	0 ～ 65535	Character.MIN_VALUE～Character.MAX_VALUE

由表 2-2 还可以看出，字符类型对应着 Java 语言中的一个 Character 类。Character.MIN_VALUE 的值就是 0，而 Character.MAX_VALUE 的值就是 65535，以此类推。另外'\u0000'和'\uffff'分别表示十六进制转义字符。

对变量赋初值时，可以为空白字符（''）。以下列举几个例子。

```
char c;
char c= 'A';
char c= '我';
```

也支持对于西文 ASCII 编码的转义字符，包括'\t'、'\\'、'\''、'\"'、'\r'、'\n'和'\b'，分别表示制表符、右斜线、单引号、双引号、回车、换行和退格符。

还可以使用 3 位八进制转义字符'\xxx'表示一个 ASCII 编码的字符，使用 4 位十六进制转义字符'\uxxxx'表示一个 Unicode 编码的 ASCII 编码字符或中文字符。以下列举几个例子。

```
char c='\u6211';        // 中文'我'
char c=0xCED6;          // 中文'我'
char c='\167';          // 字符'w'
```

2.1.3 浮点类型

浮点数分两种，分别是单精度类型（float）和双精度类型（double），它们的二进制位数分别为 32 位和 64 位，都是带符号的实数，表示范围如表 2-3 所示。

表 2-3　浮点类型的表示范围

类型名	绝对值最小值	绝对值最大值	用常量表示的范围
float	$2^{-149}(\approx10^{-38})$	$(2-2^{-23})\cdot2^{127}(\approx10^{38})$	Float.MIN_VALUE～Float.MAX_VALUE
double	$2^{-1074}(\approx10^{-308})$	$(2-2^{-52})\cdot2^{1023}(\approx10^{308})$	Double.MIN_VALUE～Double.MAX_VALUE

由表 2-3 还可以看出，每个浮点类型都对应着 Java 语言中的一个类，这些类分别是 Float 和 Double。其中，Float.MIN_VALUE 的值就是 E-38、而 Float.MAX_VALUE 的值就是 E38，依此类推。

可以使用以上浮点类型定义变量和常量。对变量赋初值时，可以为零。在程序中书写浮点数时，有时为了区别类型，可以在数之后加上 F 后缀，表示是 float 类型，或加上 D 后缀，表示是 double 类型。以下列举几个例子。

```
float f=8.12345F;
double d=12345.6;
        d=12345.6D;
        d=1.2345E+4;
final double MAXVALUE=789.456;
```

2.1.4　布尔类型

布尔类型的类型名为 boolean，表示一种条件的真假结果，可以是 true（真）和 false（假）值。布尔类型对应着 Java 语言中的一个 Boolean 类。可以使用布尔类型定义变量和常量。对变量赋初值时，可以为 false。以下列举几个例子。

```
boolean t;
        t=true;
        t=false;
```

2.2　运算符与表达式

Java 语言的主要运算符包括算术、关系、逻辑和位 4 种运算符，将变量、常量和数值等运算数通过运算符连接起来的有意义的式子就是表达式，与运算符对应的也有 4 种表达式，即算术、关系、逻辑和位运算表达式。

2.2.1　算术运算符

算术运算符包括加（+）、减（-）、乘（*）、除（/）和取余（%），以及自加（++）和自减（—）快捷运算符（单目运算符）。算术表达式最终结果的数据类型取其中运算数中最大的那个数据类型。举例如下。

```
int x=7;
int y=3;
```

```
int z=x/y;          // z 的值为 2
  z=x%y;            // z 的值为 1
  z=x++/--y;        // z 的值为 3
```

2.2.2 关系运算符

关系运算符用于完成两个运算数之间的比较运算，比较结果为布尔真假值 true 或 false。包括 6 种关系运算符：==（等于）、!=（不等于）、<（小于）、<=（小于或等于）、>（大于）和>=（大于或等于）。举例如下。

```
int x=3;
int y=5;
boolean a=x<y;           //a 的结果为 true
        a=x>=y;          //a 的结果为 false
```

2.2.3 逻辑运算符

逻辑运算符用于连接两个关系表达式，以完成进一步的复杂比较运算，逻辑表达式的结果仍为布尔量。逻辑运算符包括&&（与）、||（或）、!（反）和~（异或）4 种。其中，“&&”表示两个关系表达式同时成立时，结果为真，否则为假。“||”表示两个关系表达式中有一个成立时，结果为真，否则为假。“!”表示关系表达式结果的反。“~”表示两个关系表达式结果不同时，结果为真，否则为假。举例如下。

```
int x=3;
int y=5;
int z=7;
boolean a=x<y && y<z;           //a 的结果为 true
        a=x>=y || z>=y;         //a 的结果为 true
        a=!(x<y);               //a 的结果为 false
        a=x<y ~ y>z;            //a 的结果为 true
```

2.2.4 位运算符

位运算符主要完成两个数的二进制位之间的 4 种运算，包括&（位与）、|（位或）、^（位异或）和~（位取反）等，以及一个二进制数的移位运算，包括>>（带符号右移）、<<（带符号左移）和>>>（无符号右移）等。其中，“&”表示对两个二进制数各对应位进行比较，都为 1 则结果为 1，否则为 0；“|”表示对两个二进制数各对应位进行比较，有一个为 1 则结果即为 1，否则为 0；“^”表示对两个二进制数各对应位进行比较，互不相同时结果为 1，否则为 0；“~”表示对二进制数各位求反，为 1 时结果为 0，反之为 1。使用“>>”和“<<”进行位运算时需要考虑整数的符号（正数最高位置为 1、负数最高位置为 0）及数据类型，右移时需要根据数的正负保留符号位并对左侧空缺的补 1 和 0，左移时需要对右侧空缺的补 0，“>>>”运算符不保留符号位并将所有位进行右移，左侧空缺的全补 0。举例如下。

```
byte x = 62;
byte z = x>>2;          // z 的结果为 15
     z = x<<2;          // z 的结果为 121

byte y = -90;
     z = y>>>2;         // z 的结果为 1073741801
     z = x & y;         // z 的结果为 26
     z = x | y;         // z 的结果为-1
     z = x ^ y;         // z 的结果为-25
     z = ~y;            // z 的结果为 37
```

2.3 控制结构与标准输入/输出

一段程序通常由多条语句组成，并按一定的逻辑次序执行，这就是控制结构，分为简单和复杂两种。Java 语言包括顺序、分支、循环和异常 4 种控制结构，本节先从顺序控制结构和标准输入/输出讲起。

2.3.1 顺序控制结构与标准输入/输出

一个程序从总的来讲是顺序执行的，从输入到处理再到输出，其中输入用来接受外部提供的数据，处理是对这些数据按照规定的算法进行操作，输出一般用于将计算结果显示在屏幕上，如图 2-1 所示。

图 2-1　程序的顺序控制结构

在输入部分，Java 语言提供了一个 Scanner 类专门来接受程序运行过程中的键盘输入，并支持整数、浮点数、字符、布尔和字符串等各种数据。首先使用以下格式定义该类的对象 Scanner。

```
Scanner scanner = new Scanner(System.in);
```

其中 System.in 为 System 类的一个成员变量，代表控制台的标准输入。

接着可以使用以下方法接受输入的各种数据。

```
int x=scanner.nextInt();                // 整数
double x=scanner.nextDouble();          // 浮点数
String str =scanner.next();             // 一段字符串
       str =scanner.nextLine();         // 一行字符串
```

在输出部分，Java 语言提供了两个很简单的方法 System.out.println()或 System.out.print()来显示程序运行结果，并支持整数、浮点数、字符、布尔值和字符串等各种数据，其中前者输出后进行换行，后者则不换行。举例如下。

```
int a=3;
double b=5;
double c=a+b;

System.out.print(a);
System.out.print('+');
System.out.print(b);
System.out.print('=');
System.out.println(c);
```

或

```
System.out.println(""+a+'+'+b+'='+c);
```

除此之外，Java 语言还提供了一种被称为格式化输出的输出方法 System.out.printf()，格式如下。

```
PrintStream printf (String  格式字符串, Object...  参数);
```

其中，常用的格式字符串书写形式为：%[参数序号$][标志][宽度][.精度]转换。

现举例如下。

```
int a=34;
double d=3.14159;
char c1='A';
char c2='B';
char c3='C';
char c4='D';
String str="Hello";

System.out.printf ("%1$3d,%1$-3d,%1$3x,%2$8.2f\t",a,d);
System.out.printf ("%4$c,%3$c,%2$c,%1$c,%5$s\r\n",c1,c2,c3,c4,str);
```

其中，“%1$3d”表示按照 3 位十进制数的形式输出第 1 个参数（即 a），“%1$-3d”表示按照 3 位十进制数的形式左对齐输出第 1 个参数（即 a），“%1$3x”表示按照 3 位十六进制数的形式输出第 1 个参数（即 a），“%2$8.2f”表示按照 8 位十进制数其中小数占两位的形式输出第 2 个参数（即 d），“%4$c,%3$c,%2$c,%1$c”表示按照倒序形式先输出字符 c1、c2、c3 和 c4，“%5$s”表示按照字符串形式输出 str。

2.3.2　分支控制结构

有这样一个关于噪声对人体危害的话题，统计分析结果表明，当噪声强度低于 50dB 时，人群处于安静状态；当介于 51～70dB 之间时，人群有不适之感；当介于 91～110dB 时，噪声非常令人烦恼；一旦大于 110dB，人群一般会出现心律不齐和心神不宁的状况。这个问题不是一个答案，而是根据输入的值的不同范围得出不同的答案。类似的，Java 语言提供了两种分支控制结构来书写此类情况下的语句，一种是一般分支 if-else 语句，另一种是多分支 switch-case 语句。

if-else 语句的格式如下。

```
if (关系或逻辑表达式 1)
  语句 1;
else if (关系或逻辑表达式 2)
  语句 2;
...
else
  语句 n;
```

像分段函数和一元二次方程求根等简单的问题直接使用 if-else 语句即可，举例如下。

```
if(x>0)     y=x;
else     y=-x;

double delta = b * b - 4 * a * c;
if (delta == 0)
  // 输出重根
else if (delta > 0)
  // 输出实根
else
  //输出复根
```

而对于像将百分制分数转为五分制的程序虽然可以使用 if-else 结构来写，但过于累赘，此时建议采用 switch-case 结构。

switch-case 语句的格式如下。

```
switch(数值表达式){
  case 值 1:
    语句 1;
    break;
  case 值 2:
    语句 2;
    break;
 ...
  case 值 n:
    语句 n;
    break;
  default:
    其他语句;
}
```

其中，“数值表达式”的值类型仅限于 boolean、byte、short、char、int 和 string，值 1～值 n 为常量，必须与“数值表达式”的值类型保持一致。当“数值表达式”的结果为值 1 时，执行语句 1，以此类推，当“数值表达式”的结果不在值 1～值 n 的范围内时，执行

default 之后的其他语句。break 表示执行语句完成后，跳出 switch 块。

下面程序段将百分制分数转换为五分制，其中的 score/10-5 的正常取值范围为 0～5，代码如下。

```
Scanner sc = new Scanner(System.in);
int score = sc.nextInt();
String grade;
switch (score / 10 - 5) {
case 5:
case 4:
    grade = "优";
    break;
case 3:
    grade = "良";
    break;
case 2:
    grade = "中";
    break;
case 1:
    grade = "及格";
    break;
default:
    grade = "不及格";
    break;
}
System.out.print("分数 = " + score);
System.out.println("，分数段 = " + grade);
```

2.3.3 循环控制结构

如果在分支控制结构中的语句不是执行一次就完成，而是需要反复执行多次才能得到满意的结果的话，就需要使用循环控制结构，典型的基本循环问题有：1+2+3+…+n、对数组求最大值和数组排序等。

Java 语言提供了 4 种循环语句，即 while、do-while、for 和 for each 语句，下面分别介绍其格式。

while 语句的格式如下。

```
while (关系或逻辑表达式)
  语句;
```

do-while 语句的格式如下。

```
do
  语句;
while (关系或逻辑表达式);
```

for 语句的格式如下。

```
for(循环变量赋初始值;关系或逻辑表达式;循环变量值的修正)
  语句;
```

for each 语句的格式如下。

```
for(变量类型  变量名:数组或集合)
  语句;
```

对于 1+2+3+⋯+n 这个求和问题，可以采用 3 种循环控制结构来书写。

采用 while 格式书写的代码片段如下。

```
s=0;
i=1;
while (i<=n)
{
  s=s+i;
  i=i+1;
}
```

采用 do-while 格式书写的代码片段如下。

```
s=0;
i=1;
do
{
  s=s+i;
  i=i+1;
}while (i<=n);
```

采用 for 格式书写的代码片段如下。

```
s=0;
for(i=1;i<=n;i++)
{
  s=s+i;
}
```

关于数组求最大值的问题，可以使用 for each 控制结构书写。

```
int [] a={1,2,3,4,5,6,7,8};
int max=a[0];
for(int x:a)
{
  if(x>max)max=x;
}
```

这里，x 的值是数据 a 中的下一个元素，直到取完为止。

2.3.4 异常控制结构

除了以上介绍的正常的控制结构之外，Java 还提供了一种异常控制结构，用于捕获如分母为零、数据类型转换不正确、根号中为负值、数组和字符串下标超界，以及引用空对象等异常情况，异常控制结构格式如下。

```
try{
   主语句;
}catch(异常类 异常对象参数){
   异常处理语句;
}finally{
   完成语句;
}
```

当主语句正常执行完时，还需要执行 finally 中的完成语句；而当主语句出现异常执行不下去的情况时，系统会带上异常对象跳转到 catch 中去执行异常处理语句，执行完后还需要执行 finally 中的完成语句。而且 catch 可以并列多个，表示可能发生的多种异常。Java 语言提供了许多异常类，专门表示各种不同的异常信息，主要有异常父类 Exception，基本异常子类包括分母为零异常 ArithmeticException、数组下标超界异常 ArrayIndexOutOfBounds Exception、数据类型错误异常 NumberFormatException 和对象空引用异常 NullPointerException 等。举例如下。

```
Scanner scanner=new Scanner(System.in);
try
{
   int x= scanner.nextInt();
   int y= scanner.nextInt();
   int z=x/y;
}catch(Exception e)
{
   z=0;
}finally
{
   System.out.println("z="+z);
}
```

使用异常子类改写以上例子如下。

```
Scanner scanner=new Scanner(System.in);
try
{
   int x= scanner.nextInt();
   int y= scanner.nextInt();
   int z=x/y;
   System.out.println("z="+z);
```

```
        }
        catch(NumberFormatException e)
        {
           System.out.println("数据类型不对。");
        }catch(ArithmeticException e)
        {
            System.out.println("分母不能为零。");
        }catch(Exception e)
        {
            System.out.println("其他异常出现。");
        }
        finally
        {
           System.out.println("完成!");
        }
```

较复杂的异常控制结构还有：自定义异常子类定制自己的异常信息；使用 throw 语句人为抛出一个异常对象；使用 throws 修饰符加在被调用方法上表示声明抛出异常，一旦产生异常时该方法不进行处理，而是交给调用者来处理。

2.4 复合数据类型

Java 语言中的复合数据类型包括较简单的数组和字符串，以及系统提供的一些高级类，如系统类、数据类型类、日期时间类、集合类和映射类等。

2.4.1 数组类型

数组代表一批同类型的变量，在内存中，数组所代表的变量按顺序连续存放，数组本身使用一个标识符来定义，称为数组名，它所代表的每一个变量称为数组元素，每个数组元素在内存中所处的相对位置称为下标，数组中元素的个数称为数组长度。

Java 语言中的数组分为一维数组、二维数组和多维数组，在这里不对多维数组作介绍。

1．一维数组

一维数组含有一个下标，定义格式如下。

```
数据类型[] 数组名[][=初值];
```

其中，数据类型可以是任何数据类型，包括简单类型和复杂类型，使用“[]”表示是数组变量而不是简单变量。

数组的初始化分为静态初始化和动态初始化两种，其中的静态初始化是使用一对大括弧“{ }”加数据来对数组进行初始化，必须用在数组定义中等号的右边。动态初始化是使用构造对象的方法（new 运算符）来初始化数组的大小，也必须用在等号的右边，举例如下。

```
int[] a = {1, 2, 3, 4, 5, 6, 7, 8, 9, 10};           // 定义并静态初始化有 10 个元素的整数数组
int length = 30;
```

```
float[] score = new float[length];              // 定义并动态初始化有 30 个元素的浮点数数组
String[] countryName = { "中国", "美国", "法国"};  // 定义并静态初始化有 3 个元素的字符串数组
countryName = new String[]{"中国", "美国", "法国" , "德国" }; // 重新动态初始化有 4 个元素的字
                                                            //符串数组
```

一维数组定义和初始化好以后，就可以通过使用数组名和下标来访问指定的一个元素，而数组的元素个数可以通过一个特殊的常量 length 来获得，举例如下。

```
int y=a[3];
for(int i=0;i<score.length;i++)
{
  score[i]=90;
}
for(int i=0;i<countryName .length;i++)
{
  System.out.println(countryName[i])
}
```

2．二维数组

在 Java 语言中，可以将二维数组理解为数组的数组，即为一个特殊的一维数组，其每个元素又是一个一维数组。二维数组有两个下标，分别代表行和列，并有两个长度分别代表行数和各行的列数。标准的二维数组类似于矩阵，但是多数情况下各行的列数是不同的。二维数组定义格式如下。

```
类型名[][]  数组名  [=初值];
```

二维数组的初始化也包括静态初始化和动态初始化两种格式，静态初始化的方法与一维数组类似，只不过需要使用两级的“{}”；动态初始化也与一维数组类似，只不过需要指定行数和列数，或先指定行数，再指定列数。举例如下。

```
int a[][] = new int[3][3];
int b[][] = {
      {1, 2, 3}, {4, 5, 6}, { 7, 8, 9}
};
int c[][] = new int[3][];
c[0] = new int[3];
c[1] = new int[2];
c[2] = new int[1];
int d[][] = {
      {1, 2, 3}, {4, 5}, {6}
};
int e[][] = {
      {1, 2}, null, {3, 4, 5}
};
```

二维数组定义和初始化好之后，就可以使用数组名和下标来访问指定的一个元素，此

时应写上两个下标。而数组的行数和列数均可以通过一个特殊的常量 length 按不同的层次来获得，举例如下。

以上定义了一个二维数组 a 并动态初始化了一个 3×3 的整数类型的元素，其中，a.length 等于 3，a[0].length、a[1].length 和 a[2].length 均等于 3，可使用的元素包括。

a[0][0]、a[0][1]、a[0][2]

a[1][0]、a[1][1]、a[1][2]

a[2][0]、a[2][1]、a[2][2]

接着定义并静态初始化了二维数组 b，与 a 情况一样，并且每个元素均有确定的值。

1、2、3

4、5、6

7、8、9

又定义并动态初始化了二维数组 c，它包含 3 个一维数组，c.length 等于 3，c[0].length 等于 3，c[1].length 等于 2，c[2].length 等于 1，可使用的元素包括以下几个。

c[0][0]、c[0][1]、c[0][2]

c[1][0]、c[1][1]

c[2][0]

还定义并静态初始化了二维数组 d，与 c 情况一样，并且每个元素均有确定的值。

1、2、3

4、5

6

最后定义并静态初始化了二维数组 e，它包含 3 个一维数组，e.length 等于 3，e[0].length 等于 2，e[1].length 等于 0，e[2].length 等于 3，可使用的元素包括以下几个。

e[0][0]、e[0][1]

e[2][0]、e[2][1]、e[2][2]

并且每个元素均有确定的值：

1、2

3、4、5

可以通过循环语句使用以上的二维数组 e，代码如下。

```
for (int i = 0; i < e.length; i++) {
    for (int j = 0; j < e[i].length; j++) {
        System.out.println(e[i][j]);
    }
}
```

3．数组算法

Java 语言提供了以下一些方法大大简化了数组的定义、初始化、复制、查找、排序和输出等手续，主要的方法如下。

说明：以下方法中的 T 代表任意数据类型。

1）初始化方法：java.util.Arrays 类的 static void fill(T[] a,T val);

其中，a 为要初始化的数组，val 为初始化值。

2）拷贝方法：java.lang.System 类的 static void arraycopy(T[] src,int srcPos, T[] dest,int destPos, int length);

其中，src 为原始数组，srcPos 为原始数组起始下标，dest 为目标数组，destPos 为目标数组起始下标，length 为要拷贝的元素个数。

3）克隆方法：数组本身的 Object clone();

其中，返回值为目标数组。该方法与“=”运算符有很大区别，“＝”表示数组引用，而 clone 表示复制。

4）比较方法：java.util.Arrays 类的 static boolean equals(T[] a1,T[] a2);

其中，a1、a2 为要比较的两个数组，该方法与“==”有很大区别，“==”表示为同一个引用，而 equals 表示元素相等。

5）数组排序方法：java.util.Arrays 类的 static void sort(T[] a);

其中，a 为待排数组。

6）查找方法：java.util.Arrays 类的 static int binarySearch(T[] a,T key);

其中，a 为待查数组，key 为查找关键值，返回值为查找到的数组下标，如果未找到，则返回-1。

7）元素批输出方法：java.util.Arrays 类的 static String toString(T[] a);

其中，a 为待输出数组，返回值为数组元素构成的字符串。如果直接输出 a 的话，得到的只是 a 的内存标识号，而不是所有元素值。

2.4.2 字符串类型

字符串在程序中是非常重要的一种复合数据类型，之所以说它重要，主要是因为在网页设计、Android 手机界面设计和网络数据库应用设计当中使用字符串非常频繁。某人说的一段话就是一个字符串，在程序中一般使用一对双引号把它括起来，作为一个整体来看待。

Java 语言提供定长字符串和可变长字符串两类字符串形式，有时为了提高存取效率，应采用定长字符串，即使用 String 类的对象，其特点是不可修改，只能进行读取和查找；有时则为了修改的灵活性，采用可变长字符串，即使用 StringBuffer 类的对象，其特点是可以随意修改其内容，它具有长度（即所包含的字符数）和容量（即缓冲区的大小）两个属性。

1．定长字符串

定长字符串的定义格式如下。

```
String 变量名=<字符串文字量>;
```

其中，<字符串文字量>为由一对双引号（""）括起来的字符序列。

还可以使用 String 类的构造方法来定义一个字符串对象如下。

```
String()  // 构造一个空字符串
String(String original)    // 由原始字符串构造新的字符串
```

```
String(char[] value)   // 由字符数组构造字符串
```

举例如下。

```
String word="月随碧山转，水合青天流。杳如星河上，但觉云林幽。";
String s=new String();
String firstName=new String("杰克");
char asc[]={'伦', '敦'}
String lastname=new String(asc);
String fullname=new String(firstName +'•'+ lastname);
```

定长字符串的长度可以通过方法 length()来获得，而其他的处理方法如表 2-4 所示。

表 2-4　String 类的常用方法

构造方法或普通方法格式	说　明
int length()	计算字符串的长度
char charAt(int index)	取得指定下标位置的字符
int indexOf(int ch)	取得指定字符在字符串中第一次出现的下标位置
int lastIndexOf(int ch)	取得指定字符在字符串中最后一次出现的下标位置
String substring(int beginIndex, int endIndex)	取得一个字符串的子字符串
boolean equals(Object anObject)	比较两个字符串的值
Static String format(String format, Object... args)	格式化指定参数的字符串形式
String trim()	去掉字符串的左右空白
String concat(String str)	串联两个字符串
String replace(char oldChar, char newChar)	用 newChar 替换字符串中出现的所有 oldChar 字符
String[] split(String regex)	根据匹配给定的正则表达式来拆分此字符串
String toLowerCase()	将字符串中的所有字符都转换为小写
String toUpperCase()	将字符串中的所有字符都转换为大写
char[] toCharArray()	将字符串转换为一个新的字符数组
static String valueOf(T t)	返回 T 类型参数值的字符串形式，其中 T 为任何数据类型

2．可变长字符串

可变长字符串为 StringBuffer 类的对象，不能直接通过赋值语句对其进行赋值，而必须使用以下的构造方法来进行定义。

StringBuffer()：构造一个其中不带字符的字符串缓冲区，其初始容量为 16 个字符。

StringBuffer(int capacity)：构造一个不带字符，但具有指定初始容量的字符串缓冲区。

StringBuffer(String str)：构造一个字符串缓冲区，并将其初始化为指定的字符串内容。

举例如下。

```
StringBuffer s = new StringBuffer();                    // 空字符串
StringBuffer t = new StringBuffer(28);          // 容量为 28 个字符、长度为 0 个字符的字符串
StringBuffer u = new StringBuffer("地球只有一个，请爱惜她！");  // 有内容的字符串
```

可变长字符串有下列一些处理方法，如表 2-5 所示。

表 2-5　StringBuffer 类的常用方法

属性、构造方法或普通方法格式	说　明
int length()	计算字符串的长度
int capacity()	计算字符串的当前容量（缓冲区大小）
char charAt(int index)	取得指定下标位置的字符
int indexOf(String str)	取得指定子字符串在字符串中第一次出现的下标位置
int lastIndexOf(String str)	取得指定子字符串在字符串中最后一次出现的下标位置
String substring(int start, int end)	取得指定下标范围的子字符串
String toString()	转换为定长字符串
StringBuffer insert(int offset, T b)	将 T 参数插入指定下标位置
StringBuffer append(T t)	将 T 参数追加到该字符串尾
StringBuffer replace(int start, int end, String str)	使用给定的子字符串替换指定下标范围的每个字符
StringBuffer reverse()	反转字符串
void setCharAt(int index, char ch)	修改给定下标位置的字符为 ch
void setLength(int newLength)	修改字符串的长度
StringBuffer deleteCharAt(int index)	删除指定下标位置的字符

最后通过实例介绍一下整数与字符串、字符数组与字符串、定长字符串与可变长字符串之间的转换方法，而其他数据类型与字符串之间的转换类似。

```
int x=123;
String s=""+x;                          // 整数转字符串
s=String.valueOf(x);                    // 整数转字符串
s="456";
x=Integer.parseInt(s);                  // 字符串转整数

char[] a={'a','b','c','d','e','f'};
s=new String(a);                        // 字符数组转字符串
a=s.toCharArray();                      // 字符串转字符数组

StringBuffer t=new StringBuffer(s);     // 定长字符串转可变长字符串
s=t.toString();                         // 可变长字符串转定长字符串
```

2.4.3　日期时间类型

Java 语言提供 System 类，不但可以进行标准输入输出和数组的处理，还可以进行系统时间的获得，比如，通过 System.currentTimeMillis()获得以毫秒（ms）为单位的当前时间的长整数值，通过 System.nanoTime()获得以纳秒（ns）为单位的当前时间的长整数值。在 java.util 包中还提供了日期时间处理方面更全面的 Date、Calendar 和 GregorianCalendar 3 个类，下面将进行简要介绍。

1．Date 类

Date 类把日期解释为年、月、日、时、分和秒，主要方法如表 2-6 所示。

表 2-6　Date 类

构造方法或普通方法格式	说　明
Date()	构造方法，取得当前日期
Date(long date)	构造方法，取得指定长整数所表示的日期
boolean after(Date when)	判断此日期是否在指定日期之后
boolean before(Date when)	测试此日期是否在指定日期之前
Object clone()	返回此日期的副本
int compareTo(Date anotherDate)	比较两个日期的顺序
boolean equals(Object obj)	比较两个日期的值是否相等
void setTime(long time)	修改日期的值

2．Calendar 类

Calendar 类为抽象类，除了把日期解释为年、月、日、时、分和秒之外，还提供了多种日期属性和日期处理方法，如表 2-7 所示。

表 2-7　Calendar 类

属性、构造方法或普通方法格式	说　明
static int AM_PM	表示是在中午之前还是在中午之后
static int DAY_OF_MONTH	表示一个月中的某天
static int DAY_OF_WEEK	表示一个星期中的某天
static int DAY_OF_YEAR	表示当前年中的天数
static int ERA	表示公元前或后
static int HOUR	表示上午或下午的小时
static int HOUR_OF_DAY	表示一天中的小时
static Calendar getInstance()	取得当前日期
void add(int field, int amount)	对日期增加或减去指定的时间量
boolean after(Object when)	判断此日期是否在指定日期之后
boolean before(Object when)	判断此日期是否在指定日期之前
int get(int field)	取得日期的给定字段的值
int getActualMaximum(int field)	取得日期的给定字段的最大值
int getActualMinimum(int field)	取得日期的给定字段的最小值
Date getTime()	取得对应的 Date 对象
long getTimeInMillis()	返回毫秒时间值
void set(int year, int month,int date,int hourOfDay,int minute,int second)	修改日期值
void setTime(Date date)	用 Date 类的值修改该日期值
void setTimeInMillis(long millis)	用给定的 long 值修改该日期值

3．GregorianCalendar 类

GregorianCalendar 类为 Calendar 类的子类，可以直接构造对象，除了 Calendar 类的一些方法之外，还提供了下列主要方法，如表 2-8 所示。

表 2-8　GregorianCalendar 类

构造方法或普通方法格式	说　明
GregorianCalendar()	构造方法，取得当前日期
GregorianCalendar(int year, int month, int dayOfMonth, int hourOfDay, int minute, int second)	构造方法，取得指定的日期
boolean isLeapYear(int year)	确定给定的年份是否为闰年

举例如下。

```
Calendar now = new GregorianCalendar();                    //取得当前日期时间
int era = cal.get(Calendar.ERA);                           //获得公元，0=BC, 1=AD
int year = cal.get(Calendar.YEAR);                         //获得年份
int month = cal.get(Calendar.MONTH);                       //获得月份，0=Jan, 1=Feb, ...
int day = cal.get(Calendar.DAY_OF_MONTH);                  //获得天，1...
int dayOfWeek = cal.get(Calendar.DAY_OF_WEEK);             //获得星期几，1=Sunday, 2=Monday, ...
int hour12 = cal.get(Calendar.HOUR);                       //获得 12 进制小时，0..11
int hour24 = cal.get(Calendar.HOUR_OF_DAY);                //获得 24 进制小时，0..23
int min = cal.get(Calendar.MINUTE);                        //获得分钟，0..59
int sec = cal.get(Calendar.SECOND);                        //获得秒，0..59
int ms = cal.get(Calendar.MILLISECOND);                    //获得毫秒，0..999
int ampm = cal.get(Calendar.AM_PM);                        //获得上午和下午，  0=AM, 1=PM
boolean b = cal.isLeapYear(1998);                          //判断是否为闰年
days = cal.getActualMaximum(Calendar.DAY_OF_MONTH);             //获得本月最大天数
Date today = now.getTime();                                //获得 Date 类型的日期时间对象

Calendar last = new GregorianCalendar(1997, Calendar.DECEMBER, 25);
Calendar next = new GregorianCalendar(1999, Calendar.JANUARY, 1);
b = xmas.after(newyears);                                  //判断两个日期的前后关系，false
b = xmas.before(newyears);                                 //判断两个日期的前后关系，true
```

2.4.4　集合类型

在 Java 的 java.util 包中提供了聚集类（Collection），用于表示预先不知道个数的一批数据，比使用数组更加灵活。它又可以进一步分为 3 种，一种称为集合（Set），其中的元素不能重复，如果向里面添加已经存在的对象，则会覆盖前面的对象；第二种是列表（List），其中的对象是以线性方式存储的，为有序序列，其中的每个元素都有对应的顺序索引号来标识；第三种是队列（Queue），主要用于模拟队列的数据结构。队列是一种数据结构，它有两个基本操作，在队列尾部加入一个元素称为入队，从队列头部移除一个元素称为出队，队列以一种先进先出的方式管理数据。

集合中常用的子类有：哈希集合（HashSet）和树集合（TreeSet），均为自动维持升序排列的集合。

列表中常用的子类有：向量（Vector）、栈（Stack）、链（LinkedList）和数组（ArrayList）。

队列中常用的子类有：链（LinkedList）和数组式队列（ArrayDeque）。

举例如下。

```
SortedSet set = new TreeSet();                              // 构造树集合对象
set.add("c");                                               // 增加元素
set.add("b");                                               // 增加元素
set.add("a");                                               // 增加元素

for (Iterator   it = collection.iterator(); it.hasNext();)  // 使用迭代器获取全部元素
{
    Object element = it.next();                             // 下一个元素
    System.out.println(element+' ');                        // 输出这个元素
}
```

输出结果为：a　b　c。

```
ArrayList array = new ArrayList();                          // 构造数组对象
collection.add(0,"1234");                                   // 增加元素
collection.add(1,5678);                                     // 增加元素
collection.add(2,3.1415926);                                // 增加元素
for (Iterator   it = collection.iterator(); it.hasNext();)  // 使用迭代器获取全部元素
{
    Object element = it.next();                             // 下一个元素
    System.out.print(element+'   ');                        // 输出这个元素
}
```

输出结果为：1234　5678　3.1415926。

```
Queue queue = new LinkedList();  // 构造队列对象
queue.add("item1");              // 入队
queue.add("item2");              // 入队
queue.offer("item3");            // 入队
queue.offer("item4");            // 入队
System.out.print(queue.peek());  // 获取第一个元素
System.out.print(queue.poll());  // 出队
System.out.print(queue.poll());  // 出队
```

输出结果为：item1　item1　item2。

2.4.5 映射类型

在 Java 的 java.util 包中还提供了映射类（Map），用于保存具有映射关系的一批数据。其中存放键-值对数据（key-value），而且不包含重复的键，并要求每个键最多对应一个值。映射类包括的子类有：TreeMap、HashMap 和 LinkedHashMap，均为自动维持升序排列的映射子类，HashTable 为一般的映射子类。举例如下。

```
Map map = new HashMap();
map.put("zhang", "张");
map.put("Li", "李");
map.put("Wang", "王");
```

```
// 按键迭代输出
for (Iterator it = map.keySet().iterator(); it.hasNext(); ) {
    Object key = it.next();
    System.out.println(key);
}

// 按值迭代输出
for (Iterator it = map.values().iterator(); it.hasNext(); ) {
    Object value = it.next();
    System.out.println(value);
}

// 按键-值对迭代输出
for (Iterator it = map.entrySet().iterator(); it.hasNext(); ) {
    Map.Entry entry = (Map.Entry) it.next();
    Object key = entry.getKey();
    Object value = entry.getValue();
    System.out.println(key + "-" + value);
}
```

除此之外，还有其他一些集合类，比如 Collections、Arrays 和 Comparator，主要用于查找、排序、替换、同步控制，以及设置不可变集合等操作。

2.4.6 数学类型和随机类型

1．数学类型

Java 语言的核心语言包（java.lang）中提供了数学类，用于进行各种常见的数学运算。

Math.PI：记录圆周率。

Math.E：记录自然底数 e 的常量。

Math.abs：求绝对值。

Math.sin：正弦函数。

Math.asin：反正弦函数。

Math.cos：余弦函数。

Math.acos：反余弦函数。

Math.tan：正切函数。

Math.atan：反正切函数。

Math.atan2：商的反正切函数。

Math.toDegrees：弧度转化为角度。

Math.toRadians：角度转化为弧度。

Math.ceil：得到不小于某数的最小整数。

Math.floor：得到不大于某数的最大整数。

Math.IEEEremainder：求余。

Math.max：求两数中的最大者。

Math.min：求两数中的最小者。

Math.sqrt：求开方。

Math.pow：求某数的任意次方。

Math.sqrt(x)：求 x 的平方根。

Math.pow(x,y)：求 x 的 y 次方。

Math.exp：求 e 的任意次方。

Math.log10：求以 10 为底的对数。

Math.log：自然对数

Math.rint：求距离某数最近的整数（可能比某数大，也可能比它小）。

Math.round：同上，返回 int 型或者 long 型（上一个函数返回 double 型）。

Math.random：返回 0～1 之间的一个随机数。

2．随机类型

Java 语言的工具包（java.util）中提供了随机类 Random，专门用于产生各种类型的随机数，比 Math.random()方法更好用。

Random()：构造方法，创建一个随机数生成器。

Random(long seed)：构造方法，使用种子创建一个随机数生成器。

int nextInt()：返回一个均匀分布的伪随机整数。

int nextInt(int n)：返回一个在[0,n]区间均匀分布的伪随机整数。

long nextLong()：返回一个均匀分布的伪随机整数。

boolean nextBoolean()：返回一个均匀分布的伪布尔数。

double nextDouble()：返回一个在[0,1]区间均匀分布的伪浮点数。

2.5 综合例题

【例 2-1】 根据输入的 x 和精度值 ε，编写计算 arsin(x)的程序。

arsin(x)写成级数的形式如下：$\arcsin(x)=x+\frac{x^3}{2\cdot 3}+\frac{1\cdot 3\cdot x^5}{2\cdot 4\cdot 5}+...+\frac{(2n)!x^{2n+1}}{2^{2n}(n!)^2(2n+1)}$

其中，x 和ε的值由键盘输入，然后根据|u|<ε计算该函数的近似值。

题目分析：

本题首先需要建立一个纯 Java 语言的工程，然后添加一个名为 example2_1 的类，并增加一个主方法 main()。

在算法上，主要是需要将第 n 个通项与第 n-1 个通项相除，得到一个系数作为这两项的关系，即：k= (2 * n - 1) * (2 * n - 1) * x * x / 2 / n / (2 * n + 1); u_n=k*u_{n-1};

程序：

```
import java.util.Scanner;

public class example2_1 {

    // 计算 arcsin(x)函数的定义
```

```
        static double arcsin(double x, double delta) {
            double u = 1;
            double arcsin_x = x;
            for (int n = 1; Math.abs(u) > delta; n++) {
                u *= (2 * n - 1) * (2 * n - 1) * x * x / 2 / n / (2 * n + 1); // 通项
                arcsin_x += u;    // 求和
            }
            return arcsin_x;
        }

        public static void main(String[] args) {
            Scanner sc = new Scanner(System.in);
            System.out.println("请输入 x 和 delta 的值:");
            double x = sc.nextDouble();
            double delta = sc.nextDouble();

            System.out.println("arcsin(" + x + ")=" + arcsin(x, delta));
        }

    }
```

运行结果：

```
请输入 x 和 delta 的值:
.5 .000007
arcsin(0.5)=0.5471964751063737
```

【例 2-2】 编写使用二维数组显示杨辉三角形的程序。

杨辉三角形是指二项式$(a+b)^n$ 的展开式中当 n 分别取 0、1、2…时每一项的系数分别排在第 n 行构成的三角形。

题目分析：

经过分析，杨辉三角形中的每一行除最左和最右列为 1 之外，中间的每一行每一列的值有如下关系式。

每一行每一列的值=上一行当前列的值+上一行前一列的值。

杨辉三角形有行有列，所以本例最适宜采用二维数组存放结果，首先定义一个二维数组，然后根据键盘输入的 n 确定二维数组的行数，再确定第 i 行的列数，最后按以上关系式对每个元素赋值。

程序：

```
import java.util.Scanner;

public class example2_2 {

    public static void main(String[] args) {
```

```
            Scanner sc = new Scanner(System.in);
            int n = sc.nextInt();                           // 键盘输入整数 n

            // 计算杨辉三角形
            int[][] yangHui = new int[n][];                 // 杨辉三角形的行数为 n
            for (int i = 0; i < yangHui.length; i++) {
                yangHui[i] = new int[i + 1];                // 杨辉三角形第 i 行的列数为 i+1
                yangHui[i][0] = 1;                          // 杨辉三角形第 i 行第 0 列的值为 1
                // 计算杨辉三角形第 i 行第 j 列的值
                for (int j = 1; j < yangHui[i].length - 1; j++) {
                    yangHui[i][j] = yangHui[i - 1][j] + yangHui[i - 1][j - 1];
                }
                yangHui[i][i] = 1;                          // 杨辉三角形第 i 行第 i 列的值为 1
            }
            // 显示杨辉三角形
            for (int i = 0; i < yangHui.length; i++) {
                for (int j = 0; j < yangHui[i].length; j++) {
                    System.out.print(yangHui[i][j] + "\t");
                }
                System.out.println();
            }

        }

    }。
```

运行结果：

```
请输入 n 的值:10
1
1   1
1   2   1
1   3   3   1
1   4   6   4   1
1   5   10  10  5   1
1   6   15  20  15  6   1
1   7   21  35  35  21  7   1
1   8   28  56  70  56  28  8   1
1   9   36  84  126 126 84  36  9   1
```

【例 2-3】 编写一个程序，用于对一篇文章分别显示全部汉字、字母和统计各字母出现的次数。

题目要求：

给定一篇文章，要求编写程序完成以下功能：显示全部汉字、将字母转换为大写、去掉非字母符号、统计各个字母出现的次数，并且每个字母只保留一个。

题目分析：

本题需要使用字符串类 String 和 StringBuffer 的几个方法：length()求长度、charAt()取得某个下标位置的字符、toUpperCase()字符转换大写和 deleteCharAt()删除指定下标位置的字符，还需要使用 Arrays 类的 fill()方法对数组整体赋值。本题中假定当字符的编码大于255 时，就认为是汉字。

程序：

```
import java.util.*;

public class example2_3 {

    public static void main(String[] args) {
        Scanner sc = new Scanner(System.in);
        System.out.print("请输入一个字符串:");
        String s = sc.nextLine();              // 键盘输入原始字符串

        // （1）显示所有汉字符号
        for (int i = 0; i < s.length(); i++) {
            if (s.charAt(i) > '\u00FF') {
                System.out.print(s.charAt(i));
            }
        }
        System.out.println();

        // （2）将字母转换为大写
        StringBuffer article = new StringBuffer(s.toUpperCase());
        System.out.println(article);

        // （3）去掉非字母后的字符串
        for (int i = 0; i < article.length(); i++) {
            if (article.charAt(i) - 'A' < 0 || article.charAt(i) - 'Z' > 0) {
                article.deleteCharAt(i); // 删除一个字符
                --i;
            }
        }
        System.out.println(article);

        // （4）各字母出现的个数
        int count[] = new int[26];
        Arrays.fill(count, 0);
        for (int i = 0; i < article.length(); i++) {
            count[article.charAt(i) - 'A']++;
        }
        for (int i = 0; i < count.length; i++) {
            if (count[i] > 0) {
                System.out.print((char) ('A' + i) + "=" + count[i] + ",");
```

```
                }
            }
            System.out.println();

            //  （5）只含有各字母一个的字符串
            Arrays.fill(count, 0);
            for (int i = 0; i < article.length(); i++) {
                if (count[article.charAt(i) - 'A'] == 0) {
                    count[article.charAt(i) - 'A']++;
                } else {
                    article.deleteCharAt(i); // 删除一个字符
                    --i;
                }
            }
            System.out.println(article);

        }

    }
```

运行结果：

```
请输入一个字符串:我们在学 abahjQAHJkuDHAKlo1213478!#^*&!&*(
我们在学
我们在学 ABAHJQAHJKUDHAKLO1213478!#^*&!&*(
ABAHJQAHJKUDHAKLO
A=4,B=1,D=1,H=3,J=2,K=2,L=1,O=1,Q=1,U=1,
ABHJQKUDLO
```

【例 2-4】 排出某年某月月历的程序。

根据输入的年份和月份值，显示一张控制台字符方式的月历表。

题目分析：

本程序的关键点是，首先从键盘输入年份和月份值，然后使用日期类 GregorianCalendar 构造日期对象，接着调用日期对象的 get(Calendar.DAY_OF_WEEK)方法得到这一天是星期几，调用 getActualMaximum(Calendar.DAY_OF_MONTH) 方法得到这一月的总天数，最后在每一个星期几的位置显示出对应的每一天的日期号。

程序：

```
import java.util.*;

public class example2_3 {

    public static void main(String[] args) {

        Scanner sc = new Scanner(System.in);
        int year = sc.nextInt();                              // 输入年份
```

```
        int month = sc.nextInt();                                       // 输入月份
        GregorianCalendar today = new GregorianCalendar(year, month - 1, 1); // 构造日期对象

        System.out.println("月历：");
        System.out.println("星期日   星期一   星期二   星期三   星期四  星期五    星期六 ");
        for (int i = 0; i < today.get(Calendar.DAY_OF_WEEK) - 1; i++) {
            System.out.printf("%-5c", ' ');
        }
        for (int i = 0; i < today.getActualMaximum(Calendar.DAY_OF_MONTH); i++) {
            if ((i + today.get(Calendar.DAY_OF_WEEK) - 1) % 7 == 0) {
                System.out.println();
            }
            System.out.printf("%-5d", (i + 1));
        }

    }

}
```

运行结果：

本例的运行结果如图 2-2 所示。

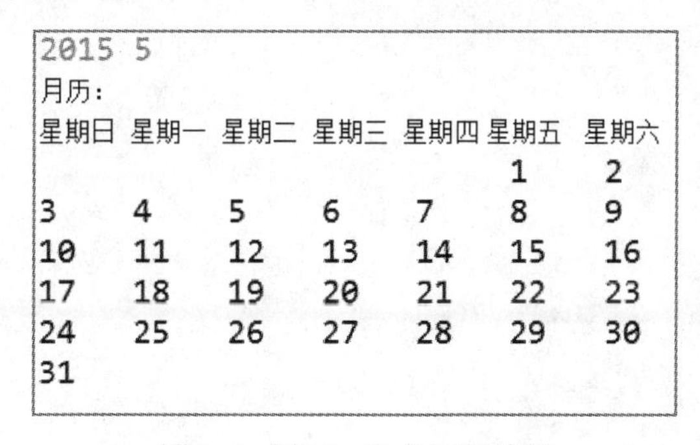

图 2-2 【例 2-4】的运行结果

2.6 习题 2

1．请说明 Scanner 类如何使用？
2．请说明 System.out.printf 函数如何使用？
3．请写出 if、if-else 和 switch-case 三种分支结构的格式。
4．请写出 while、do-while 和 for 三种循环结构的格式。
5．请写出 try-catch-finally 异常结构的格式。
6．类的修饰符有哪些，各有何作用？
7．类的成员变量和成员函数修饰符各有哪些，各有何作用？
8．找出 1～5000 范围内分别满足如下条件的数。
（1）7 或 11 或 13 的倍数。

（2）7、11，或 7、13 或 11、13 的倍数。

（3）7、11 和 13 倍数。

9．求 S(a,n)=a+aa+aaa+…+aa…a（n 个 a）之值，其中 a 是一个[1,9]范围内的整数，n 和 a 的值由键盘键入。例如：8+88+888+8888+88888+888888 中的 a=8，n=6。

10．计算级数 $y=\frac{3\cdot 1!}{1}+\frac{3^2\cdot 2!}{2^2}+\frac{3^3\cdot 3!}{3^3}+...+\frac{3^n\cdot n!}{n^n}$ 的值。

11．使用 Gauss 消元法求解方程组。

$$\begin{cases}0.729x_1+0.81x_2+0.9x_3=0.6867\\x_1+x_2+x_3=0.8338\\1.331x_1+1.21x_2+1.1x_3=1\end{cases}$$

12．使用字符串实现一个简单的中英和英中翻译程序。从键盘输入中文或英文单词，查字典给出英文或中文解释。如果字典中没有这个单词，则要求能够增加词汇。

第3章 面向对象

面向对象技术为人类借助于计算机认识和模拟现实世界提供了行之有效的逻辑方法，它采用更加接近于人脑的思维方式去分析现实世界的问题。而面向对象程序设计技术源于已经成熟的面向对象系统分析与设计技术，它以对象为中心，使用对象和类的概念来抽象和解决问题。其中，对象是对现实实体的抽象，通过实体的属性与方法来定义，类是具有相同属性和方法的对象集合，而一个对象只是类的一个实例。

面向对象程序设计技术主要解决了软件可重用性问题和可维护性问题，它有抽象、封装、继承和多态4大特征。

本章将对 Java 语言的面向对象程序设计进行基本介绍，主要内容包括类与对象、继承与多态，以及抽象类与接口，最后还将补充介绍线程程序设计的方法。

3.1 类、成员与对象

本节介绍 Java 语言中类的定义、类的成员变量和成员方法的定义，以及对象的定义。

3.1.1 包与类

Java 语言中的包在逻辑上是类的命名空间，命名空间中又可以包含子包和类，包在物理上其实就是一个文件夹（目录）。Java 系统中提供了许多包，如 java.lang、java.util、java.net、java.sql、java.awt 和 java.io 等都是一些经常使用的包，它们中包含了大量的类，如 Integer、String、Calendar、System、Scanner、File、Thread 和 ArrayList 等都是一些经常用到的类。如果需要定义自己的包，可采用以下格式：package 包名;。

比如，打算在包 chapter3.vector 中定义一个 Mosquito 类，就可以这样来写。

```
package chapter3.vector;
public class Mosquito { int capacity; }
```

如果定义一个类时没有定义包（称为无名包或默认包），则其位置以其所在工作目录为准。

当一个包中的类需要在另一个包的类中使用时，需要通过 import 说明，但同一包内部不需要说明就可以直接使用。包的使用格式如下：import 包名.{*|类};。

比如，希望在包 chapter3.test 中使用包 chapter3.vector 中的 Mosquito 类，就可以这样来写。

```
package chapter3.test;
import chapter3.vector.Mosquito;
class Test {
    public static void main(String[] args) {
```

```
        System.out.println(new Mosquito().getClass());
    }
}
```

其中第 2 行可以改为：import chapter3.vector.*;表示可以使用 chapter2.vector 包中的任何类。

在包中可以定义许多类，类采用以下格式来定义。

```
[类修饰符]  class  类名  [<类型参数>]
{
    类体
}
```

其中，类名应遵守标识符的命名规则，“[]”中的成分可以省略，类修饰符用来确定类的性质，简单的一些类修饰符如下。

public：表示该类为公共类，任何其他类都可以使用该类。

abstract：表示该类为抽象类，不能直接定义其对象。

final：表示该类不能产生子类。

无类修饰：表示只有位于同一个包中的类才可以使用该类。

类型参数可以是多个，以逗号间隔开，表示类中可以出现的类型符号。

类体包括两部分：类的成员变量和成员方法，下面再作介绍。以下例子中都省略了类体部分。

class Book {}：同一个包中的其他类才可以使用 Book 类。

public class Computer {}：任何其他类都可以使用 Computer 类。

final class Person {}：同一个包中的其他类才可以使用 Person 类，但不能继承它。

public abstract class Point {}：任何其他类都可以使用 Point 类，但不能定义对象。

class Circle<T>{T r;}：同一个包中的其他类才可以使用 Circle 类，该类的成员变量 r 的数据类型是可变的，暂时用“T”来标识。

3.1.2 成员变量

类的成员变量是类体的第一部分，与一般局部变量的定义格式类似，不同之处是成员变量前面可以加上修饰符，其定义格式如下。

```
[变量修饰符]  数据类型    变量名;
```

其中，常用的一些变量修饰符如下。

public：表示该变量可以由任何其他类来使用。

protected：表示该变量仅由子类继承来使用。

private：表示该变量仅由该类内部来使用。

static：表示该变量为静态的，对整个类只分配一次内存单元，而不受对象所限制。使用时通过类名作前缀，即“类名.变量名”来存取。

final：表示该变量为常量，不可再修改其值。

无变量修饰：表示该变量仅由位于同一个包中的类来使用。

举例如下。

```
package points;
public class Point {
    private int x, y;                        //私有变量 x 和 y
    protected int useCount;                  //保护型变量 useCount
    static int totalUseCount;                //静态变量 totalUseCount
    public final int TOTALMOVES=10; //公共常量 TOTALMOVES
}
```

3.1.3 成员方法

类的成员方法是类体的第二部分，与其他语言中的一般函数的定义格式类似，不同的是成员方法前面可以加上修饰符，其定义格式如下。

```
[方法修饰符]  返回类型    方法名(形式参数列表)  [throws  异常类列表]
{
  方法体
}
```

其中，常用的一些方法修饰符如下。

无方法修饰：表示该方法仅由位于同一个包中的类使用。

public：表示该方法可以由任何其他类使用。

protected：表示该方法仅留给子类继承用。

private：表示该方法仅由该类内部使用。

static：表示该方法为静态的，直接通过类就可以使用。使用时需要使用类名作前缀，即“类名.方法名（实参表）”来调用该方法，不受单个对象的限制，静态方法只能访问其他的静态成员。

final：表示该方法不可在子类中重新覆盖。

native：表示该方法是由C/C++语言编写代码的。

abstract：表示抽象方法，不能定义方法体代码，仅用在抽象类中。

synchronized：表示线程同步方法。

“throws 异常类列表”为该方法声明将要抛出的相关类型的异常对象，并传递给方法调用者来处理。可以省略。

举例如下。

```
public abstract class Point {                        //抽象类 Point
   public void move(int dx, int dy) {}               //公共方法 move
   private void printMoves() {}                      //私有方法 printMoves
   protected int getUseCount() {}                    //保护型方法 getUseCount
   static int getTotalUseCount() {}                  //静态方法 getTotalUseCount
   public static final int getTotalMoves() {}        //静态终结方法 getTotalMoves
   public abstract int area();                       //抽象方法
}
```

3.1.4 构造方法

类中可以定义一种特殊的成员方法，即类的构造方法，其目的是为成员变量赋初始值，在定义格式上将类名作为方法名，且不显式定义返回类型，但可以加入一般成员方法前面的某些修饰符，其定义格式如下。

```
[方法修饰符]  类名(形式参数列表)
{
   构造方法方法体
}
```

其中，常用的一些方法修饰符如下。

无方法修饰：表示该构造方法仅由位于同一个包中的类使用。

public：表示该构造方法可以由任何其他类使用。

举例如下。

```
public class Point {
   private int x,y;
   public Point(int x, int y) {this.x=x;this.y=y;} //公共构造方法
}
```

3.1.5 对象

类是同类型的对象集合，对象是类中的一员。由一个类可以创建多个对象，这种由类产生对象的过程称为构造对象，也称为类的实例化，这样得到的对象有时也称为类的实例。Java 语言中对象的创建分 3 个步骤，即定义、初始化和使用。对象的定义格式如下。

```
类名  [<类型参数>]  对象名=new 类名  [<类型参数>](实际参数列表);
```

其中，等号左边的部分与一般变量的定义格式类似，用于声明一个对象变量，等号右边的部分为对象申请一定大小的内存空间，称为对象的初始化。使用实际的类型参数来代替类定义中的类型参数部分，实际参数列表为向类的构造方法所传递的参数。

举例如下。

```
Point point=new Point(100,200); //点类的一个对象
```

3.2 类的继承

继承是面向对象程序设计的特征之一，它可以实现代码重用，简化了人们对事物的认识和描述，能清晰地体现事物分类的层次结构关系，大大简化了模块之间的接口，符合人们认识事物的由一般到特殊的规律。原有的类称为父类，新的类称为子类，子类继承父类的时候，既可以吸收父类的优点，又可以克服父类的缺点，还可以增加新的内容。

现实世界有成千上万种事物，可以将它们按照范围分类，比如：几何形状可以分为圆形和矩形，圆形又可以分为椭圆、圆、圆弧和扇形，矩形又可以分为正方形、长方形、平行四边形和梯形。这两种分类就是一种继承与被继承的关系，可以说圆形和矩形继承了几何形

状，正方形继承了矩形，椭圆继承了圆形等。

3.2.1 类的继承概述

在 Java 语言中，两个类之间的继承格式如下。

```
[类修饰符] class 子类 extends 父类
{
    类体
}
```

除了继承关系之外，其他部分与单独定义一个类类似，需要注意的是，父类中的成员一般在子类中不再定义，子类的构造方法需要首先调用父类的构造方法来初始化父类的成员变量，然后再初始化自己的成员变量。可以通过 super()调用父类的构造方法，通过“super.”调用父类的成员，通过 this()调用子类自己的构造方法，通过“this. ”调用子类自己的成员。

举例，点类和彩色点类的代码如下。

```
class Point {                                   //Point 类
    private int x, y;                           //坐标成员变量
    public Point(int x, int y) {                //Point 类的带参数的构造方法
        this.x = x;
        this.y = y;
    }
    Point() {                                   //Point 类的无参数的构造方法
        this(0, 0);                             //调用带参数的构造方法
    }
    void print() {                              //显示坐标方法
        System.out.print("(" + x + "," + y + ")");
    }
}
class ColoredPoint  extends  Point {            //ColoredPoint 类继承 Point 类
    pruvate int color;                          //颜色成员变量
    ColoredPoint(int x, int y, int color) {     //ColoredPoint 类的带参数的构造方法
        super(x, y);                            //调用父类带参数的构造方法
        this.color = color;
    }
    ColoredPoint() {                            //ColoredPoint 类的无参数的构造方法
        this(0, 0, 0);                          //调用带参数的构造方法
    }
    void print() {                              //显示坐标和颜色方法
        super.print();                          //调用父类的显示坐标方法
        System.out.println(":" + color);        //显示颜色值
    }
}
```

此时可以在主方法中定义子类和父类的对象，并调用 print 方法显示结果，代码如下。

```
Point point = new Point(100, 300);
point.print();                    //显示父类的成员变量的值
ColoredPoint coloredPoint = new ColoredPoint(100, 300, 0xff);
coloredPoint.print();             //显示子类的成员变量的值
```

还可以通过父类的对象引用子类的对象，代码如下。

```
point=coloredPoint;
point.print(); //显示父类的成员变量的值
```

3.2.2 抽象类

抽象类体现了人们对现实事物认识的自然过程，有些清楚、有些模糊，随着认识的不断深入，对事物的认识越来越清晰。抽象类中一般把方法分为两类，一类是有具体定义的方法，而另一类方法是只有声明而没有定义的抽象方法，当子类继承抽象父类后再用不同方法体重新定义它，从而形成若干个名称相同、返回值和参数列表都相同的方法体系，只是具体的方法体的语句有差别而已，抽象类一般仅用作父类。

Java 语言中抽象类的定义格式如下。

```
[其他类修饰符]  abstract class  类名
{
    类体
}
```

在类体中至少含有一个抽象方法，即带“abstract”修饰符的方法。

举例，设计一个形状类（Shape），由于不明确是何种几何形状，只能声明计算面积和周长两个抽象方法，从而将 Shape 定义为抽象类，然后分别设计 Shape 的子类，包括矩形类和圆类，由于它们都是有形的，可以定义出自己的计算面积和周长的方法。代码如下。

```
abstract class Shape{                          //Shape 抽象类
        double   PI=Math.PI;
        public abstract double getArea();      //计算面积抽象方法
        public abstract double getPan();       //计算周长抽象方法
}
class Rectangle extends Shape {                //矩形类继承了 Shape 抽象类
        protected double len;                  //长
        private double wid;                    //宽
        Rectangle(double len,double wid){      //矩形类的构造方法
                this. len = len;
                this.wid = wid;
        }
        public double getArea(){               //矩形类的计算面积的方法
                return wid*len;
        }
        public double getPan(){                //矩形类的计算周长的方法
```

```
                return (wid+len)*2;
        }
}
class Circle extends Shape{                        //圆形类继承了 Shape 抽象类
        private double   r;
        Circle (double   r){                       //圆形类的构造方法
                this.r = r;
        }
        public double getArea(){                   //圆形类的计算面积的方法
                return PI*r*r;
        }
        public double getPan(){                    //圆形类的计算周长的方法
                return PI*r*2;
        }
}
```

然后可以在主方法中定义这两个子类的对象，并由抽象父类的对象引用它们，并调用它们的方法。

```
Shape r = new Rectangle(10,20);
System.out.println("矩形的面积="+r.getArea());
System.out.println("矩形的周长="+r.getPan());
Shape c = new Circle(30);
System.out.println("圆的面积="+c.getArea());
System.out.println("圆的周长="+c.getPan());
```

此时，r 指向矩形对象，c 指向圆对象。

3.2.3 接口

接口是对现实事物宏观上的一种不精确的抽象，是更特殊、更抽象的类，在功能上与抽象类很类似，但是它只进行抽象方法的声明和常量的定义。其中，方法隐含修饰符为 public，常量隐含修饰符为 public、final 和 static。接口一般仅用作父类。

Java 语言中接口的定义格式如下。

```
[接口修饰符]   interface  接口名
{
    接口体
}
```

其中，接口修饰符与类的修饰符类似，接口体仅含有抽象方法声明和常量定义。举例如下。

```
public interface Shape              //计算面积和周长的接口
{
    double PI=Math.PI;              //定义表示圆周率的常量 PI
    double getArea();               //声明用于计算面积的方法
    double getPan();                //声明用于计算周长的方法
```

```
}
```

接口可以由子类通过“implements”关键词来实现，格式如下。

```
[类修饰符]  class  子类名  implements  父接口名
{
    类体
}
```

比如，可以编写以上接口 Shape 的子类，一个是 Rectangle，另一个是 Circle，只需要将以上代码中的“extends Shape”替换为“implements Shape”即可。在主方法中的使用格式也不变。

此外，接口之间还可以继承。举例如下。

```
interface BaseColors {                              //三原色接口
    int RED = 1, GREEN = 2, BLUE = 4;
}
interface RainbowColors
        extends BaseColors {                        //彩虹色接口继承了三原色接口
    int YELLOW = 3, ORANGE = 5, INDIGO = 6, VIOLET = 7;
}
interface PrintColors
        extends BaseColors {                        //打印色接口继承了三原色接口
    int YELLOW = 8, CYAN = 16, MAGENTA = 32;
}
interface LotsOfColors
        extends RainbowColors, PrintColors {        //复合色接口继承了彩虹色和打印色接口
    int FUCHSIA = 17, VERMILION = 43, CHARTREUSE = RED + 90;
}
```

这里，RainbowColors 共有 7 个常量，3 个是继承了父接口 BaseColors 的，另外 4 个是新增加的。PrintColors 共有 6 个常量，3 个是继承了父接口 BaseColors 的，另外 3 个是新增加的。LotsOfColors 共有 13 个常量，10 个是继承了父接口 RainbowColors 和 PrintColors 的，另外 3 个是新增加的。

再举一个实例，代码如下。

```
interface USB{                          //USB 接口
    void print();                       //声明打印方法
}
interface Caller extends USB{           //呼叫器接口继承了 USB 接口
    void callin();                      //声明呼入方法
  void callout();                       //声明呼出方法
}
class Mobile implements Caller{         //手机类实现了呼叫器接口
    @Override
    public void print() {               //定义打印方法
```

```
            System.out.println("usb connected!");
        }
        @Override
        public void callin() {                          //定义呼入方法
            System.out.println("call in!");
        }
        public void callout() {                         //定义呼出方法
            System.out.println("call out!");
        }
    }
    public class Test{
        public static void main(String[] args){
            Caller c=new Mobile ();                     //呼叫器对象引用手机类对象
            c.print();
            c.callin();
            c.callout();
            USB u=c;                                    //USB 对象引用手机类对象
            u.print();
        }
    }
```

这里，Caller 接口包含 3 个抽象方法声明，一个是继承了父接口 USB 的，另外两个是新增加的。如果通过 Caller 对象来访问 Mobile 的对象，则它会有 3 个方法：print、callin 和 callout；但如果通过 USB 对象来访问 Mobile 的对象，则它仅有一个方法：print。

3.3 综合例题

【例 3-1】 设计一个复数类。

题目要求：

复数类应包括实部和虚部成员变量，使用构造方法完成复数的初始化，并求其绝对值，复数的加、减、乘、除、乘方、自加和自减等运算，以及字符串格式化方法和复数的显示方法。最后设计一个主类，在主方法中定义两个复数，调用它们的方法，并显示其值。

题目分析：

首先定义一个复数类，然后定义其私有的实部和虚部成员变量，接着定义其公有的构造方法、字符串化方法和显示方法，再定义两个复数的加、减、乘、除、乘方、自加和自减方法，最后在复数类或者另一个类中定义主方法，定义复数类的对象，完成复数的构造、计算和显示。

程序：

```
    //复数类
    public class Complex {

        private double a;                                       //实部
```

```
    private double b;                                    //虚部

    //构造方法
    public Complex(double a, double b) {
        this.a = a;
        this.b = b;
    }

    //格式化方法
    public String toString() {
        return this.a + " + " + this.b + "i";
    }

    //显示方法
    public void Show() {
        System.out.println(this);
    }

    //加法
    public Complex add(Complex complex) {
        double a = this.a + complex.a;
        double b = this.b + complex.b;
        return new Complex(a, b);
    }

    //减法
    public Complex sub(Complex complex) {
        double a = this.a - complex.a;
        double b = this.b - complex.b;
        return new Complex(a, b);
    }

    //乘法
    public Complex multiply(Complex complex) {
        double a = this.a * complex.a - this.b * complex.b;
        double b = this.b * complex.a + this.a * complex.b;
        return new Complex(a, b);
    }

    //除法
    public Complex divid(Complex complex) {
        double a = (this.a * complex.a + this.b * complex.b)
                / (complex.a * complex.a + complex.b * complex.b);
        double b = (this.b * complex.a - this.a * complex.b)
                / (complex.a * complex.a + complex.b * complex.b);
        return new Complex(a, b);
```

```
        }

        //绝对值
        public double abs() {
                return (Math.sqrt(this.a * this.a + this.b * this.b));
        }

        //乘方
        public Complex pow(int n) {

                double r, j;

                r = Math.sqrt(this.a * this.a + this.b * this.b);
                j = Math.atan(this.b / this.a);

                double a = Math.pow(r, n) * Math.cos(n * j);
                double b = Math.pow(r, n) * Math.sin(n * j);

                return new Complex((int) a, (int) b);
        }

        //自加
        public Complex increase() {
                return new Complex(++this.a, ++this.b);
        }

        //自减
        public Complex decrease() {
                return new Complex(--this.a, --this.b);
        }

}
//主类与主方法
public class ComplexTest {

        public static void main(String[] args) throws Exception {
                Complex complex1 = new Complex(1, 2);        //复数 1
                complex1.Show();
                Complex complex2 = new Complex(3, 4);        //复数 2
                complex2.Show();

                Complex complex3 = null;
                complex3 = complex1.add(complex2);           //复数相加
                complex3.Show();
                complex3 = complex1.sub(complex2);           //复数相减
                complex3.Show();
```

```
            complex3 = complex1.multiply(complex2);     //复数相乘
            complex3.Show();
            complex3 = complex1.divid(complex2);        //复数相除
            complex3.Show();

            System.out.println(complex1.abs());         //复数 1 绝对值
            System.out.println(complex2.abs());         //复数 2 绝对值

            complex3 = complex1.pow(3);                 //复数 1 的 3 次方
            complex3.Show();
            complex3 = complex1.increase();             //复数 1++
            complex3.Show();
            complex3 = complex1.decrease();             //复数 1--
            complex3.Show();
        }

    }
```

运行结果：

```
    1.0 + 2.0i
    3.0 + 4.0i
    4.0 + 6.0i
    -2.0 + -2.0i
    -5.0 + 10.0i
    0.44 + 0.08i
    2.23606797749979
    5.0
    -11.0 + -1.0i
    2.0 + 3.0i
    1.0 + 2.0i
```

【例 3-2】 设计形状接口或抽象类及其子类。

题目要求：

形状的子类包括线段类、三角形类和梯形类，计算这些形状的面积和周长。最后设计一个主类，在主方法中定义这些类的对象，调用它们的方法并显示其值。

题目分析：

首先定义形状接口，它包括计算面积和周长方法的声明。然后定义线段子类，增加一个长度成员变量和构造的方法，实现面积和周长计算方法；定义三角形子类，增加 3 个边长的成员变量和构造方法，实现面积和周长计算方法；定义梯形子类，增加上底、下底、左腰、右腰和高的成员变量和构造方法，实现面积和周长计算方法。最后定义主类和主方法，在其中定义这些类的对象，调用它们的方法显示计算结果。

程序：

```
    public interface Shape                                          //形状接口
```

```
{
    double getArea();                                       //声明用于计算面积的方法
    double getPan();                                        //声明用于计算周长的方法
}

class Line implements Shape {                               //线段类实现了 Shape 接口
    private double len;                                     //长

    Line(double len) {                                      //线段类的构造方法
        this.len = len;
    }

    public double getArea() {                               //线段类的计算面积方法
        return 0 * len;
    }

    public double getPan() {                                //线段类的计算周长方法
        return len;
    }
}

class Triangle implements Shape {                           //三角形类实现了 Shape 接口

    private double a;                                       //边长 1
    private double b;                                       //边长 2
    private double c;                                       //边长 3

    Triangle(double a, double b, double c) {                //三角形类的构造方法
        this.a = a;
        this.b = b;
        this.c = c;
    }

    public double getArea() {                               //三角形类的计算面积方法
        double s = (a + b + c) / 2;
        return Math.sqrt(s * (s - a) * (s - b) * (s - c));
    }

    public double getPan() {                                //三角形类的计算周长方法
        return (a + b + c);
    }
}

class Trapezium implements Shape {                          //梯形类实现了 Shape 接口

    private double a;                                       //上底
```

```
    private double b;                                              //下底
    private double c;                                              //左腰
    private double d;                                              //右腰
    private double h;                                              //高

    Trapezium(double a, double b, double c, double d, double h) {  //梯形类的构造方法
        this.a = a;
        this.b = b;
        this.c = c;
        this.d = d;
        this.h = h;
    }

    public double getArea() {                                      //梯形类的计算面积方法
        return (a + b) * h / 2;
    }

    public double getPan() {                                       //梯形类的计算周长方法
        return (a + b + c + d);
    }
}

class Main {                                                       //主类

    public static void main(String[] args) {
        Shape r = new Line(10);
        System.out.println("线段的面积=" + r.getArea());
        System.out.println("线段的周长=" + r.getPan());
        Shape c = new Triangle(3, 4, 5);
        System.out.println("三角形的面积=" + c.getArea());
        System.out.println("三角形的周长=" + c.getPan());

        Shape s = new Trapezium(30, 40, 50, 60, 70);
        System.out.println("梯形的面积=" + s.getArea());
        System.out.println("梯形的周长=" + s.getPan());
    }

}
```

运行结果：

```
线段的面积=0.0
线段的周长=10.0
三角形的面积=6.0
三角形的周长=12.0
梯形的面积=2450.0
梯形的周长=180.0
```

3.4 习题 3

1．Java 中的一维、二维数组是如何定义和初始化的？

2．Java 中的整数、字符数组、字符串之间如何转换？

3．日期类 Calendar 和动态数组类 ArrayList 各有哪些主要方法？

4．Map 和 Collection 两个类各是干什么的？有什么区别？

5．Stack、Random 和 Dictionary 三个类各是干什么的？

6．举例说明 Set 和 SortedSet 有何区别？

7．类、抽象类和接口有什么区别？

8．类与类、类与抽象类、抽象类与类、接口与接口之间如何继承？

9．类与接口、抽象类与接口之间如何实现？

10．设计一个向量类，包括元素个数 n 和元素数组、构造方法，以及一个向量与一个整数的加、减、乘、除方法，以及显示方法。最后设计一个主类，在主方法中定义一个向量对象，调用它们的加、减、乘、除方法，并显示其值。

11．首先定义一个点类（Point），它具有两个坐标值：构造方法和显示方法；然后定义 Point 类的一个彩色点子类（ColorPoint），它增加了一个颜色值，仍然具有自己的构造方法和显示方法；再定义 Point 类的另一个三维点子类（Point3D），它增加了一个 z 坐标值，仍然具有自己的构造方法和显示方法。最后设计一个主类，在主方法中定义这几个类的对象，调用它们的方法，并显示其值。

12．首先定义一个 Person 抽象类，包括姓名、性别和年龄成员变量，以及显示变量值的抽象方法。然后分别定义它的两个子类，即学生类和教师类，学生类中增加一个分数成员变量，教师类中增加一个工资成员变量，两个子类还有自己的构造方法和显示变量值的方法。最后设计一个主类，在主方法中定义这两个类的对象，使用父类的对象引用它们，调用显示方法，并显示其值。

13．对第 3 题使用父接口重新编写一遍。

14．设计一个图书类，并试着设计另一个图书库类继承 Java 系统中的 ArrayList，用于保存图书信息，完成对图书信息的增删改查功能。

第 4 章 基本可视化程序设计

Android 可视化界面一般由 5 部分组成，分别是活动、视图、布局、控件和事件，其中活动 Activity 代表屏幕或窗口，屏幕具有标题栏、菜单和对话框等附属功能，但其主要内容体现在视图 View 上，还可以通过布局添加多个视图，而控件表示一个具体的视图，可以使用 setContentView 方法给活动设置视图，每个视图还可以添加事件，响应界面中的诸如单击、触摸和手势等动作。视图、布局和控件的界面设计结果通常以 XML 文件格式存放，便于随时预览与修改。本章主要介绍视图、布局、控件和事件等部分，对其他一些基本资源文件及工程部署文件 AndroidManifest.xml 也将逐一介绍。

4.1 基本布局

布局的作用主要是控制视图及其各个控件的排列次序，常用的布局有线型布局（LinearLayout）、网格布局（GridLayout）、FrameLayout（帧布局）、相对布局（RelativeLayout）、绝对布局（AbsoluteLayout）和表格布局（TableLayout）等。不管哪种布局，都是以 XML 格式的布局资源文件存放的，而文件中通过“android:”前缀指定各个控件的标识号、内容、大小、排列位置和颜色等属性。Android 各种布局的通用属性如下。

android:id：定义控件的唯一 id，以“@+id/viewId”格式来指定，其中 viewId 为 id 号。

android:text：指定控件中显示的初始文字内容，一般在资源文件 strings.xml 中定义显示的字符串文字，然后通过@string/stringName 来引用，其中 stringName 为字符串变量名。

android:gravity：指定控件的内容对齐方式，可以是 top、bottom、left、right 和 center 等。

android:textSize：指定控件中的字体大小，以 sp 为单位。

android:background：指定控件的背景颜色，使用 RGB 方式赋值（比如：#FFAA00）。其中每个字节从左到右分别为红、绿、蓝。

android:onclick：指定控件的单击或触摸事件方法名。

android:singleLine：是否单行显示，如果设置为 true，则该控件里面的内容只显示一行。

android:layout_width：指定控件在布局中所占的宽度，可以是 fill_parent、wrap_content 或 match_parent。

android:layout_height：指定控件在布局中所占的高度，可以是 fill_parent、wrap_content 或 match_parent。

其中，fill_parent 表示填充布局的整个宽或高，wrap_content 表示以控件本身的内容宽或高为准，match_parent 表示占据布局中剩余的宽或高。

4.1.1 LinearLayout

LinearLayout 称为线型布局，它按照水平或垂直方向的顺序依次排列每个控件，后一个控件排在前一个控件之后。如果是水平排列，将采用单行多列的结构，每一列只会有一个控件，而不论其高度如何。如果是垂直排列，将采用多行单列的结构，每一行只会有一个控件，而不论其宽度如何。

android:orientation 属性的值若为“horizontal”，表示按水平方向排列；若为“vertical”，表示按垂直方向排列，分别如图 4-1 和图 4-2 所示。

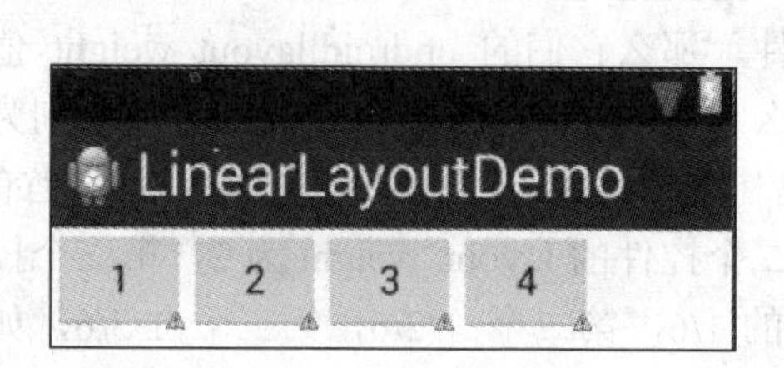

图 4-1　水平线型布局

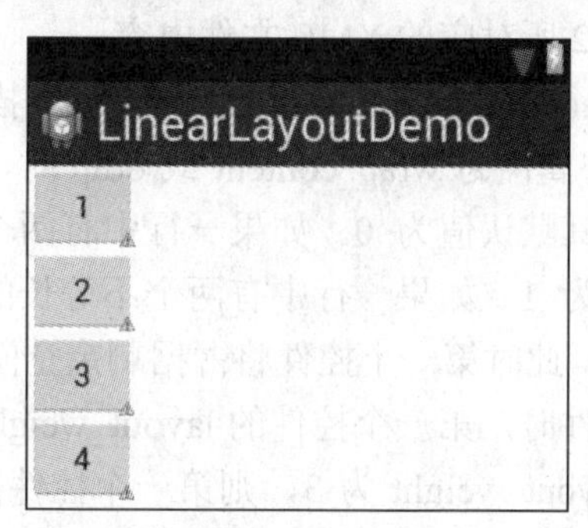

图 4-2　垂直线型布局

图 4-1 对应的 XML 布局文件内容如下。

```
<LinearLayout xmlns:android="http://schemas.android.com/apk/res/android"
    android:id="@+id/LinearLayout1"
    android:layout_width="match_parent"
    android:layout_height="match_parent"
    android:orientation="horizontal" >

    <Button
        android:id="@+id/button1"
        android:layout_width="wrap_content"
        android:layout_height="wrap_content"
        android:text="1" />

    <Button
        android:id="@+id/button2"
        android:layout_width="wrap_content"
        android:layout_height="wrap_content"
        android:text="2" />

    <Button
        android:id="@+id/button3"
        android:layout_width="wrap_content"
        android:layout_height="wrap_content"
        android:text="3" />

    <Button
        android:id="@+id/button4"
        android:layout_width="wrap_content"
```

```
        android:layout_height="wrap_content"
        android:text="4" />

</LinearLayout>
```

将以上内容中的 android:orientation="horizontal"改为 android:orientation="vertical"，即为图 4-2 所对应的 XML 文件内容。

android:layout_weight 属性用于描述控件在剩余布局空间中所占的大小比例，当控件 width 属性为 wrap_content 或 odip 时，数值越大，重要度越高。当一行中只有一个控件时，那么其默认值为 0。如果一行中有两个等长的控件，那么它们的 android:layout_weight 值可以同为 1。如果一行中有两个不等长的控件，那么它们的 android:layout_weight 值分别为 1 和 2，此时第一个控件将占据剩余空间的 1/3，第二个控件将占据剩余空间中的 2/3。当有 3 个控件时，第一个控件的 layout_weight 为 1，第二个控件的 layout_weight 为 2，第三个控件的 layout_weight 为 3，则第一个控件占整个布局的 1/6，第二个占 2/6，第三个占 3/6，如图 4-3 所示。

图 4-3　带 layout_weight 属性的水平线型布局

图 4-3 所对应的 XML 布局文件内容如下。

```
<LinearLayout xmlns:android="http://schemas.android.com/apk/res/android"
    android:id="@+id/LinearLayout1"
    android:layout_width="match_parent"
    android:layout_height="match_parent" >

    <Button
        android:id="@+id/button1"
        android:layout_width="wrap_content"
        android:layout_height="wrap_content"
        android:layout_weight="1"
        android:text="1" />

    <Button
        android:id="@+id/button2"
        android:layout_width="wrap_content"
        android:layout_height="wrap_content"
        android:layout_weight="2"
        android:text="2" />

    <Button
        android:id="@+id/button3"
```

```
            android:layout_width="wrap_content"
            android:layout_height="wrap_content"
            android:layout_weight="3"
            android:text="3" />

</LinearLayout>
```

水平和垂直方向的布局还可以组合，对于具有多个控件的布局，这样设计会更合理、更美观。举例，可以先设计 3 行的结构，以垂直方式排列 3 个控件，第 3 个控件为一个 LinearLayout，以水平排列放置 3 个控件，如图 4-4 所示。

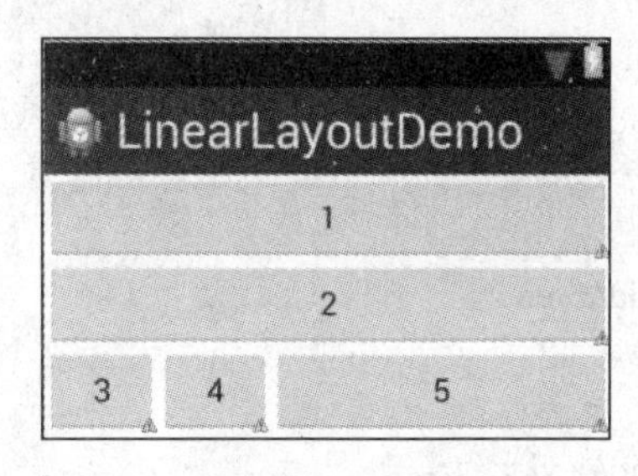

图 4-4　组合式的线型布局

4.1.2　GridLayout

GridLayou 布局也称为网格布局，在内部它将布局划分为行、列和单元格，同时支持一个控件在行、列上的更复杂的交错排列。GridLayout 布局也分为水平和垂直两种方式，默认是水平布局，一个控件紧挨一个控件从左到右依次排列，通过指定 android:columnCount 属性来设置列数，控件此时会自动换行进行排列。在 GridLayout 布局中的控件默认按照 wrap_content 的方式排列，也可以改为其他方式。

如果需要将控件显示在固定的行或列，必须设置该控件的 android:layout_row 和 android:layout_column 属性，行列编号从 0 开始。

还可以设置控件跨越多行或多列排列，即将该控件的 android:layout_rowSpan 或 layout_columnSpan 属性设置为相应的数值，表示控件跨越的行数或列数；同时设置其 layout_gravity 属性为 fill，表示控件填满所跨越的整行或整列，如图 4-5 所示。

图 4-5　网格布局

图 4-5 所对应的 XML 布局文件内容如下。

```
<GridLayout  xmlns:android="http://schemas.android.com/apk/res/android"
    android:layout_width="wrap_content"
    android:layout_height="wrap_content"
    android:orientation="horizontal"
    android:rowCount="5"
    android:columnCount="4" >
    <Button
        android:id="@+id/one"
        android:text="1"/>
    <Button
        android:id="@+id/two"
        android:text="2"/>
      <Button
        android:id="@+id/three"
        android:text="3"/>
    <Button
        android:id="@+id/devide"
        android:text="/"/>
    <Button
        android:id="@+id/four"
        android:text="4"/>
    <Button
        android:id="@+id/five"
        android:text="5"/>
    <Button
        android:id="@+id/six"
        android:text="6"/>
    <Button
        android:id="@+id/multiply"
        android:text="×"/>
    <Button
        android:id="@+id/seven"
        android:text="7"/>
    <Button
        android:id="@+id/eight"
        android:text="8"/>
    <Button
        android:id="@+id/nine"
        android:text="9"/>
    <Button
        android:id="@+id/minus"
        android:text="-"/>
    <Button
        android:id="@+id/zero"
        android:layout_columnSpan="2"
```

```
            android:layout_gravity="fill"
            android:text="0"/>
        <Button
            android:id="@+id/point"
            android:text="."/>
        <Button
            android:id="@+id/plus"
            android:layout_rowSpan="2"
            android:layout_gravity="fill"
            android:text="+"/>
        <Button
            android:id="@+id/equal"
            android:layout_columnSpan="3"
            android:layout_gravity="fill"
            android:text="="/>
    </GridLayout>
```

4.1.3 FrameLayout

FrameLayout 称为帧布局，它是一种最简单的布局，它将整个界面当成一块空白备用区域，所有控件都不能显式指定放置的位置，起始位置都在左上角，控件之间根据大小会出现互相覆盖或部分和全部遮挡的情况，如图 4-6 所示。

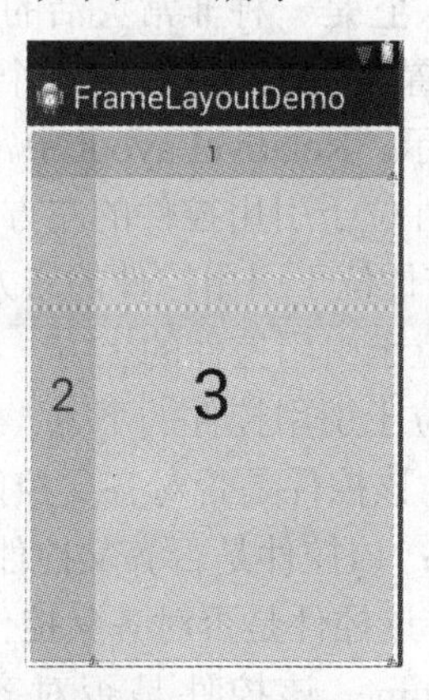

图 4-6　帧布局

图 4-6 所对应的 XML 布局文件内容如下。

```
    <FrameLayout xmlns:android="http://schemas.android.com/apk/res/android"
        android:layout_width="fill_parent"
        android:layout_height="fill_parent"
        android:orientation="vertical" >

        <Button
            android:id="@+id/button1"
            android:layout_width="match_parent"
```

```
            android:layout_height="wrap_content"
            android:text="1"
            android:textSize="20sp" />

        <Button
            android:id="@+id/button2"
            android:layout_width="wrap_content"
            android:layout_height="match_parent"
            android:text="2"
            android:textSize="40sp" />

        <Button
            android:id="@+id/button3"
            android:layout_width="match_parent"
            android:layout_height="match_parent"
            android:text="3"
            android:textSize="60sp" />

    </FrameLayout>
```

4.1.4 RelativeLayout

RelativeLayout 称为相对布局，它是一种非常灵活的布局结构，比较适合一些复杂界面的设计。它依照控件之间的相对位置关系进行排列，一个控件通过位置属性值来确定与其他控件的相对位置关系，如图 4-7 所示。RelativeLayout 中常用的位置属性如下。

android:layout_toLeftOf：该控件位于引用控件的左方。

android:layout_toRightOf：该控件位于引用控件的右方。

android:layout_above：该控件位于引用控件的上方。

android:layout_below：该控件位于引用控件的下方。

android:layout_alignParentLeft：该控件是否对齐父控件的左端。

android:layout_alignParentRight：该控件是否齐父控件的右端。

android:layout_alignParentTop：该控件是否对齐父控件的顶部。

android:layout_alignParentBottom：该控件是否对齐父控件的底部。

android:layout_centerInParent：该控件是否相对于父控件居中。

android:layout_centerHorizontal：该控件是否横向居中。

android:layout_centerVertical：该控件是否垂直居中。

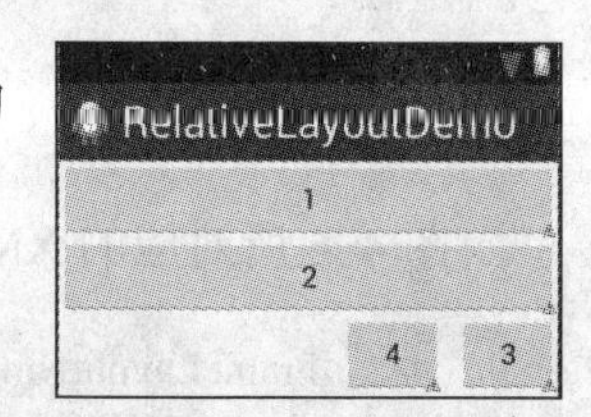

图 4-7　相对布局

图 4-7 所对应的 XML 布局文件内容如下。

```
    <RelativeLayout xmlns:android="http://schemas.android.com/apk/res/android"
        android:layout_width="fill_parent"
        android:layout_height="fill_parent" >
```

```
<Button
    android:id="@+id/button1"
    android:layout_width="fill_parent"
    android:layout_height="wrap_content"
    android:text="1" />

<Button
    android:id="@+id/button2"
    android:layout_width="fill_parent"
    android:layout_height="wrap_content"
    android:layout_below="@id/button1"
    android:text="2" />

<Button
    android:id="@+id/button3"
    android:layout_width="wrap_content"
    android:layout_height="wrap_content"
    android:layout_alignParentRight="true"
    android:layout_below="@id/button2"
    android:layout_marginLeft="10dip"
    android:text="3" />

<Button
    android:id="@+id/button4"
    android:layout_width="wrap_content"
    android:layout_height="wrap_content"
    android:layout_alignParentBotton="@id/button3"
    android:layout_toLeftOf="@id/button3"
    android:text="4" />

</RelativeLayout>
```

4.1.5 AbsoluteLayout

AbsoluteLayout 称为绝对位置布局。其中的控件使用 android:layout_x 和 android:layout_y 属性来描述它的坐标位置。屏幕左上角为坐标原点（0,0），第一个 0 代表横坐标，向右移动，此值增大；第二个 0 代表纵坐标，向下移动，此值增大。布局中的控件可以相互重叠，在实际开发中，很少采用这种布局，原因是这样设计出的界面过于刚性，不能很好地适配不同设备，如图 4-8 所示。

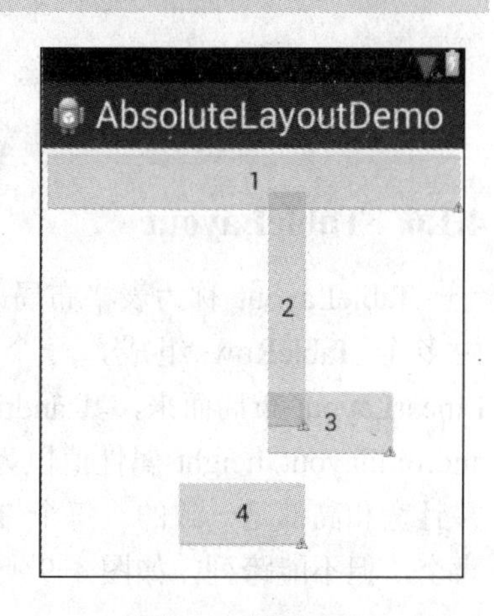

图 4-8　绝对布局

图 4-8 所对应的 XML 布局文件内容如下。

```
<AbsoluteLayout xmlns:android="http://schemas.android.com/apk/res/android"
    android:layout_width="fill_parent"
    android:layout_height="fill_parent"
    android:orientation="vertical" >

    <Button
        android:layout_width="fill_parent"
        android:layout_height="wrap_content"
        android:text="1" />

    <Button
        android:layout_width="54px"
        android:layout_height="270px"
        android:layout_x="250px"
        android:layout_y="40px"
        android:text="2" />

    <Button
        android:layout_width="154px"
        android:layout_height="80px"
        android:layout_x="250px"
        android:layout_y="260px"
        android:text="3" />

    <Button
        android:layout_width="154px"
        android:layout_height="80px"
        android:layout_x="150px"
        android:layout_y="360px"
        android:text="4" />

</AbsoluteLayout>
```

4.1.6 TableLayout

TableLayout 称为表格布局，它最适合于设计 N 行 N 列控件的界面。一个 TableLayout 由多个 TableRow 组成，一个 TableRow 代表 TableLayout 中的一行。而 TableRow 由 LinearLayout 布局而来，其 android:orientation 属性值恒为 horizontal，android:layout_width 和 android:layout_height 属性值恒为 match_parent 和 wrap_content，其控件都按水平方向排列，并且宽和高都是一致的。每个 TableRow 中的控件相当于表格中的一个单元格，单元格可以为空，但不能跨列，如图 4-9 所示。

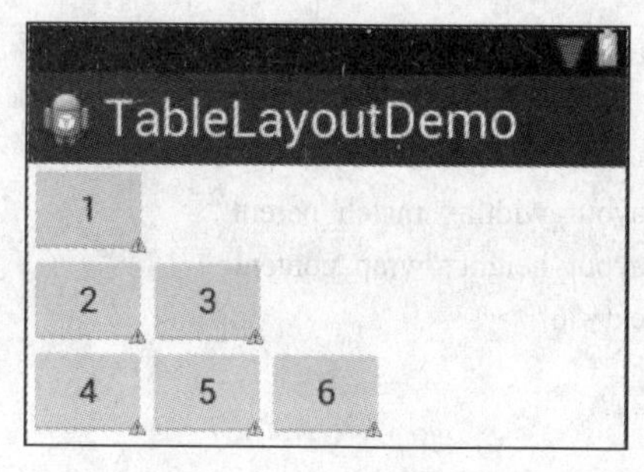

图 4-9　表格布局

图 4-9 所对应的 XML 布局文件内容如下。

```
<TableLayout xmlns:android="http://schemas.android.com/apk/res/android"
    android:layout_width="fill_parent"
    android:layout_height="fill_parent" >

    <TableRow>

        <Button
            android:layout_width="match_parent"
            android:layout_height="wrap_content"
            android:text="1" />
    </TableRow>

    <TableRow>


        <Button
            android:layout_width=" match_parent "
            android:layout_height="wrap_content"
            android:text="2" />

        <Button
            android:layout_width=" match_parent "
            android:layout_height="wrap_content"
            android:text="3" />
    </TableRow>

    <TableRow>

        <Button
            android:layout_width=" match_parent "
            android:layout_height="wrap_content"
            android:text="4" />

        <Button
            android:layout_width=" match_parent "
            android:layout_height="wrap_content"
```

```
                android:text="5" />

            <Button
                android:layout_width=" match_parent "
                android:layout_height="wrap_content"
                android:text="6" />
        </TableRow>

    </TableLayout>
```

4.2 基本控件与事件

Android 布局中可以放置许多控件，基本的控件包括 Button 按钮、TextView 文本框、EditText 编辑框、CheckBox 校验框、RadioButton 单选按钮、Spinner 下拉列表框、ListView 列表框、ProgressBar 进度条、SeekBar 拖动条、DatePicker 日期选择器、TimePicker 时间选择器、AnologClock 模拟时钟、DigitalClock 数字时钟、GridView 网格框和 ScrollView 滚动框等。更复杂的控件将放在下一章再作介绍。每个控件一般都设计在布局的 XML 资源文件中，但可以在程序中通过活动类的 findViewById 方法获得其对象。每一个控件还可以设计对应的动作事件，最典型的是单击事件，在布局的 XML 资源文件中对相关的控件增加属性“android:onClick”，指定其事件方法名，比如 f，属性写为“android:onClick= "f"”，然后在活动的程序代码中增加一个 f 方法的定义部分，其格式如下。

```
public void f(View view){}
```

其中，方法的参数 view 为事件源对象，其实就是这个控件对象。

更复杂的事件需要在程序中通过编写代码来实现。Android 对每个控件和事件都定义有一套事件监听器和事件处理方法。

4.2.1 Button 按钮

Button 控件主要用于提供一个单击事件，不太关心其文本内容。Button 控件在布局文件中的 XML 标签名为 Button，代码如下。

```
<Button
    android:id="@+id/button1"
    android:layout_width="match_parent"
    android:layout_height="wrap_content"
    android:onClick="f"
    android:text="Button" />
```

接着就可以在活动中获得 Button 控件对象，代码如下。

```
Button button1=(Button)findViewById(R.id.button1);
```

在活动中还可以定义其 onClick 事件方法如下。

```
public void f(View view) {
    // 事件代码
}
```

可以直接在程序代码中使用匿名的内部类的方式加入事件监听器和事件处理方法，代码如下。

```
button1.setOnClickListener(new TextView.OnClickListener() {
    @Override
    public void onClick(View v) {
        // 事件处理代码
    }
});
```

还可以定义自己的事件监听器类，代码如下。

```
class MyClickListener implements OnClickListener {
    @Override
    public void onClick(View v) {
        switch (v.getId()) {
        case R.id.button1:
            // 事件处理代码
            break;
        default:
            break;
        }
    }
}
```

接着注册这个监听器对象，写法如下。

```
button1.setOnClickListener(new MyClickListener());
```

还有一种方法是，可以让活动类通过 implements OnClickListener 实现事件监听接口，然后编写事件处理方法 onClick，代码如下。

```
@Override
public void onClick(View v) {
    switch (v.getId()) {
    case R.id.button1:
        // 事件处理代码
        break;
    default:
        break;
    }
}
```

接着注册这个活动对象 this，代码如下。

```
button1.setOnClickListener(this);
```

按钮除了对应 OnClick 事件处理方法的事件监听器接口（OnClickListener）之外，还包括以下一些其他事件处理方法和事件监听器接口。

onLongClick()事件处理方法：对应于 View.OnLongClickListener 事件监听器接口，当长按按钮时触发此事件。

onFocusChange()事件处理方法：对应于 View.OnFocusChangeListener 事件监听器接口，当按钮的焦点发生变化时触发此事件。

onKey()事件处理方法：对应于 View.OnKeyListener 事件监听器接口。当在按钮上按下键盘键或抬起键盘键时触发此事件。更详细的键盘事件包括 onKeyMultiple 重复按键、onKeyDown 按下键时、onKeyUp 释放按键时，以及 onKeyLongPress 长时间按键等。

onTouch()事件处理方法：对应于 View.OnTouchListener 事件监听器接口。当一个动作被当作一个触摸事件时触发此事件，比如按下、释放或者屏幕上的任何移动手势。也可以使用 onTouchEvent 处理触摸屏事件。

onCreateContextMenu()事件处理方法：对应于 View.OnCreateContextMenuListener 事件监听器接口。当正在创建一个上下文菜单时触发此事件，一般是由持续的“长单击”动作触发。

4.2.2 TextView 文本框与 EditText 编辑框

TextView 控件用来显示文本，EditText 控件用来编辑文本，可以通过方法 getText 获取它们的文本内容，通过方法 setText 设置它们的文本内容，通过 setHint 方法设置文本内容提示。

TextView 控件在布局文件中的 XML 标签名为 TextView，代码如下。

```
<TextView
    android:id="@+id/textView1"
    android:layout_width="match_parent"
    android:layout_height="wrap_content"
    android:text="TextView" />
```

接着就可以在活动中获得 TextView 控件对象，代码如下。

```
TextView textView1=(TextView)findViewById(R.id.textView1);
```

其文字内容通过以下方法获得。

```
String   s= ""+textView1.getText();
```

还可以通过以下方法修改其文字内容。

```
textView1.setText(s);
```

TextView 控件的事件处理与按钮类似，而 EditText 控件又与 TextView 用法类似，在此省略。

4.2.3 CheckBox校验框与RadioButton单选按钮

CheckBox控件在布局文件中的XML标签名为CheckBox，代码如下。

```
<CheckBox
    android:id="@+id/checkBox1"
    android:layout_width="match_parent"
    android:layout_height="wrap_content"
    android:checked="true"
    android:text="CheckBox" />
```

接着就可以在活动中获得CheckBox控件对象，代码如下。

```
CheckBox checkBox1=(CheckBox)findViewById(R.id.checkBox1);
```

其选中状态通过以下方法获得。

```
boolean selected= checkBox1.isChecked();
```

还可以通过以下方法修改选中状态。

```
checkBox1.setChecked(false);
checkBox1.setChecked(true);
```

除了与按钮类似的事件以外，CheckBox 最常用的是 onCheckedChanged 状态改变事件处理方法和OnCheckedChangeListener事件监听接口。

```
checkBox1.setOnCheckedChangeListener(new OnCheckedChangeListener() {
    @Override
    public void onCheckedChanged(CompoundButton arg0, boolean flag) {
        // 事件处理代码
    }
});
```

RadioButton 控件一般不单独出现，多个编入 RadioGroup 组表示多选一。RadioGroup 控件和 RadioButton 控件在布局文件中的 XML 标签名分别为 RadioGroup 和 RadioButton，代码如下。

```
<RadioGroup
    android:id="@+id/radioGroup1"
    android:layout_width="match_parent"
    android:layout_height="wrap_content" >
    <RadioButton
        android:id="@+id/radio0"
        android:layout_width="wrap_content"
        android:layout_height="wrap_content"
        android:checked="true"
        android:text="RadioButton1" />
```

```
    <RadioButton
        android:id="@+id/radio1"
        android:layout_width="wrap_content"
        android:layout_height="wrap_content"
        android:text="RadioButton2" />
    <RadioButton
        android:id="@+id/radio2"
        android:layout_width="wrap_content"
        android:layout_height="wrap_content"
        android:text="RadioButton3" />
</RadioGroup>
```

接着就可以在活动中获得 RadioGroup 控件对象，代码如下。

```
RadioGroup radioGroup1=(RadioGroup)findViewById(R.id. radioGroup1);
```

其处于选中状态的 RadioButton 通过以下方法获得。

```
int id=radioGroup1.getCheckedRadioButtonId();
```

还可以通过以下方法修改选中状态。

```
radioGroup1.check(R.id. radio2);
```

除了与按钮类似的事件以外，RadioGroup 最常用的是 onCheckedChanged 状态改变事件处理方法和 OnCheckedChangeListener 事件监听接口。

```
radioGroup1.setOnCheckedChangeListener(new
    RadioGroup.OnCheckedChangeListener() {
    @Override
    public void onCheckedChanged(RadioGroup group, int checkedId) {
            // 事件处理代码
    }
});
```

4.2.4 ProgressBar 进度条与 SeekBar 拖动条

ProgressBar 控件在布局文件中的 XML 标签名为 ProgressBar，代码如下。

```
<ProgressBar
    android:id="@+id/progressBar1"
    style="?android:attr/progressBarStyleHorizontal"
    android:layout_width="match_parent"
    android:layout_height="wrap_content"
    android:max="100"
    android:progress="50" />
```

接着就可以在活动中获得 ProgressBar 控件对象，代码如下。

```
ProgressBar progressBar1=(ProgressBar)findViewById(R.id. progressBar1);
```

获取当前进度通过以下方法获得。

```
int progress= progressBar1.getProgress();
```

还可以通过以下方法设置最大值和当前进度。

```
progressBar1. setMax (50);
progressBar1. setProgress (50);
```

除了与按钮类似的事件以外，Progress 最常用的是 onSizeChanged 进度值改变事件处理方法和 OnSizeChangedListener 事件监听接口。

```
progressBar1.setOnSizeChangedListener (new OnSizeChangedListener () {
    @Override
    onSizeChanged(int w, int h, int oldw, int oldh){
        // 事件处理代码
    }
});
```

SeekBar 控件在布局文件中的 XML 标签名为 SeekBar，代码如下。

```
<SeekBar
    android:id="@+id/seekBar1"
    android:layout_width="match_parent"
    android:layout_height="wrap_content" />
```

接着就可以在活动中获得 SeekBar 控件对象，代码如下。

```
SeekBar seekBar1=(SeekBar)findViewById(R.id.seekBar1);
```

当前进度通过以下方法获得。

```
int progress= seekBar1.getProgress();
```

还可以通过以下方法设置最大值和当前进度。

```
seekBar1. setMax (50);
seekBar1. setProgress (50);
```

除了与按钮类似的事件以外，SeekBar 最常用的是 onProgressChanged 进度值改变事件处理方法和 OnSeekBarChangeListener 事件监听接口。

```
seekBar1. setOnSeekBarChangeListener (new OnSeekBarChangeListener () {
    @Override
    public void onProgressChanged(SeekBar seekBar, int progress,boolean fromUser) {
        // 事件处理代码
    }
});
```

更详细的事件还有当屏幕触摸拖动时触发的事件 onStartTrackingTouch，以及当屏幕触摸停止拖动时触发的事件 onStopTrackingTouch。

4.2.5 Spinner 组合框与 ListView 列表框

Spinner 控件在布局文件中的 XML 标签名为 Spinner，代码如下。

```
<Spinner
    android:id="@+id/spinner1"
    android:layout_width="match_parent"
    android:layout_height="wrap_content"
    />
```

接着就可以在活动中获得 Spinner 控件对象，代码如下。

```
Spinner spinner1=(Spinner)findViewById(R.id.spinner1);
// 定义组合框数据项
String[] entris = { "牛奶", "咖啡", "水果", "面包" };
// 定义数据项的适配器对象
ArrayAdapter<String> adapter =
        new ArrayAdapter<String>(this,android.R.layout.simple_spinner_item, entris);
```

其中，android.R.layout.simple_spinner_item 为 Spinner 数据项的默认布局格式。

```
// 为适配器设置组合框下拉时的菜单样式
adapter.setDropDownViewResource(android.R.layout.simple_spinner_dropdown_item);
```

其中，android.R.layout.simple spinner dropdown_item 为 Spinner 下拉数据项的默认布局格式。

```
// 绑定适配器对象与 Spinner 控件
spinner1.setAdapter(adapter);

// 添加组合框选项事件
spinner1.setOnItemSelectedListener(new OnItemSelectedListener() {
    @Override
    public void onItemSelected(AdapterView<?> parent, View view,
            int position, long id) {                    //选中时触发
        // 获取选中的数据项
        String str = parent.getItemAtPosition(position).toString();
        // 使用 Toast 对话框显示选中的数据项
        Toast.makeText(MainActivity.this, "选择的是:" + str,
                Toast.LENGTH_SHORT).show();
    }

    @Override
    public void onNothingSelected(AdapterView<?> parent) {       //不选中时触发
    }
```

```
});
```

更详细的事件还有组合框弹出的内容选项触屏事件处理 OnTouchListener，以及组合框弹出的内容选项焦点改变事件处理 OnFocusChangeListener。代码如下所示。

```
// 组合框弹出的内容选项触屏事件处理
spinner1.setOnTouchListener(new Spinner.OnTouchListener(){
    public boolean onTouch(View v, MotionEvent event) {
        return false;
    }
});
// 组合框弹出的内容选项焦点改变事件处理
spinner1.setOnFocusChangeListener(new Spinner.OnFocusChangeListener(){
    public void onFocusChange(View v, boolean hasFocus) {
    }
});
```

ListView 为列表框，与以上的 Spinner 组合框的使用方法非常相似。
ListView 控件在布局文件中的 XML 标签名为 ListView，代码如下。

```
<ListView
    android:id="@+id/listView1"
    android:layout_width="match_parent"
    android:layout_height="wrap_content" />
```

接着就可以在活动中获得 ListView 控件对象，代码如下。

```
ListView listView1=(ListView)findViewById(R.id.listView1);
// 定义列表数据项
String[] entris2 = { "北京", "上海", "西安", "南京" };

// 定义列表数据项的适配器对象
ArrayAdapter<String> adapter2 =
    new ArrayAdapter<String>(this,android.R.layout.simple_list_item_1, entris2);
// 绑定适配器对象与 ListView 控件
listView1.setAdapter(adapter2);

// 添加列表框选项事件
listView1.setOnItemClickListener(new OnItemClickListener() {
    @Override
    public void onItemClick(AdapterView<?> parent, View view,
            int position, long id) {         //选中时触发
        String str = parent.getItemAtPosition(position).toString();
        Toast.makeText(MainActivity.this, "选择的是:" + str,
                Toast.LENGTH_SHORT).show();
    }
});
```

更详细的事件还有列表框弹出的内容选项触屏事件处理 OnTouchListener，以及列表框弹出的内容选项焦点改变事件处理 OnFocusChangeListener。代码如下所示。

```
// 列表框弹出的内容选项触屏事件处理
listView1.setOnTouchListener(new Spinner.OnTouchListener(){
    public boolean onTouch(View v, MotionEvent event) {
        return false;
    }
});
// 列表框弹出的内容选项焦点改变事件处理
listView1.setOnFocusChangeListener(new Spinner.OnFocusChangeListener(){
    public void onFocusChange(View v, boolean hasFocus) {
    }
});
```

各种基本控件效果如图 4-10 所示。

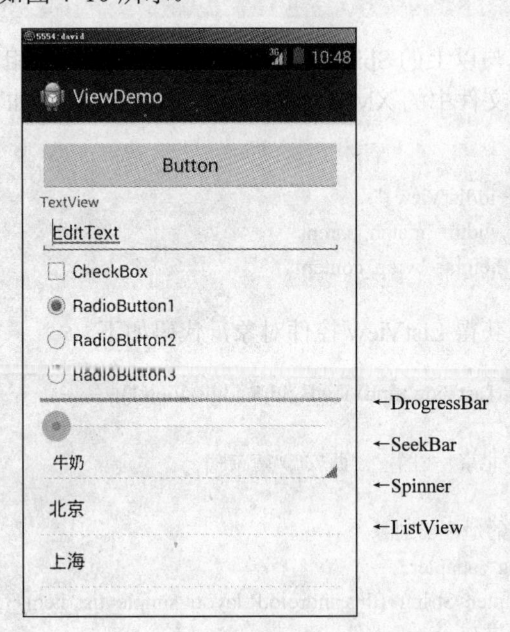

图 4-10　组合框与列表框效果

4.2.6　DatePicker 日期选择器与 TimePicker 时间选择器

DatePicker 为日期选择控件，其主要功能是提供包含年、月、日的日期数据选择，当要捕获日期选择事件时，需要为 DatePicker 添加 OnDateChangedListener 监听器。TimePicker 为时间选择控件，其主要功能是提供一天中的时间（可以为 24 小时，也可以为 AM/PM 制）数据选择，当要捕获时间选择事件时，需要为 TimePicker 添加 OnTimeChangedListener 监听器。

这两个控件在布局文件中的 XML 标签名为分别为 DatePicker 和 TimePicker，代码如下。

```
<DatePicker
```

```
        android:id="@+id/datePicker1"
        android:layout_width="match_parent"
        android:layout_height="wrap_content" />

    <TimePicker
        android:id="@+id/timePicker1"
        android:layout_width="match_parent"
        android:layout_height="wrap_content" />
```

接着就可以在活动中获得它们的控件对象，代码如下。

```
DatePicker datePicker = (DatePicker) findViewById(R.id.datePicker1);
TimePicker timePicker = (TimePicker) findViewById(R.id.timePicker1);
            // 得到当前日期对象
Calendar calendar = Calendar.getInstance();

int year = calendar.get(Calendar.YEAR); // 年
int monthOfYear = calendar.get(Calendar.MONTH); // 月
int dayOfMonth = calendar.get(Calendar.DAY_OF_MONTH); // 日

int hour = calendar.get(Calendar.HOUR); // 时
int minute = calendar.get(Calendar.MINUTE); // 分

// 对 datePicker 控件设置当前日期值及事件监听器
datePicker.init(year, monthOfYear, dayOfMonth,new OnDateChangedListener() {
    public void onDateChanged(DatePicker view, int year,
                int monthOfYear, int dayOfMonth) {
        textView1.setText("您选择的日期是：" + year + "年"
                        + (monthOfYear + 1) + "月" + dayOfMonth + "日。");
    }
});

// 对 timePicker 控件设置当前时间值
timePicker.setCurrentHour(hour);
timePicker.setCurrentMinute(minute);
// 对 timePicker 控件设置事件监听器
timePicker.setOnTimeChangedListener(new OnTimeChangedListener() {
    public void onTimeChanged(TimePicker view, int hourOfDay, int minute) {
        textView2.setText("您选择的时间是：" + hourOfDay + "时" + minute + "分。");
    }
});
```

这里 textView1 和 textView2 是两个 TextView 控件，用于显示选择的日期和时间值，如图 4-11 所示。

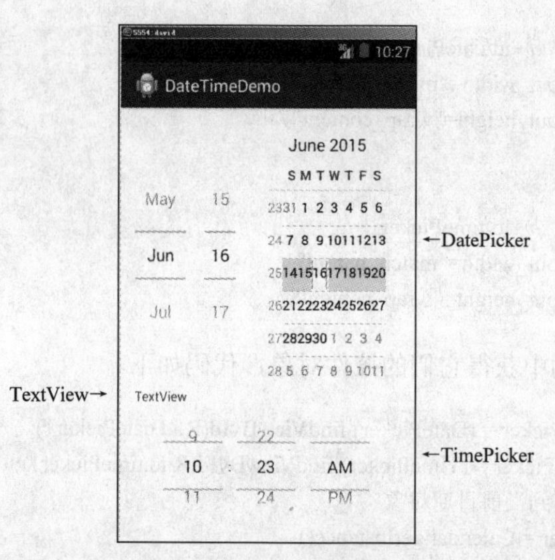

图 4-11　日期时间选择器

4.2.7　AnologClock 模拟时钟与 DigitalClock 数字时钟

AnologClock 为模拟时钟，而 DigitalClock 为数字时钟，这两个控件在布局文件中的 XML 标签名分别为 AnologClock 和 DigitalClock，代码如下。

```
<AnalogClock
    android:id="@+id/analogClock1"
    android:layout_width="wrap_content"
    android:layout_height="wrap_content"
    android:layout_gravity="center_horizontal" />

<DigitalClock
    android:id="@+id/digitalClock1"
    android:layout_width="match_parent"
    android:layout_height="wrap_content"
    android:layout_gravity="center_horizontal" />
```

时钟控件的效果如图 4-12 所示。

图 4-12　时钟控件

4.3 基本资源文件

使用 Android SDK 开发程序时，许多文件都作为资源来看待，资源文件一般按照 XML 的格式保存到相关的文件夹中。使用最多的资源是布局（layout）、字符串（strings）、图像和图标（drawable），以及工程部署（AndroidManifest），此外还包括颜色(colors)、数组(arrays)、尺寸（dimens）、主题（themes）、式样（styles）、菜单（menu）、动画（anim）、音频和视频（media）、原始（raw）、临时（assets），以及自定义 XML 等。这些资源都可以在其他相关资源中使用，也可以在程序中使用。以下按照所在文件夹的位置顺序来介绍每一个资源。

4.3.1 res/layout/

res/layout/称为布局资源，在这个文件夹下面存放着界面的布局和控件资源，由活动或视图使用，文件名可以自行命名。

4.3.2 res/values/

在这个文件夹下面可以存放许多形式的资源，包括字符串资源（strings.xml）、数组资源（arrays.xml）、颜色资源（colors.xml）、尺寸资源（dimens.xml）、简单图形资源（drawables.xml），以及式样和主题资源（styles.xml、themes.xml）等。

1．字符串资源

字符串资源定义在 strings.xml 文件中，内容格式如下。

```
<?xml version="1.0" encoding="utf-8"?>
<resources>
    <string name="beijing">北京</string>
    <string name="shanghai">上海</string>
    <string name="xian">西安</string>
    <string name="nanjing1">南京</string>
</resources>
```

在其他资源文件中调用字符串资源的格式为：@string/xian。

在活动的代码中调用字符串资源的格式如下。

```
String city = getResources().getString(R.string.xian);
```

或

```
String city = getString(R.string.xian);
```

2．数组资源

数组定义在 arrays.xml 文件中，内容格式如下。

```
<?xml version="1.0" encoding="utf-8"?>
<resources>
```

```
        <string-array name="flavors">
            <item>Vanilla</item>
            <item>Chocolate</item>
            <item>Strawberry</item>
        </string-array>
        <integer-array name="level">
            <item>1</item>
            <item>2</item>
            <item>3</item>
            <item>4</item>
        </integer-array>
    </resources>
```

其中，名称为 flavors 的为一个字符串数组资源，名称为 level 的为一个整数数组资源。

在其他资源文件中调用数组资源的格式为：@array/flavors，比如在 Spinner 标签中可以指定下拉数据项为：android:entries="@array/flavors"。

在活动代码中调用格式如下。

```
Resources res =getResources();
String[] flavors = getResources().getStringArray(R.array.flavors);
int[] level = getResources().getIntArray(R.array. level);
```

3．颜色资源

颜色定义在 colors.xml 文件中，内容格式如下。

```
<?xml version="1.0" encoding="utf-8"?>
<resources>
    <color name="white">#FFFFFF</color>
    <color name="ivory">#FFFFF0</color>
    <color name="snow">#FFFAFA</color>
    <color name="orange">#FFA500</color>
    <color name="black">#000000</color>
</resources>
```

在其他资源文件中调用数组资源的格式为：@color/white，比如在 TextView 标签中可以指定文本颜色为：android:textColor="@color/white"。

在活动代码中调用格式如下。

```
int whitecolor = getResources().getColor(R.color.white);
```

4．尺寸资源

尺寸资源定义在 dimens.xml 文件中，内容格式如下。

```
<?xml version="1.0" encoding="utf-8"?>
<resources>
    <dimen name="activity_vertical_margin">2px</dimen>
```

```
        <dimen name="activity_horizontal_margin">2px</dimen>
        <dimen name="dimen_name">2px</dimen>
        <dimen name="dimen_px">5px</dimen>
        <dimen name="dimen_pt">3pt</dimen>
        <dimen name="dimen_dp">3dp</dimen>
        <dimen name="dimenbig_px">30px</dimen>
</resources>
```

在其他资源文件中调用尺寸资源的格式为：@dimen/dimen_name，比如在 TextView 标签中可以指定控件的宽度为：android:width="@dimen/ dimen_name"。

在活动代码中调用尺寸资源的格式如下。

```
float f = getResources().getDimension(R.dimen.dimen_dp);
```

5．简单图形资源

简单图形资源定义在 drawables.xml 文件中，内容格式如下。

```
<?xml version="1.0" encoding="utf-8"?>
<resources>
        <drawable name="red_rect">#F00</drawable>
</resources>
```

在其他资源文件中调用简单图形资源的格式为：@drawable/red_rect，代码如下。

```
<item android:drawable="@drawable/ red_rect ">
```

在活动代码中调用简单图形资源的格式如下。

```
ColorDrawable myDraw = getResources().getDrawable(R.drawable.red_rect);
```

6．式样资源

式样资源定义在 styles.xml 文件中，内容格式如下。

```
<?xml version="1.0" encoding="utf-8"?>
<resources>
        <style name="textview_style_title">
                <item name="android:textSize">18dp</item>
                <item name="android:textColor">#888888</item>
        </style>
</resources>
```

在其他资源文件中调用式样资源的格式为：@style/textview_style_title。代码如下。

比如在 TextView 标签中可以指定控件的式样为：style="@style/textview_style_title"。

在活动代码中调用式样资源的格式如下。

```
setTextAppearance(context, R.style.textview_style_title);
```

7．主题资源

主题 Theme 是一个包含一种或者多种格式化属性的集合，可以将其作为一个单位用在应用中的所有 Activity 当中或者应用中的某个 Activity 当中。

主题资源定义在 themes.xml 文件中，内容格式如下。

```
<?xml version="1.0" encoding="utf-8"?>
<resources>
    <style name="CustomTheme" parent="android:Theme.Light">
        <item name="android:windowBackground">@color/custom_theme_color</item>
        <item name="android:colorBackground">@color/custom_theme_color</item>
    </style>
</resources>
```

在其他资源文件中调用主题资源的格式为：@style/CustomTheme，比如在应用部署文件中可以指定活动的主题为：<activity android:theme="@style/CustomTheme">。

在活动代码中调用主题资源的格式为：setTheme(R.style.themes);。

4.3.3 res/drawable/

Android 应用程序中的图像资源必须存放在 res/drawable 文件夹中，例如.jpg、.png、.bmp 或.gif 等格式的图像，除了可以放置普通的图像文件之外，还可以放置一种名为 9-Patch Images 的图像文件，这种文件必须以 9.png 结尾，主要用于边框图像的显示。使用 9-Patch 格式的图像，无论图像大小如何变化，边框粗细总会保持不变。

在其他资源文件中调用图像文件资源的格式为：@drawable/card01，比如在应用部署文件中可以指定活动的图标为：android:icon="@drawable/card01"。

在活动代码中调用图像文件资源的格式如下。

```
BitmapDrawable bitmapFlag=
    (BitmapDrawable)getResources().getDrawable(R.drawable.card01);
int iBitmapHeightInPixels = bitmapFlag.getIntrinsicHeight(); // 图片高度
int iBitmapWidthInPixels = bitmapFlag.getIntrinsicWidth();// 图片宽度
```

4.3.4 res/menu/

菜单资源定义在 menus.xml 文件中，内容格式如下。

```
<menu xmlns:android="http://schemas.android.com/apk/res/android" >
    <item
        android:id="@+id/menuitem1"
        android:orderInCategory="1"
        android:icon="@android:drawable/icon1"
        android:title="@string/menuitem1"/>
    <item
        android:id="@+id/menuitem2"
        android:orderInCategory="2"
        android:icon="@android:drawable/icon2"
        android:title="@string/menuitem2"/>
    <item
```

```
                android:id="@+id/menuitem3"
                android:orderInCategory="3"
                android:icon="@android:drawable/icon3"
                android:title="@string/menuitem3"/>
        <item
                android:id="@+id/menuitem4"
                android:orderInCategory="4"
                android:icon="@android:drawable/icon4"
                android:title="@string/menuitem4"/>
</menu>
```

在活动代码中调用菜单资源的格式如下。

```
getMenuInflater().inflate(R.menu.menus, menu);
```

创建选项菜单和上下文菜单时使用活动的 getMenuInflater()方法获得菜单合并器，然后调用 inflate 方法合并菜单，代码如下。

```
public boolean onCreateOptionsMenu(Menu menu) {                    //选项菜单创建时
        getMenuInflater().inflate(R.menu.menus, menu);
        return true;
}
public void onCreateContextMenu(ContextMenu menu, View view,     //上下文菜单创建时
                ContextMenuInfo menuInfo) {
        getMenuInflater().inflate(R.menu. menus, menu);
}
```

4.3.5 res/raw/

在这个文件夹下存放原始文件，这里的文件会原封不动地存储到手机设备上，不会被编译为二进制形式。这时使用资源类 Resource 中的方法 openRawResource 得到一个输入流，这样就可以任意读取文件中的内容了，当然也可以直接读取 raw 目录下的文件数据。

在活动代码中调用 raw 目录下的文件的格式如下。

```
InputStream is = getResources().openRawResource(R.raw.config);
```

4.3.6 assets

与 raw 类似，在 assets 文件夹下存放的也是原始文件，这里的文件会原封不动地存储到手机设备上，不会被编译为二进制形式。相对于 raw 而言，assets 下的文件不受 Android 系统的约束，自由度更大。

在活动代码中调用 assets 目录下的文件的格式如下。

```
InputStream in = getResources().getAssets().open(fileName);
InputStream abpath = getClass().getResourceAsStream("/assets/文件名");
InputStream abpath = getClass().getResourceAsStream("file:///android_asset/文件名");
```

4.3.7 res/anim/

动画存储在/res/anim/目录中，使用 XML 文件来定义。动画一般由 4 种类型组成，即 apha 为渐变透明度动画效果，scale 为渐变尺寸伸缩动画效果，translate 为画面转换位置移动动画效果，rotate 为画面转移旋转动画效果。

其 XML 内容格式如下。

```
<?xml version="1.0" encoding="UTF-8"?>
<set xmlns:android="http://schemas.android.com/apk/res/android">
    <rotate
        android:interpolator="@android:anim/accelerate_decelerate_interpolator"
        android:fromDegrees="300"
        android:toDegrees="-360"
        android:pivotX="10%"
        android:pivotY="100%"
        android:duration="10000" />
</set>
```

说明如下。

fromDegrees 属性为动画起始时顺时针旋转 300°。

toDegrees 属性为动画结束时逆时针旋转 360°。

pivotX 属性为动画的 X 坐标的开始位置。

pivotY 属性为动画的 Y 坐标的开始位置。

duration 属性为动画持续时间为 10000ms。

若要在程序中使用动画效果，需按以下方式引用，代码如下。

```
Animation myAnimation= AnimationUtils.loadAnimation(this,R.anim.push_left);
```

动画也可以使用程序代码来设计。

4.3.8 res/xml/

这个文件夹下存放原始的 XML 资源文件（假定有一个 books.xml 文件），内容格式如下。

```
<?xml version="1.0" encoding="utf-8"?>
<book>
    <title>Android 应用开发</title>
    <title>IPhone 游戏开发</title>
</book>
```

在活动代码中调用 XML 文件的核心代码格式如下。

```
String packageName = getPackageName( );
Resources resources = this.getPackageManager( ).getResourcesForApplication( packageName );
int resId = resources.getIdentifier( "books", "xml", packageName );
```

通过 Resources.getXML()方法获得 XML 原始文件，从而得到 XmlResourceParser 对

象，通过该对象来判断是文档的开始还是结尾，是某个标签的开始还是结尾，并通过一些获得属性的方法来遍历 XML 文件，从而访问 XML 文件的内容。

4.4 工程部署

工程部署文件 AndroidManifest.xml 是每个 Android 程序中必需的文件，它位于 application 的根目录，主要描述应用包中的一些全局配置信息，比如活动的注册、权限的分配等。

AndroidManifest.xml 文件的格式如下。

```
<?xml version="1.0" encoding="utf-8"?>
<manifest xmlns:android="http://schemas.android.com/apk/res/android"
            package="com.example.homework"
            android:versionCode="1"
            android:versionName="1.0">
        <uses-sdk android:minSdkVersion="8"
                android:targetSdkVersion="18"/>
    <uses-permission android:name="android.permission.INTERNET"></uses-permission>
    <application android:label="@string/app_name"
                android:icon="@drawable/ic_launcher">
        <activity android:name="HelloActivity"
                  android:label="@string/app_name">
            <intent-filter>
                <action android:name="android.intent.action.MAIN"/>
                <category android:name="android.intent.category.LAUNCHER"/>
            </intent-filter>
        </activity>
    </application>
</manifest>
```

下面进行简单介绍。

AndroidManifest.xml 文件的根元素是 manifest，它包含 xmlns:android、package、android:versionCode 和 android:versionName 4 个属性。

其中，xmlns:android 属性定义了 Android 的命名空间，值为“http://schemas.android.com/apk/res/android”；package 属性定义了应用程序的包名称；android:versionCode 属性定义了应用程序的版本号，是一个整数值，数值越大，说明版本越新，但仅在程序内部使用，并不提供给应用程序的使用者；android:versionName 属性定义了应用程序的版本名称，是一个字符串，仅限于为用户提供一个版本标识。

uses-sdk 元素的属性 android:minSdkVersion 定义使用的 SDK 的最低兼容版本，属性 android:targetSdkVersion 定义使用 SDK 的目标版本。

uses-permission 请求 package 正常运行时所赋予的安全许可，这里是访问因特网的权限 android.permission.INTERNET。

application 元素中声明 Android 程序中最重要的 4 个组成部分，即 Activity、Service、BroadcastReceiver 和 ContentProvider。

其中，android:icon 定义了 Android 应用程序的图标，比如@drawable/ic_launcher，android:label 定义了 Android 应用程序的标签名称。

activity 指定每个活动的属性，其中，android: name 定义了 activity 的名称，android: label 定义了 activity 的标签。

intent-filter 元素用来描述 activity 所支持的意愿操作，使用 action 属性来描述，比如 MAIN 操作表示活动被看作是顶层应用程序，以及所支持的意愿种类，使用 category 属性来描述，比如 LAUNCHER 种类将这个活动交给程序启动器使用。

4.5 综合例题

【例 4-1】 设计小学生 3 位数算术四则运算练习程序。

题目要求：

本题要求随机产生两个 3 位正整数和加、减、乘、除四则运算符号中的一个，由机器生成一个算式，并保存计算结果，当用户输入自己的计算答案后，由程序判断对错来决定是否加分，当计算正确时再由机器产生另一道题。

题目分析：

首先设计人机界面，包括：3 个 TextView 控件分别表示第一个数、第二个数和提示信息，1 个 EditText 控件用于用户的输入，1 个"确定"按钮由用户确定提交输入的值，对"确定"按钮增加事件方法。

然后在程序中使用 Random 类产生随机数对象，并通过其 nextInt()方法产生两个数和一个运算符，分别显示到界面的对应控件中，由程序计算得到两个数的运算结果并保存到一个变量中，在单击"确定"按钮的事件方法中判断用户输入的值与程序保存的结果是否相同，在提示框予以提示，如果相同，重新产生两个数和一个运算符继续程序。

程序：

界面设计代码如下。

```
<LinearLayout xmlns:android="http://schemas.android.com/apk/res/android"
    xmlns:tools="http://schemas.android.com/tools"
    android:id="@+id/LinearLayout2"
    android:layout_width="match_parent"
    android:layout_height="match_parent"
    android:orientation="vertical"
    android:paddingBottom="@dimen/activity_vertical_margin"
    android:paddingLeft="@dimen/activity_horizontal_margin"
    android:paddingRight="@dimen/activity_horizontal_margin"
    android:paddingTop="@dimen/activity_vertical_margin"
    tools:context=".MainActivity" >

    <TextView
        android:id="@+id/textView1"
        android:layout_width="match_parent"
        android:layout_height="wrap_content"
```

```
        android:hint="第一个数" />

    <Button
        android:id="@+id/button1"
        android:layout_width="match_parent"
        android:layout_height="wrap_content"
        android:hint="运算符" />

    <TextView
        android:id="@+id/textView2"
        android:layout_width="match_parent"
        android:layout_height="wrap_content"
        android:hint="第一个数" />

    <Button
        android:id="@+id/button2"
        android:layout_width="match_parent"
        android:layout_height="wrap_content"
        android:text="等于" />

    <EditText
        android:id="@+id/editText1"
        android:layout_width="match_parent"
        android:layout_height="wrap_content"
        android:hint="运算结果" />

    <Button
        android:id="@+id/button3"
        android:layout_width="match_parent"
        android:layout_height="wrap_content"
        android:text="确定"
        android:onClick="submit"
        />

    <TextView
        android:id="@+id/textView3"
        android:layout_width="match_parent"
        android:layout_height="match_parent"
        android:hint="对错" />

</LinearLayout>
```

程序设计代码如下。

```
package com.example.example4_1;

import java.util.Random;
```

```
import android.app.Activity;
import android.os.Bundle;
import android.view.View;
import android.widget.Button;
import android.widget.EditText;
import android.widget.TextView;

public class MainActivity extends Activity {

    TextView textView1 = null;
    Button button1 = null;
    TextView textView2 = null;
    EditText editText1 = null;
    TextView textView3 = null;

    Random r = new Random(); // 随机对象
    int a; // 第 1 个数
    int b; // 第 2 个数
    int op; // 运算符编号
    double c; // 机器的计算结果
    double ans = 0; // 用户的输入结果
    int score = 0;// 得分

    @Override
    protected void onCreate(Bundle savedInstanceState) {
        super.onCreate(savedInstanceState);
        setContentView(R.layout.activity_main);

        textView1 = (TextView) this.findViewById(R.id.textView1); // 第 1 个数的显示控件
        button1 = (Button) this.findViewById(R.id.button1); // 运算符显示控件
        textView2 = (TextView) this.findViewById(R.id.textView2); // 第 2 个数的显示控件
        editText1 = (EditText) this.findViewById(R.id.editText1); // 用户输入控件
        textView3 = (TextView) this.findViewById(R.id.textView3); // 结果提示控件
        generate();
    }

    private void generate() { // 生成下一道题的方法
        a = 100 + r.nextInt(900);
        b = 100 + r.nextInt(900);
        op = 1 + r.nextInt(4);

        textView1.setText("" + a);
        textView2.setText("" + b);
        if (op == 1) {
            button1.setText("加");
            c = a + b;
        }
```

```
            if (op == 2) {
                button1.setText("减");
                c = a - b;
            }
            if (op == 3) {
                button1.setText("乘");
                c = a * b;
            }
            if (op == 4) {
                button1.setText("除");
                c = 1.0 * a / b;
            }
            editText1.setText("");
            textView3.setText("当前分数为" + score + ", 请计算!");
        }

        public void submit(View view) { // 用户提交结果事件方法
            try {
                ans = Integer.parseInt("" + editText1.getText());
            } catch (Exception e) {
                ans = 0;
            }
            if (Math.abs(ans - c) < 0.0001) {
                textView3.setText("计算正确!");
                score += 10; // 加分
                generate(); // 生成下一道题
            } else {
                textView3.setText("计算错误!");
            }
        }

    }
```

运行结果

例 4-1 的运行结果如图 4-13 所示。

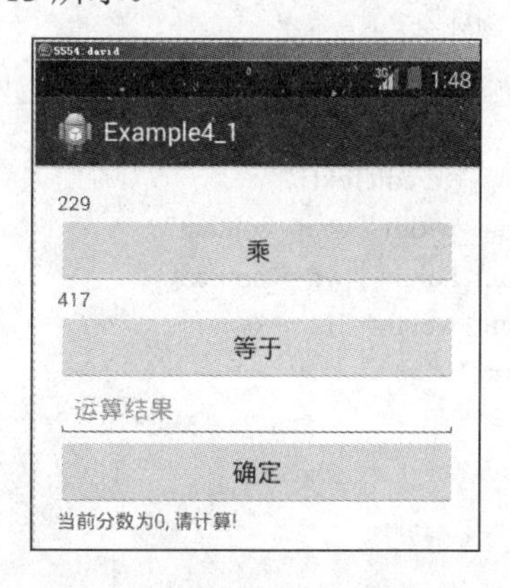

图 4-13 【例 4-1】的运行结果

【例 4-2】 同学信息登记程序。

题目要求：

同学信息应包括姓名、性别、国外/国内、年龄、学校、联系方法和类别，其中，联系方式可以是邮箱、电话、手机和住址等，类别可以是小学同学、中学同学和大学同学等。

题目分析：

本题需要对不同类型的数据项采用恰当的控件，其中的姓名和学校采用输入框，性别采用单选按钮组，国外/国内采用校验框，年龄采用拖动框，联系方法采用组合框，类别采用列表框。

程序：

界面布局文件代码如下。

```
<LinearLayout xmlns:tools="http://schemas.android.com/tools"
    xmlns:android="http://schemas.android.com/apk/res/android"
    android:id="@+id/LinearLayout1"
    android:layout_width="match_parent"
    android:layout_height="match_parent"
    android:orientation="vertical"
    android:paddingBottom="@dimen/activity_vertical_margin"
    android:paddingLeft="@dimen/activity_horizontal_margin"
    android:paddingRight="@dimen/activity_horizontal_margin"
    android:paddingTop="@dimen/activity_vertical_margin"
    tools:context=".MainActivity" >

    <LinearLayout
        android:layout_width="match_parent"
        android:layout_height="wrap_content" >

        <TextView
            android:id="@+id/textView1"
            android:layout_width="wrap_content"
            android:layout_height="wrap_content"
            android:text="姓名：" />

        <EditText
            android:id="@+id/editText1"
            android:layout_width="wrap_content"
            android:layout_height="wrap_content"
            android:layout_weight="1"
            android:ems="10" >

            <requestFocus />
        </EditText>
    </LinearLayout>
```

```
<LinearLayout
    android:layout_width="match_parent"
    android:layout_height="wrap_content" >

    <TextView
        android:id="@+id/textView2"
        android:layout_width="wrap_content"
        android:layout_height="wrap_content"
        android:text="性别：" />

    <RadioGroup
        android:id="@+id/radioGroup1"
        android:layout_width="wrap_content"
        android:layout_height="wrap_content"
        android:orientation="horizontal" >

        <RadioButton
            android:id="@+id/radio0"
            android:layout_width="wrap_content"
            android:layout_height="wrap_content"
            android:checked="true"
            android:text="男" />

        <RadioButton
            android:id="@+id/radio1"
            android:layout_width="wrap_content"
            android:layout_height="wrap_content"
            android:text="女" />
    </RadioGroup>

    <CheckBox
        android:id="@+id/checkBox1"
        android:layout_width="wrap_content"
        android:layout_height="wrap_content"
        android:text="国外" />
</LinearLayout>

<LinearLayout
    android:id="@+id/LinearLayout2"
    android:layout_width="match_parent"
    android:layout_height="wrap_content" >

    <TextView
        android:id="@+id/textView3"
        android:layout_width="wrap_content"
        android:layout_height="wrap_content"
```

```
            android:text="年龄：" />

        <SeekBar
            android:id="@+id/seekBar1"
            android:layout_width="match_parent"
            android:layout_height="wrap_content" />
    </LinearLayout>

    <LinearLayout
        android:id="@+id/LinearLayout2"
        android:layout_width="match_parent"
        android:layout_height="wrap_content"
        android:orientation="horizontal" >

        <TextView
            android:id="@+id/textView4"
            android:layout_width="wrap_content"
            android:layout_height="wrap_content"
            android:text="联系方式：" />

        <EditText
            android:id="@+id/editText2"
            android:layout_width="wrap_content"
            android:layout_height="wrap_content"
            android:layout_weight="1"
            android:ems="10" />

        <Spinner
            android:id="@+id/spinner1"
            android:layout_width="wrap_content"
            android:layout_height="wrap_content"
            android:layout_weight="1" />
    </LinearLayout>

    <LinearLayout
        android:layout_width="match_parent"
        android:layout_height="wrap_content" >

        <TextView
            android:id="@+id/textView5"
            android:layout_width="wrap_content"
            android:layout_height="wrap_content"
            android:text="类别：" />

        <ListView
            android:id="@+id/listView1"
```

```
            android:layout_width="match_parent"
            android:layout_height="150dp" >
        </ListView>
    </LinearLayout>

    <LinearLayout
        android:layout_width="match_parent"
        android:layout_height="wrap_content" >

        <TextView
            android:id="@+id/textView6"
            android:layout_width="wrap_content"
            android:layout_height="wrap_content"
            android:text="学校：" />

        <EditText
            android:id="@+id/editText3"
            android:layout_width="wrap_content"
            android:layout_height="wrap_content"
            android:layout_weight="1"
            android:ems="10" />
    </LinearLayout>

    <Button
        android:id="@+id/button1"
        android:layout_width="match_parent"
        android:layout_height="wrap_content"
        android:text="确定" />

</LinearLayout>
```

活动程序文件代码如下。

```
package com.example.example4_2;

import android.app.Activity;
import android.os.Bundle;
import android.widget.ArrayAdapter;
import android.widget.ListView;
import android.widget.Spinner;

public class MainActivity extends Activity {

    @Override
    protected void onCreate(Bundle savedInstanceState) {
        super.onCreate(savedInstanceState);
        setContentView(R.layout.activity_main);
```

```
        Spinner spinner1 = (Spinner) findViewById(R.id.spinner1);
        // 定义组合框数据项
        String[] entris = { "电话", "QQ", "邮箱", "微信" };
        // 定义数据项的适配器对象
        ArrayAdapter<String> adapter = new ArrayAdapter<String>(this,
                android.R.layout.simple_spinner_item, entris);
        // 为适配器设置组合框下拉时的菜单样式
        adapter.setDropDownViewResource(android.R.layout.simple_spinner_dropdown_item);
        // 绑定适配器对象与 Spinner 控件
        spinner1.setAdapter(adapter);

        ListView listView1 = (ListView) findViewById(R.id.listView1);
        // 定义列表数据项
        String[] entris2 = { "小学", "中学", "大学" };
        // 定义列表数据项的适配器对象
        ArrayAdapter<String> adapter2 = new ArrayAdapter<String>(this,
                android.R.layout.simple_list_item_1, entris2);
        // 绑定适配器对象与 ListView 控件
        listView1.setAdapter(adapter2);
    }

}
```

运行结果：

例 4-2 的运行结果如图 4-14 所示。

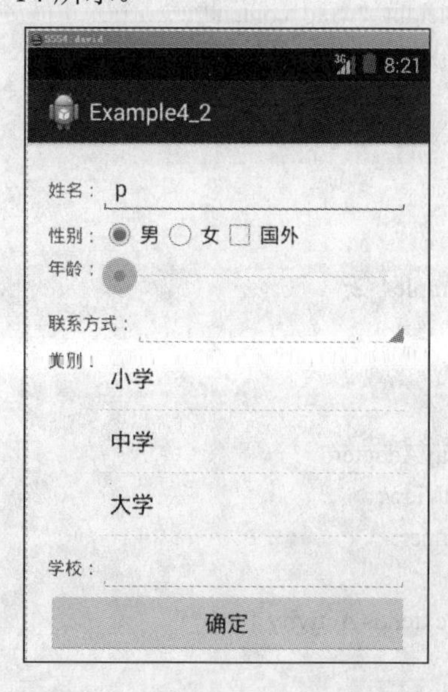

图 4-14 【例 4-2】的运行结果

扩展思考：

目前设计的布局文件和活动程序文件中都未定义字符串资源文件、颜色资源文件和数组资源文件等，可以考虑将其中的值的定义放在这几种资源文件中，而在布局和活动之中引用。

4.6 习题 4

1．Android 程序人机界面的设计框架的组成部分是什么？
2．有哪些常见的布局，显示效果各是怎样的？
3．有哪些常见的控件，表现的结果各有什么特点？
4．有哪些常见的资源，之间怎样互相引用？程序中又如何使用它们？
5．工程部署文件的作用是什么？有哪几个重要的部分？
6．有哪些常用事件，如何使用的？
7．使用线型布局的组合表示一种菱形的界面，菱形的各个位置分别放置一个按钮。
8．使用表格布局方法管理自己的课程表。
9．尽可能地使用各种合适的控件和合适的颜色设计一个完整的学生信息录入界面。
10．编写一个月历程序，根据输入的年和月的值显示月历界面。
11．设计对课程信息进行增、删、改和浏览等相关管理的各个人机界面。

第 5 章　多界面程序设计

本章介绍多界面窗口程序的设计方法，主要包括标题栏、菜单、多活动和对话框，其中，菜单又分由系统按键触发的选项菜单（OptionMenu）和程序中自定义的上下文菜单（ContextMenu）两种，对话框包括临时对话框（Toast）和通用对话框（AlertDialog.Builder），一个活动还可以切换到另一个活动中。本章的难点是菜单和多活动的使用，重点是掌握多活动的使用方法。

5.1　标题栏的定制

每一个 App 窗口总有一个标题栏，它会占据一定的窗口空间。首先介绍一下如何去掉这个标题栏，一般有以下三种方法。

第一种方法是在活动的 onCreate()方法体中加入如下代码。

```
this.requestWindowFeature(Window.FEATURE_NO_TITLE);  // 去掉标题栏
```

但这条代码必须写在 setContentView()方法调用之前。

第二种方法是在清单文件 AndroidManifest.xml 中将 Activity 元素的属性 android:theme 值由原来的“@style/AppTheme”改为“@android:style/Theme.NoTitleBar”，如果不存在这个属性，可以将以下内容添加进去。

```
android:theme="@android:style/Theme.NoTitleBar"
```

第三种方法是在式样文件 style.xml 中定义一个 style 元素如下。

```
<style name="notitle">
    <item name="android:windowNoTitle">true</item>
</style>
```

然后在清单文件 AndroidManifest.xml 中将 Activity 元素的属性 android:theme 值改为“@style/notitle”，如果不存在这个属性，可以将以下内容添加进去。

```
android:theme="@style/notitle"
```

有标题栏和无标题栏的活动窗口分别如图 5-1 和图 5-2 所示。

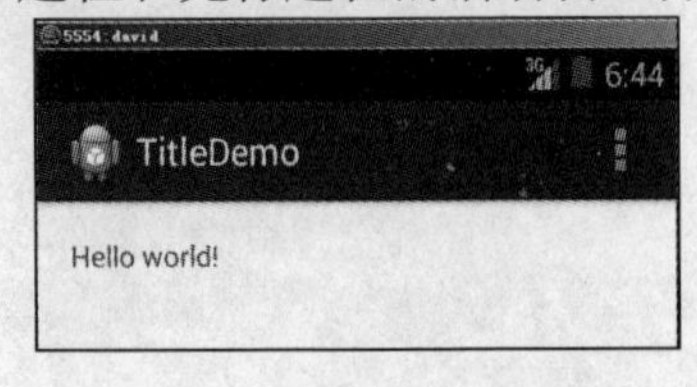

图 5-1　有标题栏的活动窗口

图 5-2　无标题栏的活动窗口

接着介绍如何定制标题栏，首先定义一个布局文件 mycustomtitle.xml，内容如下。

```
<RelativeLayout xmlns:android="http://schemas.android.com/apk/res/android"
    android:layout_width="fill_parent"
    android:layout_height="fill_parent"
    android:layout_gravity="fill_horizontal"
    android:orientation="horizontal" >

    <Button
        android:id="@+id/header_left_btn"
        android:layout_width="wrap_content"
        android:layout_height="wrap_content"
        android:layout_alignParentLeft="true"
        android:layout_centerVertical="true"
        android:layout_marginLeft="5dp"
        android:text="返回"
        android:textColor="#000000" />

    <TextView
        android:id="@+id/header_text"
        android:layout_width="fill_parent"
        android:layout_height="fill_parent"
        android:layout_centerHorizontal="true"
        android:layout_centerVertical="true"
        android:layout_toLeftOf="@+id/header_right_btn"
        android:layout_toRightOf="@+id/header_left_btn"
        android:gravity="center"
        android:singleLine="true"
        android:text="状态"
        android:textColor="#FFFFFF"
        android:textSize="20sp"
        android:textStyle="bold" />

    <Button
        android:id="@+id/header_right_btn"
        android:layout_width="wrap_content"
        android:layout_height="wrap_content"
        android:layout_alignParentRight="true"
        android:layout_centerVertical="true"
        android:layout_marginRight="5dp"
        android:text="继续"
        android:textColor="#000000" />

</RelativeLayout>
```

接着在活动的 onCreate()方法体中，在 setContentView()方法调用之前，加入如下代码。

```
this.requestWindowFeature(Window.FEATURE_CUSTOM_TITLE);
```

在 setContentView()方法调用之后，加入如下代码。

```
this.requestWindowFeature(Window.FEATURE_CUSTOM_TITLE，R.layout.mycustomtitle);
```

然后在式样文件 style.xml 中定义 style 元素如下。

```
<style name="WindowTitleBackground">
    <item name="android:background">#0000FF</item>
</style>
<style name="MyTheme" parent="android:Theme">
    <item name="android:windowTitleSize">60dp</item>
    <item name="android:windowTitleBackgroundStyle">@style/WindowTitleBackground</item>
</style>
```

最后在清单文件 AndroidManifest.xml 中将 Activity 元素的属性 android:theme 值改为“@android:style/MyTheme”，如果不存在这个属性，可以将以下内容添加进去。

```
android:theme="@style/MyTheme"
```

运行结果如图 5-3 所示。

图 5-3　定制了标题栏的活动窗口

5.2　菜单

菜单最初是指餐馆提供的各种菜肴的清单，现引申为计算机程序运行中显示在屏幕上的选项列表，用于提供参数设置或信息选择等功能。由于移动设备屏幕大小的关系，菜单一般添加到菜单选项中，不去永久占用屏幕空间，需要时触发弹出，用完自动关闭。Android 中的菜单一般包括两大类，即选项菜单（OptionsMenu）和上下文菜单（ContextMenu），另外，这两种菜单既可以使用菜单资源文件静态装载，也可以在代码中动态创建。

5.2.1　选项菜单

当用户单击移动设备上的系统菜单按钮（名为 Menu）时，弹出的菜单即为选项菜单，一般显示在屏幕底部附近。选项菜单最多显示 2 排、每排 3 个，共 6 个菜单项，当超过 6 个时，从第 6 项开始会被隐藏，在第 6 项后出现一个“更多（More）”菜单项，当单击这个 More 菜单时才出现第 6 项及之后的其他菜单项（称为 Expanded Menus）。

通过覆盖活动类的 onCreateOptionsMenu()方法装载或创建选项菜单，在这个方法中可以返回 true 表示显示菜单，也可以返回 false 表示不显示菜单，方法格式如下。

```
public boolean onCreateOptionsMenu(Menu menu);
```

其中的参数 menu 类型为 Menu 类，它主要有 add()和 addSubMenu()两个常用方法，其中 add()方法的格式如下。

```
MenuItem add(int groupId, int itemId, int order, CharSequence title);
```

groupId 为菜单项所在的组号，可以取 Menu.NONE 值，表示不分组。

itemId 为菜单项编号，可以从 Menu.FIRST 值加 1 开始取值。

order 为菜单项顺序号，可以任意规定。

title 为菜单项的字符串名称。

addSubMenu()方法的格式与 add()方法相同，接着对子菜单（增加菜单项）同样使用 add()方法即可。

如果是采用动态创建菜单的方式，可以在 onCreateOptionsMenu()方法中写入增加菜单项的代码，内容如下。

```
@Override
public boolean onCreateOptionsMenu(Menu menu) {
    menu.add(Menu.NONE, R.id.menuitem0, 0, "米饭");
    menu.add(Menu.NONE, R.id.menuitem1, 1, "馒头");
    menu.add(Menu.NONE, R.id.menuitem2, 2, "饺子");
    menu.add(Menu.NONE, R.id.menuitem3, 3, "面条");
    SubMenu submenu1 = menu.addSubMenu(Menu.NONE, R.id.menuitem4, 4, "炒菜>>");
    submenu1.add(Menu.NONE, R.id.menuitem5, 5, "红烧牛肉");
    submenu1.add(Menu.NONE, R.id.menuitem6, 6, "鱼香肉丝");
    submenu1.add(Menu.NONE, R.id.menuitem7, 7, "宫保鸡丁");
    return true;
}
```

如果是采用静态资源文件装载菜单的方式，则需要首先设计好一个菜单资源文件，比如名为 optionsmenu.xml，内容如下。

```
<menu xmlns:android="http://schemas.android.com/apk/res/android" >
    <item
        android:id="@+id/menuitem0"
        android:orderInCategory="0"
        android:showAsAction="never"
        android:title="米饭"/>
    <item
        android:id="@+id/menuitem1"
        android:orderInCategory="1"
        android:showAsAction="never"
        android:title="馒头"/>
```

```
    <item
        android:id="@+id/menuitem2"
        android:orderInCategory="2"
        android:showAsAction="never"
        android:title="饺子"/>
    <item
        android:id="@+id/menuitem3"
        android:orderInCategory="3"
        android:showAsAction="never"
        android:title="面条"/>
    <item
        android:id="@+id/menuitem4"
        android:orderInCategory="4"
        android:showAsAction="never"
        android:title="炒菜">
        <menu>
            <item
                android:id="@+id/menuitem5"
                android:orderInCategory="5"
                android:showAsAction="never"
                android:title="红烧牛肉"/>
            <item
                android:id="@+id/menuitem6"
                android:orderInCategory="6"
                android:showAsAction="never"
                android:title="鱼香肉丝"/>
            <item
                android:id="@+id/menuitem7"
                android:orderInCategory="7"
                android:showAsAction="never"
                android:title="宫保鸡丁"/>
        </menu>
    </item>
</menu>
```

然后可以在 onCreateOptionsMenu()方法中写入增加菜单项的代码，内容如下。

```
@Override
public boolean onCreateOptionsMenu(Menu menu) {
    getMenuInflater().inflate(R.menu.optionsmenu, menu);
    return true;
}
```

添加菜单项的单击事件的方法是覆盖。通过覆盖活动类的 onOptionsItemSelected()方法响应菜单项的单击事件，这个方法可以返回 true 表示菜单有效，也可以返回 false 菜单不显示，方法格式如下。

```
public boolean onOptionsItemSelected(MenuItem item);
```

其中的参数 item 类型为 MenuItem 类，它主要有以下四个常用方法。

int getGroupId(); 为菜单项所在的组号。

int getItemId(); 为菜单项编号。

int getOrder(); 为菜单项顺序号。

CharSequence getTitle(); 为菜单项的字符串名称。

可以在 onOptionsItemSelected()方法中写入菜单项单击事件发生时的代码。

运行结果示意图如图 5-4 所示。

图 5-4 选项菜单的显示结果

5.2.2 上下文菜单

当用户长按 Activity 界面或其中的某一控件时，弹出的菜单称为上下文菜单，它与 Windows 窗口中右击弹出的快捷菜单类似。上下文菜单也包括装载静态菜单和创建动态菜单两种方式，使用的方法分为以下三步。

1）在活动的 onCreate()方法中调用 registerForContextMenu()方法为活动、视图或控件注册一个上下文菜单，这个方法的格式如下。

```
public void registerForContextMenu(View view);
```

其中，view 为 View 类型的参数，代表任何活动、视图或控件。例如，可以将上下文菜单注册到一个按钮的 button1 对象上，代码如下。

```
registerForContextMenu(button1);
```

2）覆盖活动的 onCreateContextMenu()方法，这个方法的格式如下。

```
@Override
public void onCreateContextMenu(ContextMenu menu, View v,
 ContextMenu.ContextMenuInfo menuInfo);
```

其中，menu 为菜单类参数，v 为活动、视图或控件类参数，menuInfo 为上下文菜单附加信息参数，这里主要使用 menu 参数。

方法体中的代码除了首先调用 super.onCreateContextMenu(menu, view, menuInfo);之外，其他与选项菜单的 onCreateOptionsMenu()方法的代码类似。

3）覆盖活动的 onContextItemSelected()方法，用来响应菜单单击事件，这个方法的格式如下。

```
public boolean onContextItemSelected(MenuItem item);
```

方法体中的代码与选项菜单的中的 onOptionsItemSelected ()方法的代码类似。

运行结果与图 5-4 类似。

5.3 多活动与意愿

对于一个稍微复杂的程序需要多重界面，即设计两个以上的活动，比如首先有一个主界面作为主活动，当单击其中的按钮时切换到另一个辅助界面，即子活动当中去，单击子活动中的一个按钮又可以返回到主活动中去。下面先介绍两个活动切换当中用到的两个类：Intent 和 Bundle。

Intent 类定义在 android.content 包中，表示一种意愿，即当进行各个活动之间通信时，它提供活动之间互相调用的相关信息，比如描述活动切换之前所操作的动作、动作涉及的基本数据和附加数据等，然后 Android 系统根据 Intent 的描述信息去寻找对应的活动，并将 Intent 传递给找到的活动并调用。Intent 类常用的构造方法如下。

```
Intent();
Intent(Context packageContext, Class<?> cls);
Intent(String action, Uri uri);
```

其中，packageContext 参数表示一个活动，cls 参数表示一个意愿中所调用的另一活动，action 参数表示意愿动作值，uri 参数表示意愿数据的网址。

下面列举几个实例。

1）活动的切换。

```
Intent intent = new Intent(MainActivity.this, SecondActivity.class);
```

其中，意愿中的原始活动为 MainActivity，意愿中的目标活动为 SecondActivity。

2）显示网页。

```
Uri uri = Uri.parse("http://www.xjtu.edu.cn");
Intent it = new Intent(Intent.ACTION_VIEW,uri);
```

3）显示地图。

```
Uri uri = Uri.parse("geo:38.899533,-77.036476");
Intent it = new Intent(Intent.Action_VIEW,uri);
```

4）拨打电话。

```
Uri uri = Uri.parse("tel:5556");
Intent it = new Intent(Intent.ACTION_DIAL, uri);
```

5）发送短信。

```
Uri uri = Uri.parse("smsto:5556");
Intent it = new Intent(Intent.ACTION_SENDTO, uri);
```

6）发送邮件。

```
Uri uri = Uri.parse("mailto:xxx@abc.com");
Intent it = new Intent(Intent.ACTION_SENDTO, uri);
```

在活动的切换中，有时还需要传递参数，对于较简单的数据，可以使用 putExtra()方法保存数据，其格式如下。

```
Intent putExtra(String name,t value);
Intent putExtra(String name, Bundle value);
```

其中 t 表示如 byte、char、int、float 或 String 等一些较为简单的数据类型，Bundle 表示一些较复杂的辅助数据的打包。Bundle 类定义在 android.os.Bundle 包中，它是一个映射类，可以存放从 String、Message、Uri、Rect 到任何的 Parcelable 类型的数据，一般使用键（key）和值（value）一组数据来表示。Bundle 类最简单的构造方法为 Bundle()。

根据需要，可以使用 Bundle 类的以下方法保存相应类型的值。

```
void putByte(String key, byte value);
void putChar(String key, char value);
void putInt(String key, int value);
void putFloat(String key, float value);
void putString(String key, String value);
```

在意愿的目标活动中可以通过 getIntent()方法获得 Intent 对象，格式如下。

```
Intent getIntent();
```

进一步，对于一些较为简单的数据可以使用 Intent 类的以下一些方法获得。

```
byte getByteExtra(String name, byte defaultValue);
char getCharExtra(String name, char defaultValue);
int getIntExtra(String name, int defaultValue);
float getFloatExtra(String name, float defaultValue);
String getStringExtra(String name);
```

对于 Bundle 类型的数据，首先需要使用 getExtras()获得 Bundle 类的对象，格式如下。

```
Bundle getBundleExtra(String name);
```

然后使用 Bundle 类的如下方法获得各种类型的数据，格式如下。

```
byte getByte(String key);
char getChar(String key);
int getInt(String key);
float getFloat(String key);
String getString(String key);
```

最后使用方法 startActivity()启动一个意愿，使用方法 finish()关闭一个活动，它们的格式如下。

```
void startActivity(Intent intent);
void finish();
```

有时，需要使用方法 startActivityForResult 启动一个当完成时带返回值的意愿，其格式如下。

```
void startActivityForResult(Intent intent,int requestCode);
```

其中，intent 为意愿对象，requestCode 为请求编码值，当 requestCode>=0 时，目标活动退出时将在原始活动的方法 onActivityResult()中返回这个请求编码值，方法 onActivityResult()的格式如下：void onActivityResult(int requestCode, int resultCode, Intent data);。

其中，intent 为返回的意愿对象，requestCode 为请求编码值，resultCode 为结果编码值。目标活动退出时可以执行以下实例代码。

```
final int RESULT_CODE=101;   // 返回编码值
Intent intent = new Intent(SecondActivity.this, MainActivity.class); // 意愿
intent.putExtra("second", "I am second!");   // 意愿中绑定的值
setResult(RESULT_CODE, intent); // 发送结果
finish(); // 退出活动
```

在原始的活动中可以编写方法 onActivityResult()的实例代码如下。

```
final int RESULT_CODE=101; // 返回编码值
final int REQUEST_CODE=1; // 请求编码值
@Override
protected void onActivityResult(int requestCode, int resultCode, Intent data) {
    if(requestCode==REQUEST_CODE) { // 返回编码值相符
        if(resultCode==RESULT_CODE) { //请求编码值相符
            String result=data.getStringExtra("second"); //接收返回结果
            textView1.setText(result); // 显示返回结果
        }
    }
    super.onActivityResult(requestCode, resultCode, data);
}
```

5.4 对话框

对话框主要用于实现信息的提醒、数据的输入以及确认等功能。Android 中的对话框一般有三大类型，使用 Toast 显示临时信息提示对话框，使用 AlertDialog 类构造标准的对话框，以及使用活动作为对话框。

5.4.1 Toast

Toast 用于短暂地向用户显示一些帮助或提示，Toast 类定义在 android.widget 包中，主要使用它的如下两个静态常量、一个静态方法和两个实例方法。

```
static int LENGTH_SHORT; // 短时显示
static int LENGTH_LONG; // 长时显示
static Toast makeText(Context context,CharSequence text,int duration); // 构造 Toast 对象
void setGravity(int gravity,int xOffset,int yOffset); // 设置对话框对齐方位和位置
void show(); // 显示对话框
```

其中，context 表示活动或应用上下文，text 表示显示的文字内容，duration 表示显示的时间长度。

Toast 对话框包括两种显示效果。

1）默认显示效果。

```
Toast.makeText(getApplicationContext(),"稍事休息!", Toast.LENGTH_SHORT).show();
```

2）自定义位置显示效果。

```
Toast toast=Toast.makeText(getApplicationContext(),"稍事休息!", Toast.LENGTH_LONG);
toast.setGravity(Gravity.CENTER, 0, 0);        //显示在屏幕中央
toast.show();
```

5.4.2 AlertDialog.Builder

AlertDialog.Builder 类定义在 android.app 包中，通过这个类可以创建各种效果的标准对话框，类中的常用成员方法如下。

```
AlertDialog.Builder(Context context);                                    //构造方法
AlertDialog.Builder setTitle(CharSequence title);                        //设置标题
AlertDialog.Builder setMessage(CharSequence message);                    //设置提示文本
AlertDialog.Builder setIcon(Drawable icon);                              //设置图标
AlertDialog.Builder setPositiveButton(CharSequence text,                 //设置确定按钮
                             DialogInterface.OnClickListener listener);
AlertDialog.Builder setNegativeButton(CharSequence text,                 //设置取消按钮
                             DialogInterface.OnClickListener listener);
AlertDialog.Builder setNeutralButton(CharSequence text,                  //设置一般按钮
                             DialogInterface.OnClickListener listener);
AlertDialog.Builder setView(View view);                                  //设置视图
AlertDialog.Builder setMultiChoiceItems(CharSequence[] items,            //设置多选项
                             boolean[] checkedItems,
                             DialogInterface.OnMultiChoiceClickListener listener);
AlertDialog.Builder setSingleChoiceItems(int itemsId,                    //设置单选项
                             int checkedItem,
                             DialogInterface.OnClickListener listener);
AlertDialog.Builder setItems(CharSequence[] items,                       //设置列表项
                      DialogInterface.OnClickListener listener);
```

下面介绍常用的 7 种 AlertDialog.Builder 对话框的创建方法。

1）具有“确认”和“取消”按钮的标准对话框。创建对话框的代码如下。

```
AlertDialog.Builder builder = new Builder(MainActivity.this);
builder.setMessage("确认退出吗？");
builder.setTitle("提示");
builder.setPositiveButton("确认", new OnClickListener() {
 @Override
 public void onClick(DialogInterface dialog, int which) {
  dialog.dismiss();
  MainActivity.this.finish();
 }
});
builder.setNegativeButton("取消", new OnClickListener() {
 @Override
 public void onClick(DialogInterface dialog, int which) {
  dialog.dismiss();
 }
});
builder.create().show();
```

运行结果如图 5-5 所示。

2）具有 3 个按钮的标准对话框。创建对话框的代码如下。

```
Dialog dialog = new AlertDialog.Builder(this).setIcon(
  android.R.drawable.btn_star).setTitle("喜好调查").setMessage(
  "你喜欢李连杰的电影吗？").setPositiveButton("很喜欢",
  new OnClickListener() {
   @Override
   public void onClick(DialogInterface dialog, int which) {
    Toast.makeText(MainActivity.this, "我很喜欢他的电影。",
      Toast.LENGTH_LONG).show();
   }
  }).setNegativeButton("不喜欢", new OnClickListener() {
 @Override
 public void onClick(DialogInterface dialog, int which) {
  Toast.makeText(MainActivity.this, "我不喜欢他的电影。", Toast.LENGTH_LONG)
    .show();
 }
}).setNeutralButton("一般", new OnClickListener() {
 @Override
 public void onClick(DialogInterface dialog, int which) {
  Toast.makeText(MainActivity.this, "谈不上喜欢不喜欢。", Toast.LENGTH_LONG)
    .show();
 }
}).create();
dialog.show();
```

运行结果如图 5-6 所示。

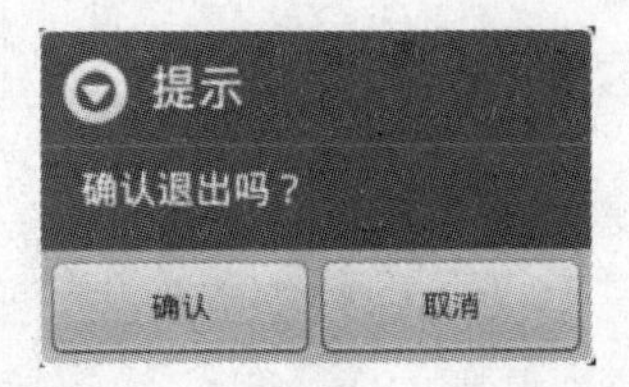

图 5-5　具有“确认”和“取消”按钮的标准对话框

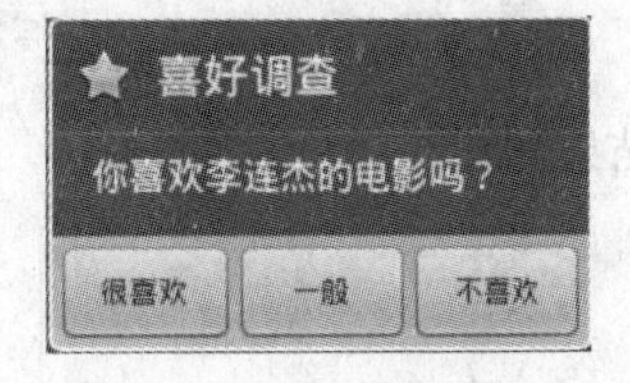

图 5-6　具有 3 个按钮的标准对话框

3）输入一个信息内容的对话框。创建对话框的代码如下。

```
new AlertDialog.Builder(this).setTitle("请输入").setIcon(
    android.R.drawable.ic_dialog_info).setView(
    new EditText(this)).setPositiveButton("确定", null)
    .setNegativeButton("取消", null).show();
```

运行结果如图 5-7 所示。

4）具有信息内容单选框的对话框。创建对话框的代码如下。

```
new AlertDialog.Builder(this).setTitle("单选框").setIcon(
  android.R.drawable.ic_dialog_info).setSingleChoiceItems(
  new String[] { "Item1", "Item2" }, 0,
  new DialogInterface.OnClickListener() {
   public void onClick(DialogInterface dialog, int which) {
    dialog.dismiss();
   }
  }).setNegativeButton("取消", null).show();
```

运行结果如图 5-8 所示。

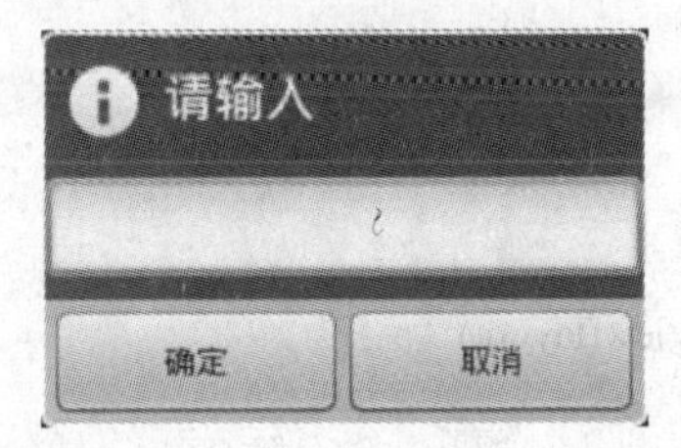

图 5-7　输入一个信息内容的对话框

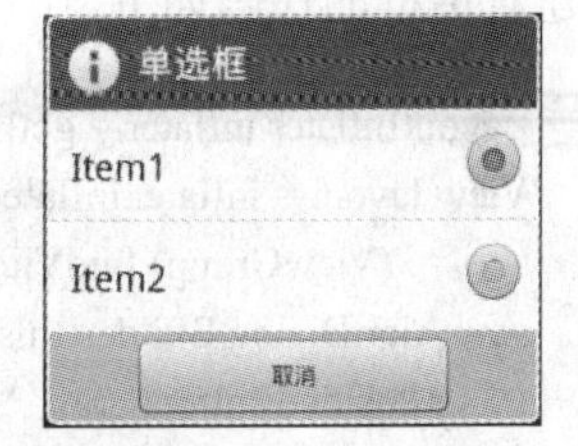

图 5-8　具有信息内容单选框的对话框

5）具有信息内容复选框的对话框。创建对话框的代码如下。

```
new AlertDialog.Builder(this).setTitle("复选框").setMultiChoiceItems(
        new String[] { "Item1", "Item2" }, null, null)
        .setPositiveButton("确定", null)
        .setNegativeButton("取消", null).show();
```

运行结果如图 5-9 所示。

6）具有信息内容简单列表框的对话框。创建对话框的代码如下。

```
new AlertDialog.Builder(this).setTitle("列表框").setItems(
    new String[] { "Item1", "Item2" }, null).setNegativeButton(
```

```
        "确定", null).show();
```

运行结果如图 5-10 所示。

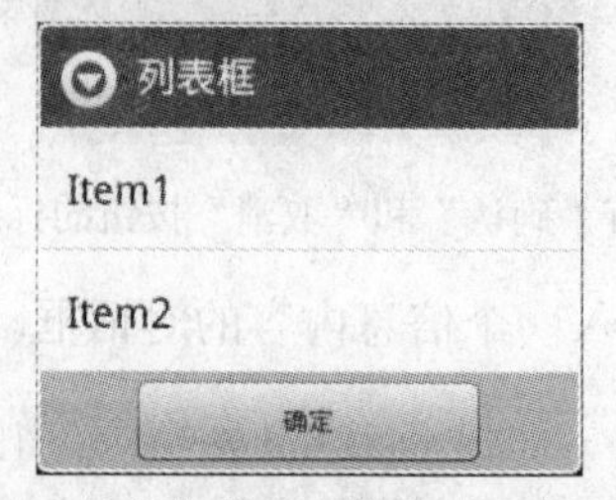

图 5-9　具有信息内容多选框的对话框　　图 5-10　具有信息内容简单列表框的对话框

7）具有自定义信息内容布局的对话框。布局文件 dialog.xml 代码如下。

```
<?xml version="1.0" encoding="utf-8"?>
<LinearLayout xmlns:android="http://schemas.android.com/apk/res/android"
  android:layout_height="wrap_content" android:layout_width="wrap_content"
  android:background="#ffffffff" android:orientation="horizontal"
  android:id="@+id/dialog">
<TextView android:layout_height="wrap_content"
  android:layout_width="wrap_content"
  android:id="@+id/tvname" android:text="姓名：" />
<EditText android:layout_height="wrap_content"
          android:layout_width="wrap_content"
          android:id="@+id/etname" android:minWidth="100dip"/>
</LinearLayout>
```

创建对话框的代码如下。

```
LayoutInflater inflater = getLayoutInflater();
View layout = inflater.inflate(R.layout.dialog,
        (ViewGroup) findViewById(R.id.dialog));
new AlertDialog.Builder(this).setTitle("自定义布局").setView(layout)
   .setPositiveButton("确定", null)
     .setNegativeButton("取消", null).show();
```

运行结果如图 5-11 所示。

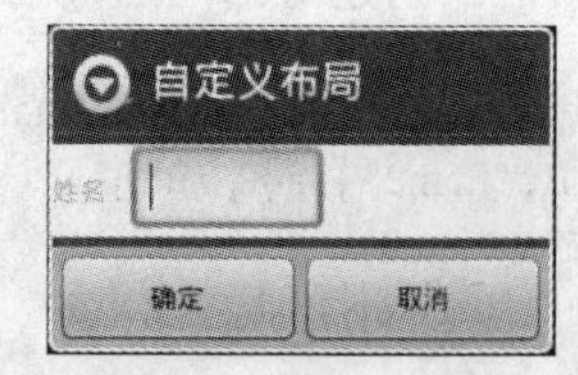

图 5-11　具有自定义信息内容布局的对话框

5.4.3　带有进度条的对话框效果

Android 手机自带的对话框效果比较单一，可以通过 ProgressDialog 来自己定义对话框显示一种动感的进度效果，可以带进度条、标题和信息，进度范围为 0～10000。ProgressDialog类为 AlertDialog 类的子类，可以通过构造方法或静态的 show()方法建立对象，格式如下。

ProgressDialog(Context context);　构造方法。

ProgressDialog(Context context, int theme); 构造方法。

static ProgressDialog show(Context context, CharSequence title, CharSequence message); 静态显示方法。

static ProgressDialog show(Context context, CharSequence title, CharSequence message, boolean indeterminate); 静态显示方法。

static ProgressDialog show(Context context, CharSequence title, CharSequence message, boolean indeterminate, boolean cancelable); 静态显示方法。

其中，context 为上下文 Context 类的对象，theme 为主题资源 id，title 为对话框的标题，message 为对话框的信息，indeterminate 表示不明确状态，cancelable 表示可取消状态。

主要的方法如下。

void setProgressStyle(int style); 设置进度条风格，其中 style 为 ProgressDialog.STYLE_SPINNER 时为圆形旋转风格，为 ProgressDialog.STYLE_HORIZONTAL 时为水平风格。

void setTitle(CharSequence title); 设置标题。

void setMessage(CharSequence message); 设置提示信息。

void setIcon(Drawable icon); 设置标题图标。

void setMax(int max); 设置进度最大值。

void setProgress(int value); 当前进度值，需要与 Handler 类结合使用。

void setIndeterminate(boolean indeterminate); 设置对话框的进度条是否不明确，默认下设置为 true，属性为 false 时可以实时更新进度值。

void incrementProgressBy(int diff); 设置对话框动态增量。

void setCancelable(boolean flag); 设置对话框是否可以按返回键取消。

void setCanceledOnTouchOutside(boolean cancel); 设置对话框是否可以按其外部取消。

void cancel(); 退出对话框。

void dismiss(); 退出对话框。

举例如下。

最简单的进度对话框代码如下。

```
ProgressDialog.show(this, "提示", "正在登录中", false, true);
```

运行结果如图 5-12 所示。

圆形旋转风格的进度对话框代码如下。

```
ProgressDialog pd = new ProgressDialog(this);
pd.setProgressStyle(ProgressDialog.STYLE_SPINNER);// 设置进度条圆形旋转的风格
pd.setTitle("提示");// 设置标题
pd.setMessage("网络忙，稍候！");// 设置提示信息
pd.setIcon(R.drawable.ic_launcher);// 设置标题图标

pd.setIndeterminate(false); // 设置进度为不明确
```

```
pd.setCancelable(true); // 设置是否可以按返回键取消
pd.show(); // 显示
```

运行结果如图 5-13 所示。

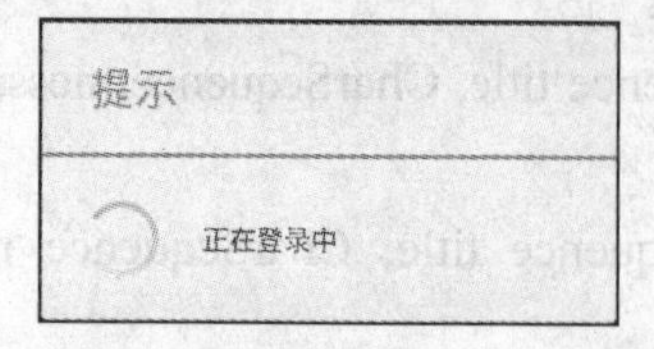

图 5-12　最简单的进度对话框

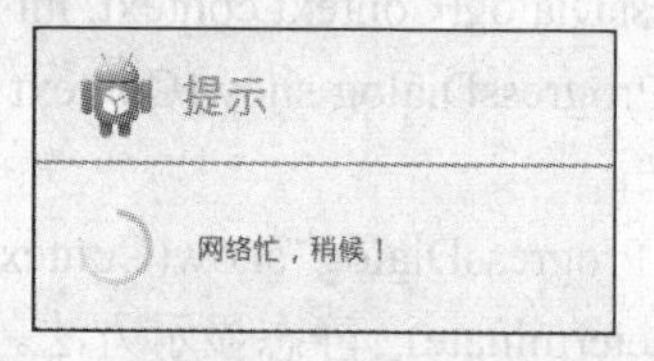

图 5-13　圆形旋转风格的进度对话框

水平风格的进度对话框代码如下。

```
ProgressDialog pd = new ProgressDialog(this);
pd.setProgressStyle(ProgressDialog.STYLE_HORIZONTAL);// 设置进度条为水平风格
pd.setTitle("提示");// 设置标题
pd.setMessage("正在计算...，稍候！");// 设置提示信息
pd.setIcon(R.drawable.ic_launcher);// 设置标题图标
pd.setProgress(50); // 设置进度
pd.setIndeterminate(true); // 设置进度为明确
pd.setCancelable(true); // 设置是否可以按返回键取消
pd.show(); // 显示
```

运行结果如图 5-14 所示。

图 5-14　水平风格的进度对话框

5.4.4　具有对话框效果的活动

还可以将活动设置成对话框的方式。首先需要在 AndroidManifest.xml 部署清单文件中对 activity 元素增加或更改以下属性：android:theme="@android:style/Theme.Dialog"。

然后可以在活动的左边增加一个小图片，让它更像一个对话框，代码如下。

```
import android.os.Bundle;
import android.view.Window;
import android.app.Activity;
public class SecondActivity extends Activity {
    @Override
    protected void onCreate(Bundle savedInstanceState) {
        super.onCreate(savedInstanceState);
```

```
            requestWindowFeature(Window.FEATURE_LEFT_ICON);
            setTitle("对话框式 activity");// 设置标题
            setContentView(R.layout.main);// 设置布局内容
            // 设置左边图标
            getWindow().setFeatureDrawableResource(Window.FEATURE_LEFT_ICON,
                    android.R.drawable.ic_dialog_alert);
        }
    }
```

还可以设计自己的对话框主题，代码如下。

```
    <style name="dialog" parent="@android:style/Theme.Dialog">
        <!-- 去黑边 -->
        <item name="android:windowFrame">@null</item>
        <!-- 设置是否可滑动 -->
        <item name="android:windowIsFloating">true</item>
        <!-- 设置是否透明 -->
        <item name="android:windowIsTranslucent">true</item>
        <!-- 无标题 -->
        <item name="android:windowNoTitle">true</item>
        <!-- 背景 -->
        <item name="android:background">@null</item>
        <!-- 窗口背景 -->
        <item name="android:windowBackground">@android:color/transparent</item>
        <!-- 是否变暗 -->
        <item name="android:backgroundDimEnabled">false</item>
        <!-- 单击空白处 activity 不消失 -->
        <item name="android:windowCloseOnTouchOutside">false</item>
    </style>
```

在 AndroidManifest.xml 部署清单文件中对 activity 元素增加或更改以下属性。

```
    android:theme="@style/dialog"
```

单击空白处 activity 不消失的效果也可以通过编写代码实现，在 onCreate()方法里面加上如下代码。

```
    setFinishOnTouchOutside(false);
```

5.5 综合例题

【例 5-1】 设计一个客户信息录入界面。

题目要求：

设计一个客户信息录入界面，要求能够输入客户的姓名、单位和电话等信息，行业信息使用选项菜单选择，类别信息使用上下文菜单选择。

题目分析：

本题的姓名、单位和电话等信息使用 EditText 控件来输入，行业信息设计成菜单资源文件，并以选项菜单方式出现，类别信息也设计成菜单资源文件，并以上下文菜单方式出现。

程序：

选项菜单资源文件 optionsmenu.xml 的代码如下。

```
<menu xmlns:android="http://schemas.android.com/apk/res/android" >

    <item
        android:id="@+id/menuitem0"
        android:orderInCategory="0"
        android:showAsAction="never"
        android:title="石油"/>
    <item
        android:id="@+id/menuitem1"
        android:orderInCategory="1"
        android:showAsAction="never"
        android:title="电力"/>
    <item
        android:id="@+id/menuitem2"
        android:orderInCategory="2"
        android:showAsAction="never"
        android:title="电信"/>
    <item
        android:id="@+id/menuitem3"
        android:orderInCategory="3"
        android:showAsAction="never"
        android:title="机械"/>

</menu>
```

上下文菜单资源文件 contextmenu.xml 的代码如下。

```
<menu xmlns:android="http://schemas.android.com/apk/res/android" >

    <item
        android:id="@+id/menuitem0"
        android:orderInCategory="0"
        android:showAsAction="never"
        android:title="长期客户"/>
    <item
        android:id="@+id/menuitem1"
        android:orderInCategory="1"
        android:showAsAction="never"
        android:title="金融客户"/>
    <item
```

```
            android:id="@+id/menuitem2"
            android:orderInCategory="2"
            android:showAsAction="never"
            android:title="一般客户"/>
        <item
            android:id="@+id/menuitem3"
            android:orderInCategory="3"
            android:showAsAction="never"
            android:title="OEM 客户"/>

    </menu>
```

布局资源文件 activity_main.xml 的代码如下。

```
    <LinearLayout xmlns:android="http://schemas.android.com/apk/res/android"
        xmlns:tools="http://schemas.android.com/tools"
        android:id="@+id/LinearLayout1"
        android:layout_width="match_parent"
        android:layout_height="match_parent"
        android:orientation="vertical"
        android:paddingBottom="@dimen/activity_vertical_margin"
        android:paddingLeft="@dimen/activity_horizontal_margin"
        android:paddingRight="@dimen/activity_horizontal_margin"
        android:paddingTop="@dimen/activity_vertical_margin"
        tools:context=".MainActivity" >

        <LinearLayout
            android:layout_width="match_parent"
            android:layout_height="wrap_content" >

            <TextView
                android:id="@+id/textView1"
                android:layout_width="wrap_content"
                android:layout_height="wrap_content"
                android:text="姓名：" />

            <EditText
                android:id="@+id/editText1"
                android:layout_width="wrap_content"
                android:layout_height="wrap_content"
                android:layout_weight="1"
                android:ems="10" >

                <requestFocus />
            </EditText>
        </LinearLayout>
```

```
<LinearLayout
    android:layout_width="match_parent"
    android:layout_height="wrap_content" >

    <TextView
        android:id="@+id/textView2"
        android:layout_width="wrap_content"
        android:layout_height="wrap_content"
        android:text="单位：" />

    <EditText
        android:id="@+id/editText2"
        android:layout_width="wrap_content"
        android:layout_height="wrap_content"
        android:layout_weight="1"
        android:ems="10" >

        <requestFocus />
    </EditText>
</LinearLayout>

<LinearLayout
    android:layout_width="match_parent"
    android:layout_height="wrap_content" >

    <TextView
        android:id="@+id/textView3"
        android:layout_width="wrap_content"
        android:layout_height="wrap_content"
        android:text="电话：" />

    <EditText
        android:id="@+id/editText3"
        android:layout_width="wrap_content"
        android:layout_height="wrap_content"
        android:layout_weight="1"
        android:ems="10" >

        <requestFocus />
    </EditText>
</LinearLayout>

<LinearLayout
    android:layout_width="match_parent"
    android:layout_height="wrap_content" >
```

```
            <TextView
                android:id="@+id/textView4"
                android:layout_width="wrap_content"
                android:layout_height="wrap_content"
                android:text="行业：" />

            <TextView
                android:id="@+id/textView5"
                android:layout_width="wrap_content"
                android:layout_height="wrap_content"
                android:layout_weight="1"
                android:ems="10" >

            </TextView>
        </LinearLayout>

        <LinearLayout
            android:layout_width="match_parent"
            android:layout_height="wrap_content" >

            <TextView
                android:id="@+id/textView6"
                android:layout_width="wrap_content"
                android:layout_height="wrap_content"
                android:text="类别：" />

            <TextView
                android:id="@+id/textView7"
                android:layout_width="wrap_content"
                android:layout_height="wrap_content"
                android:layout_weight="1"
                android:ems="10" >

                <requestFocus />
            </TextView>
        </LinearLayout>

    </LinearLayout>
```

主活动程序文件 MainActivity.java 的代码如下。

```
package com.example.example5_1;

import android.app.Activity;
import android.os.Bundle;
import android.view.ContextMenu;
import android.view.Menu;
```

```
import android.view.MenuItem;
import android.view.View;
import android.widget.TextView;

public class MainActivity extends Activity {

TextView textView4; // 行业文本框
TextView textView6; // 类别文本框

@Override
protected void onCreate(Bundle savedInstanceState) {
        super.onCreate(savedInstanceState);
        setContentView(R.layout.activity_main);                    // 设置布局

        TextView textView5 = (TextView) this.findViewById(R.id.textView5);

        textView4 = (TextView) this.findViewById(R.id.textView4);
        textView6 = (TextView) this.findViewById(R.id.textView6);

        registerForContextMenu(textView5);                         // 注册上下文菜单
}

@Override
public boolean onCreateOptionsMenu(Menu menu) {
        getMenuInflater().inflate(R.menu.optionsmenu, menu);      // 创建选项菜单

        return true;
}

@Override
public boolean onOptionsItemSelected(MenuItem item) {            // 取得选择的菜单项
        if (item.getItemId() >= R.id.menuitem0
                        && item.getItemId() <= R.id.menuitem3) {
                textView4.setText(item.getTitle());               // 显示选择结果
                return true;
        } else {
                return false;
        }
}

@Override
public void onCreateContextMenu(ContextMenu menu, View v,
                ContextMenu.ContextMenuInfo menuInfo) {
        getMenuInflater().inflate(R.menu.contextmenu, menu);      // 创建上下文菜单

}
```

```
    @Override
    public boolean onContextItemSelected(MenuItem item) {          // 取得选择的菜单项
        if (item.getItemId() >= R.id.menuitem0
                && item.getItemId() <= R.id.menuitem3) {
            textView6.setText(item.getTitle());                    // 显示选择结果
            return true;
        } else {
            return false;
        }
    }

}
```

运行结果：

例 5-1 的运行结果如图 5-15 所示。

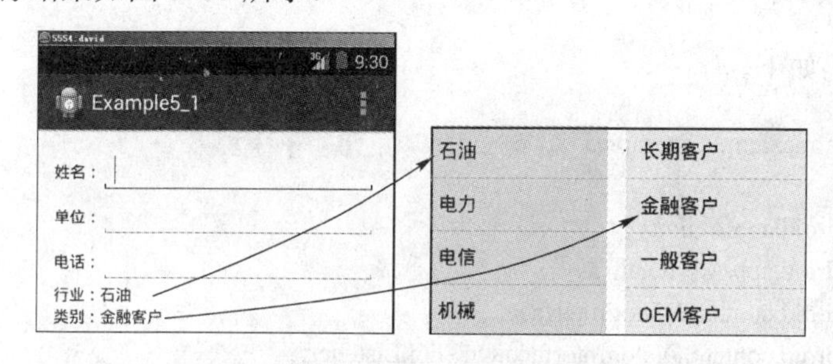

图 5-15 【例 5-1】的运行结果

扩展思考：

本题只是界面设计和菜单设计，并未涉及具体的功能，可以进一步增加一些按钮，完成客户信息的增加、修改、删除、浏览，以及定位到第一个、上一个、下一个和末一个客户信息并进行显示等功能。

【例 5-2】 设计一个计算阶乘的程序。

题目要求：

设计一个计算阶乘的程序，n 的值由对话框输入，阶乘结果显示在另一个对话框中。

题目分析：

本题在布局界面上放置两个按钮，单击它们时分别弹出 AlertDialog 对话框，输入 n 的值，弹出 Toast 对话框显示阶乘的计算结果。

程序：

布局资源文件的代码如下。

```
<?xml version="1.0" encoding="utf-8"?>
<LinearLayout xmlns:android="http://schemas.android.com/apk/res/android"
    android:layout_width="match_parent"
    android:layout_height="match_parent"
    android:orientation="vertical" >
```

```
    <Button
        android:id="@+id/button1"
        android:layout_width="wrap_content"
        android:layout_height="wrap_content"
        android:onClick="input"
        android:text="输入 n 的值" />

    <Button
        android:id="@+id/button2"
        android:layout_width="wrap_content"
        android:layout_height="wrap_content"
        android:onClick="calc"
        android:text="计算 n 的阶乘" />

</LinearLayout>
```

活动程序代码如下。

```
package com.example.example5_2;

import android.app.Activity;
import android.app.AlertDialog;
import android.content.DialogInterface;
import android.content.DialogInterface.OnClickListener;
import android.os.Bundle;
import android.view.View;
import android.widget.EditText;
import android.widget.Toast;

public class MainActivity extends Activity {

    private int n = 1;

    @Override
    protected void onCreate(Bundle savedInstanceState) {
        super.onCreate(savedInstanceState);
        setContentView(R.layout.activity_main);
    }

    public void input(View v) { // 输入 n 的值
        final EditText et = new EditText(this);
        new AlertDialog.Builder(this).setTitle("请输入")
                    .setIcon(android.R.drawable.ic_dialog_info).setView(et)
                    .setPositiveButton("确定", new OnClickListener() {
                        @Override
                        public void onClick(DialogInterface dialog, int which) {
```

```
                    n = Integer.parseInt("" + et.getText());
                    dialog.dismiss();

                }
            }).setNegativeButton("取消", null).show();
    }

    public void calc(View v) {              // 计算 n 的阶乘
        long t = 1;                          // 阶乘结果变量
        for (int i = 1; i <= n; i++) {
            t = t * i;
        }
        Toast.makeText(getApplicationContext(), "" + t, Toast.LENGTH_LONG)
                .show();                     // 显示阶乘结果
    }
}
```

运行结果：

本例的运行结果如图 5-16 所示。

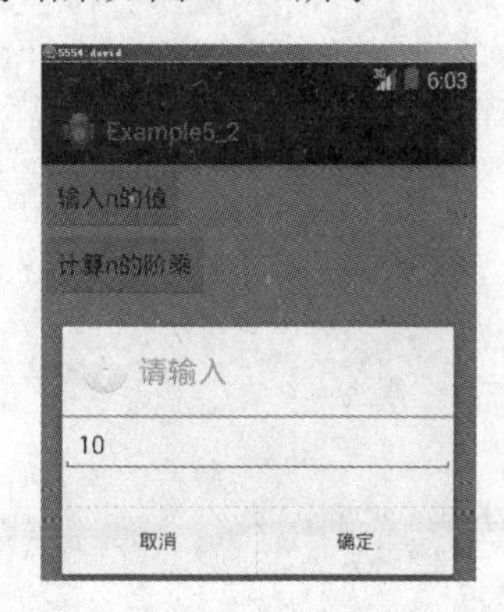

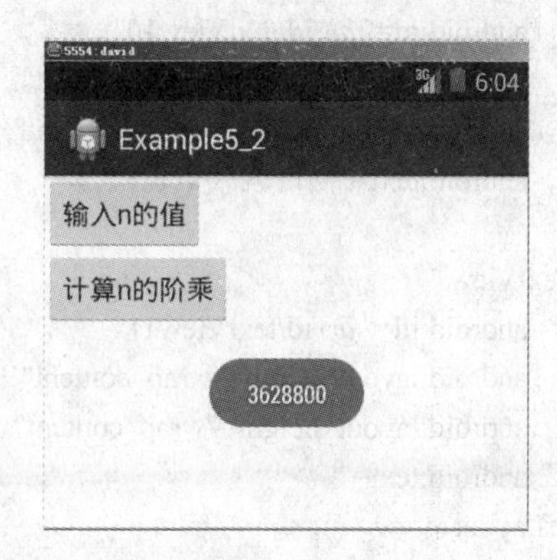

图 5-16 【例 5-2】的运行结果

【例 5-3】 对【例 5-1】添加增加、浏览和定位客户信息等功能。

题目分析：

本题需要在【例 5-1】界面的基础上，再加入增加客户信息按钮控件，以及定位到第一个、上一个、下一个和末一个客户信息 4 个按钮控件，并增加它们的事件处理方法。关于浏览功能，还需要增加另一个活动及其布局，用于显示当前的全部客户信息，在其中使用一个 ListView 控件作为客户信息的列表，使用 Intent 进行两个活动之间的切换。本题还需要定义一个客户信息类，并在第一个活动中定义一个静态数组来保存增加的所有客户信息。

程序：

主界面布局文件 activity_main.xml 在【例 5-1】中再增加如下内容。

```
<LinearLayout
    android:layout_width="match_parent"
    android:layout_height="wrap_content" >
```

```
        <TextView
            android:id="@+id/textView8"
            android:layout_width="wrap_content"
            android:layout_height="wrap_content"
            android:text="当前客人序号：" />

        <TextView
            android:id="@+id/textView9"
            android:layout_width="wrap_content"
            android:layout_height="wrap_content"
            android:text="" />
    </LinearLayout>

    <LinearLayout
        android:layout_width="match_parent"
        android:layout_height="wrap_content" >

        <TextView
            android:id="@+id/textView10"
            android:layout_width="wrap_content"
            android:layout_height="wrap_content"
            android:text="当前客人数量：" />

        <TextView
            android:id="@+id/textView11"
            android:layout_width="wrap_content"
            android:layout_height="wrap_content"
            android:text="" />
    </LinearLayout>

    <LinearLayout
        android:layout_width="match_parent"
        android:layout_height="wrap_content" >

        <Button
            android:id="@+id/button1"
            android:layout_width="wrap_content"
            android:layout_height="wrap_content"
            android:onClick="insert"
            android:text="增加" />

        <Button
            android:id="@+id/button2"
            android:layout_width="wrap_content"
            android:layout_height="wrap_content"
```

```
            android:onClick="list"
            android:text="浏览全部" />
    </LinearLayout>

    <LinearLayout
        android:layout_width="match_parent"
        android:layout_height="wrap_content" >

        <Button
            android:id="@+id/button3"
            android:layout_width="wrap_content"
            android:layout_height="wrap_content"
            android:onClick="first"
            android:text="首个" />

        <Button
            android:id="@+id/button4"
            android:layout_width="wrap_content"
            android:layout_height="wrap_content"
            android:onClick="prev"
            android:text="上个" />

        <Button
            android:id="@+id/button5"
            android:layout_width="wrap_content"
            android:layout_height="wrap_content"
            android:onClick="next"
            android:text="下个" />

        <Button
            android:id="@+id/button6"
            android:layout_width="wrap_content"
            android:layout_height="wrap_content"
            android:onClick="last"
            android:text="末个" />
    </LinearLayout>
```

主活动程序文件 MainActivity.java 内容如下。

```
package com.example.example5_3;

import android.app.Activity;
import android.content.Intent;
import android.os.Bundle;
import android.view.ContextMenu;
import android.view.Menu;
import android.view.MenuItem;
```

```
import android.view.View;
import android.widget.EditText;
import android.widget.TextView;

public class MainActivity extends Activity {
    TextView textView5;   // 行业文本框
    TextView textView7;   // 类别文本框

    EditText editText1;       // 姓名编辑框
    EditText editText2;       // 单位编辑框
    EditText editText3;       // 电话编辑框

    TextView textView9;   // 当前客人序号
    TextView textView11;  // 当前客人数量
    int index = -1;           // 当前客人序号变量
    int count = 0;            // 当前客人数量变量
    static Guest[] guest = new Guest[20];                    // 客人信息数组

    @Override
    protected void onCreate(Bundle savedInstanceState) {
        super.onCreate(savedInstanceState);
        setContentView(R.layout.activity_main);          // 设置布局

        TextView textView6 = (TextView) this.findViewById(R.id.textView6);

        textView5 = (TextView) this.findViewById(R.id.textView5);
        textView7 = (TextView) this.findViewById(R.id.textView7);

        registerForContextMenu(textView6);               // 注册上下文菜单

        editText1 = (EditText) this.findViewById(R.id.editText1);
        editText2 = (EditText) this.findViewById(R.id.editText2);
        editText3 = (EditText) this.findViewById(R.id.editText3);
        textView9 = (TextView) this.findViewById(R.id.textView9);
        textView11 = (TextView) this.findViewById(R.id.textView11);
    }

    @Override
    public boolean onCreateOptionsMenu(Menu menu) {
        getMenuInflater().inflate(R.menu.optionsmenu, menu);     // 创建选项菜单

        return true;
    }

    @Override
    public boolean onOptionsItemSelected(MenuItem item) {         // 取得选择的菜单项
```

```
        if (item.getItemId() >= R.id.menuitem0
                    && item.getItemId() <= R.id.menuitem3) {
            textView5.setText(item.getTitle());                    // 显示选择结果
            return true;
        } else {
            return false;
        }
    }

    @Override
    public void onCreateContextMenu(ContextMenu menu, View v,
            ContextMenu.ContextMenuInfo menuInfo) {
        getMenuInflater().inflate(R.menu.contextmenu, menu);      // 创建上下文菜单
    }

    @Override
    public boolean onContextItemSelected(MenuItem item) {         // 取得选择的菜单项
        if (item.getItemId() >= R.id.menuitem0
                    && item.getItemId() <= R.id.menuitem3) {
            textView7.setText(item.getTitle());                    // 显示选择结果
            return true;
        } else {
            return false;
        }
    }

    public void insert(View view) {                                // 插入客户信息
        index++;
        guest[index] = new Guest();
        guest[index].setName("" + editText1.getText());
        guest[index].setDept("" + editText2.getText());
        guest[index].setTel("" + editText3.getText());
        guest[index].setMajor("" + textView5.getText());
        guest[index].setType("" + textView7.getText());
        count++;
        textView9.setText("" + (index + 1));
        textView11.setText("" + count);
    }

    public void list(View view) {                                  // 浏览客户信息
        Intent intent = new Intent(MainActivity.this, ListActivity.class);
        intent.putExtra("count", count);
        startActivity(intent);
    }

    private void show() {                                          // 显示客户信息方法
```

```
        editText1.setText(guest[index].getName());
        editText2.setText(guest[index].getDept());
        editText3.setText(guest[index].getTel());
        textView5.setText(guest[index].getMajor());
        textView7.setText(guest[index].getType());
        textView9.setText("" + (index + 1));
        textView11.setText("" + count);
    }

    public void first(View view) {        // 定位到第一个客户
        index = 0;
        show();
    }

    public void prev(View view) {        // 定位到上一个客户
        --index;
        show();
    }

    public void next(View view) {        // 定位到下一个客户
        ++index;
        show();
    }

    public void last(View view) {        // 定位到末一个客户
        index = count - 1;
        show();
    }

}
```

客户信息浏览布局文件 activity_list.xml 内容如下。

```
<RelativeLayout xmlns:android="http://schemas.android.com/apk/res/android"
    xmlns:tools="http://schemas.android.com/tools"
    android:layout_width="match_parent"
    android:layout_height="match_parent"
    android:paddingBottom="@dimen/activity_vertical_margin"
    android:paddingLeft="@dimen/activity_horizontal_margin"
    android:paddingRight="@dimen/activity_horizontal_margin"
    android:paddingTop="@dimen/activity_vertical_margin"
    tools:context=".ListActivity" >

    <ListView
        android:id="@+id/listView1"
        android:layout_width="match_parent"
        android:layout_height="wrap_content" />
```

```
    <Button
        android:id="@+id/button7"
        android:layout_width="match_parent"
        android:layout_height="wrap_content"
        android:layout_below="@id/listView1"
        android:onClick="Return"
        android:text="返回" />

</RelativeLayout>
```

客户信息浏览活动程序文件 ListActivity.java 内容如下。

```
package com.example.example5_3;

import android.app.Activity;
import android.content.Intent;
import android.os.Bundle;
import android.view.View;
import android.widget.ArrayAdapter;
import android.widget.ListView;

public class ListActivity extends Activity {

    @Override
    protected void onCreate(Bundle savedInstanceState) {
        super.onCreate(savedInstanceState);
        setContentView(R.layout.activity_list);

        Intent intent = getIntent();                        // 接受第一个活动的意愿
        int count = intent.getIntExtra("count", 0);        // 取得意愿参数 count

        ListView listView1 = (ListView) findViewById(R.id.listView1); // 列表视图控件对象

        // 定义列表数据项
        String[] entris = new String[count];
        for (int i = 0; i < entris.length; i++) {
            entris[i] = "" + MainActivity.guest[i];     // 客户信息
        }
        // 定义列表数据项的适配器对象
        ArrayAdapter<String> adapter = new ArrayAdapter<String>(this,
                android.R.layout.simple_list_item_1, entris);
        // 绑定适配器对象与 ListView 控件
        listView1.setAdapter(adapter);
    }

    public void Return(View view) {
```

```
            this.finish(); // 退出活动
        }
    }
```

客户信息类 Guest 程序文件 Guest.java 内容如下。

```
    package com.example.example5_3;

    public class Guest {
        private String name;                    // 姓名
        private String dept;                    // 单位
        private String tel;                     // 电话
        private String major;                   // 行业
        private String type;                    // 类别

        public Guest() {                        // 构造方法

        }

        public String getName() {               // 获取姓名方法
            return name;
        }

        public void setName(String name) {      // 修改姓名方法
            this.name = name;
        }

        public String getDept() {               // 获取单位方法
            return dept;
        }

        public void setDept(String dept) {      // 修改单位方法
            this.dept = dept;
        }

        public String getTel() {                // 获取电话方法
            return tel;
        }

        public void setTel(String tel) {        // 修改电话方法
            this.tel = tel;
        }

        public String getMajor() {              // 获取行业方法
            return major;
        }
```

```
        public void setMajor(String major) {      // 修改行业方法
            this.major = major;
        }

        public String getType() {            // 获取类别方法
            return type;
        }

        public void setType(String type) {  // 修改类别方法
            this.type = type;
        }

        @Override
        public String toString() {           // 对象字符串格式化方法
            return "Guest [name=" + name + ", dept=" + dept + ", tel=" + tel
                    + ", major=" + major + ", type=" + type + "]";
        }

    }
```

运行结果：

本例的运行结果如图 5-17 所示。

图 5-17 【例 5-3】的运行结果

扩展思考：

可否考虑使用集合类 Vector 来保存客人的信息，并在程序中增加修改和删除功能。

5.6　习题 5

1．设计一个图书信息录入界面，要求使用选项菜单选择图书的分类信息。
2．设计一个图书信息录入界面，要求使用上下文菜单选择图书的出版社信息。
3．设计一个课程信息录入界面，要求使用对话框选项选择课程的分类信息。
4．设计一个课程信息录入界面，要求使用另一个活动录入课程的附加信息。
5．设计一个课程信息管理程序，包括课程信息的增、删、改和浏览等功能。

第 6 章　文件应用程序设计

本章首先介绍文件读写中所涉及的几个类的使用方法，包括文件管理类 File、基本文件的读写类 Scanner 和 PrintStream、二进制文件的读写类 FileInputStream、FileOutputStream、DataInputStream 和 DataOutputStream，以及文本文件的读写类 FileReader、FileWriter、BufferedReader 和 BufferedWriter，然后介绍 Android 中的三类文件，即资源文件、内存储卡文件及 SD 卡文件的实际读写方法。本章的难点是 SD 卡文件的读写，重点掌握文本文件的读写使用方法。

6.1　常用文件类简介

本节介绍的几个类都是关于文件方面的，对于文件和目录的管理一般使用 java.io 包中的 File 类来进行，它不去打开文件也不关心文件的实际内容，而仅仅涉及文件的一些属性的管理。对文件的基本读写可以使用 java.util 包中的 Scanner 类和 java.io 包中的 PrintStream 类。对于二进制格式的文件，通常采用 java.io 包中的 FileInputStream 和 FileOutputStream 两个类来进行文件中的字节和字节数组内容的读写，进一步可以采用 java.io 包中的 DataInputStream 和 DataOutputStream 两个过滤流类在读写文件时指定不同的数据类型。对于文本格式的文件，通常采用 java.io 包中的 FileReader 和 FileWriter 两个类来进行文件中的字符和字符串内容的读写，进一步可以采用 java.io 包中的 BufferedReader 和 BufferedWriter 两个带缓冲的流类去读写文件内容。

6.1.1　File

文件系统是操作系统的重要组成部分，它的主要功能一般是指按一定方式存储在磁盘、磁带和光盘等计算机外存中保存各种文件，并对文件所进行的存取和控制等操作。文件系统的基本单位是文件，文件是具有某种性质的信息集合，包括特征信息和实际信息两部分，一般通过文件基本名和文件扩展名来区分各个文件。目录是一种特殊的文件，它可以包含多个文件，但只存放文件的列表和属性，而不保存文件的内容。文件的属性主要由建立时间、字节大小、可读性、隐藏性、共享性和是否为目录等组成。

java.io 包中的 File 类提供了许多管理文件或目录的方法，常用的方法如下。

File(String pathname)；构造方法。

File(URI uri)；构造方法，其中 uri 表示一个网址链接。

boolean exists()；判断文件是否存在。

boolean isDirectory()；判断文件是否是一个目录。

boolean isFile()；判断文件是否是一个标准文件。

String getName()；获取文件名。

String getPath()；获取文件路径名。

File getAbsoluteFile()；获取文件的绝对路径。

String getAbsolutePath()；获取文件的绝对路径，为字符串类型。

long lastModified()；获取文件最后一次修改的时间。

long length()；获取文件的长度。

boolean canRead()；获取文件是否可读。

boolean canWrite()；获取文件是否可写。

boolean isHidden()；获取文件是否隐藏。

boolean createNewFile()；建立一个新文件，内容暂为空。

boolean renameTo(File dest)；重命名文件。

boolean delete()；删除文件。

String[] list()；获取目录所包含的全部文件名。

File[] listFiles()；获取目录所包含的全部文件对象。

boolean mkdir()；建立一个新目录。

举例，首先可以分别通过相对路径、绝对路径或网址路径建立 File 类的对象如下。

```
File file1=new File("data");
File file2=new File("c:\\files\\data.txt");
File file3=new File("http:\\www.xjtu.edu.cn/index.html");
```

接着使用 file1.exists() 判断文件是否存在，file1.length()用于获取文件的字节大小，file1.lastModified() 用于获取文件的修改时间，file1.delete ()删除文件，file1.isDirectory()用于判断文件是否是一个目录，file1.list ()用于获取目录所包含的全部文件等。

File 类一般与其他文件读写类一起使用。

6.1.2 PrintStream 与 Scanner

1. PrintStream 类

PrintStream 类除了可以向控制台输出数据之外，还可以输出数据到一个文件中。

构造方法如下。

PrintStream(File file); 通过 File 类的对象来建立 PrintStream 类的对象，同时打开文件。

PrintStream(OutputStream out); 通过 OutputStream 类的对象来建立 PrintStream 类的对象，同时打开文件。

常用的一般方法如下。

void print(T v); 输出数据到文件。

void println(T v); 输出数据和回车换行到文件。

其中 T 代表以下数据类型：char、char[]、int、float 和 String 等。

void close(); 关闭打开的文件。

举例，首先建立 PrintStream 类的对象并打开文件，代码如下。

```
PrintStream file4=new PrintStream (new File("data.txt"));
```

然后向文件输出数据，代码如下。

```
file4.println('A');
file4.println(1234);
file4.println("Success!");
```

最后关闭文件，代码如下。

```
file4.close();
```

2．Scanner 类

Scanner 类除了可以读取控制台的数据输入之外，还可以读取一个文件的内容。

构造方法如下。

Scanner(File source); 通过 File 类的对象来建立 Scanner 类的对象，同时打开文件。

Scanner(InputStream source); 通过 InputStream 类的对象来建立 Scanner 类的对象，同时打开文件。

常用的一般方法如下。

boolean hasNextByte(); 判断是否存在一个字节的数据。

boolean hasNextInt(); 判断是否存在一个整数的数据。

boolean hasNextFloat(); 判断是否存在一个浮点数的数据。

boolean hasNext(); 判断是否存在一个字符串的数据。

boolean hasNextLine(); 判断是否存在一行字符串的数据。

byte nextByte(); 读取一个字节的数据。

int nextInt(); 读取一个整数的数据。

float nextFloat(); 读取一个浮点数的数据。

String next(); 读取一个字符串的数据。

String nextLine(); 读取一行字符串的数据。

void close(); 关闭打开的文件。

举例，首先建立 Scanner 类的对象并打开文件，代码如下。

```
Scanner file5=new Scanner(new File("data.txt"));
```

然后循环读取文件中的内容，假定为整数，代码如下。

```
int sum=0;
while(file5.hasNextInt())
{
    int x=file5.nextInt();
    sum=sum+x;
}
```

最后关闭文件，代码如下。

```
file5.close();
```

6.1.3 FileOutputStream 与 DataOutputStream

FileOutputStream 类用于向一个二进制文件输出字节和字节数组内容，但由于它提供的方法过于单一，一般把它与 DataOutputStream 类结合起来一起使用。DataOutputStream 类能够方便地向一个二进制文件输出各种类型的内容。

FileOutputStream 类的构造方法如下。

FileOutputStream(File file); 使用 File 类的对象构造 FileOutputStream 类的对象，同时打开文件。

FileOutputStream(File file, boolean append); 使用 File 类的对象构造 FileOutputStream 类的对象，同时打开文件可以追加内容。

FileOutputStream(String name); 直接使用文件名构造 FileOutputStream 类的对象，同时打开文件。

DataOutputStream 类的构造方法如下。

DataOutputStream(OutputStream out); 使用 FileOutputStream 类的对象构造 DataOutputStream 类的对象，同时打开文件。

常用的文件内容的输出方法如下。

void writeByte(int v); 输出字节数据。

void writeChar(int v); 输出字符数据。

void writeInt(int v); 输出整数数据。

void writeFloat(float v); 输出浮点数数据。

void writeUTF(String str); 输出字符串数据。

void close(); 关闭打开的文件。

举例，首先建立 FileOutputStream 类的对象并打开文件，代码如下。

```
FileOutputStream file6=new FileOutputStream (new File("data.bin"));
```

接着建立 DataOutputStream 类的对象并打开文件，代码如下。

```
DataOutputStream file7=new DataOutputStream (file6);
```

然后向文件输出数据，代码如下。

```
file7.writeChar ('A');
file7.writeInt(1234);
file7.writeUTF("Success!");
```

最后关闭文件，代码如下。

```
file7.close();
file6.close();
```

6.1.4　FileInputStream 与 DataInputStream

FileInputStream 类用于从一个二进制文件中读取字节和字节数组内容，但由于它提供的方法过于单一，一般把它与 DataInputStream 类结合起来一起使用。DataInputStream 类能够方便地从一个二进制文件中读取各种类型的内容。

FileInputStream 类的构造方法如下。

FileInputStream (File file); 使用 File 类的对象构造 FileInputStream 类的对象，同时打开文件。

FileInputStream (String name); 直接使用文件名构造 FileInputStream 类的对象，同时打开文件。

DataInputStream 类的构造方法如下。

DataInputStream (InputStream int); 使用 FileInputStream 类的对象构造 DataInputStream 类的对象，同时打开文件。

常用的文件内容的读取方法如下。

byte readByte();　读取字节数据。

char readChar(); 读取字符数据。

int readInt();　读取整数数据。

float readFloat();　读取浮点数数据。

String readUTF();　读取字符号串数据。

void close();　关闭打开的文件。

举例，首先建立 FileInputStream 类的对象并打开文件，代码如下。

```
FileInputStream file6=new FileInputStream (new File("data.bin"));
```

接着建立 DataInputStream 类的对象并打开文件，代码如下。

```
DataInputStream file7=new DataInputStream (file6);
```

然后从文件中读取数据，代码如下。

```
char c=file7.readChar();
int v=file7.readInt();
String str=file7.readUTF();
```

最后关闭文件，代码如下。

```
file7.close();
file6.close();
```

6.1.5　FileWriter 与 BufferedWriter

FileWriter 类和 BufferedWriter 类用于向一个文本文件输出字符、字符数组和字符串内容，它们一般结合起来一起使用。

FileWriter 类的构造方法如下。

FileWriter (File file); 使用 File 类的对象构造 FileWriter 类的对象，同时打开文件。

FileWriter (File file, boolean append); 使用 File 类的对象构造 FileWriter 类的对象，同时打开文件可以追加内容。

FileWriter (String name); 直接使用文件名构造 FileWriter 类的对象，同时打开文件。

BufferedWriter 类的构造方法如下。

BufferedWriter (Writer out); 使用 FileWriter 类的对象构造 BufferedWriter 类的对象，同时打开文件。

常用的文件内容的输出方法如下。

void write(int c);　写入单个字符。

void write(char[] cbuf);　写入字符数组。

void write(char[] cbuf, int off, int len);　写入字符数组的某一部分。

void write(String str);　写入字符串。

void write(String s, int off, int len);　写入字符串的某一部分。

void newLine();　写入一个行分隔符。

void flush();　刷新文件缓冲。

void close();　关闭打开的文件。

举例，首先建立 FileWriter 类的对象并打开文件，代码如下。

```
FileWriter file6=new FileWriter (new File("data.txt"));
```

接着建立 BufferedWriter 类的对象并打开文件，代码如下。

```
BufferedWriter file7=new BufferedWriter (file6);
```

然后向文件输出数据，代码如下。

```
file7.writeChar('A');
file7.write("Success!");
file7.newLine();
file7.flush();
```

最后关闭文件，代码如下。

```
file7.close();
file6.close();
```

6.1.6 FileReader 与 BufferedReader

FileReader 类和 BufferedReader 类用于从一个文本文件中读取字符、字符数组和字符内容，它们一般结合起来一起使用。

FileReader 类的构造方法如下。

FileReader (File file); 使用 File 类的对象构造 FileWriter 类的对象，同时打开文件。

FileReader (String fileName); 直接使用文件名构造 FileWriter 类的对象，同时打开文件。

BufferedReader 类的构造方法如下。

BufferedReader (Reader in); 使用 FileReader 类的对象构造 BufferedReader 类的对象，同时打开文件。

常用的文件内容的读取方法如下。

int read(); 读取单个字符。

int read(char[] cbuf); 将字符读入数组。

int read(char[] cbuf, int off, int len); 将字符读入数组的某一部分。

String readLine(); 读取一个文本行。

void close(); 关闭打开的文件。

举例，首先建立 FileReader 类的对象并打开文件，代码如下。

```
FileReader file6=new FileReader (new File("data.txt"));
```

接着建立 BufferedReader 类的对象并打开文件，代码如下。

```
BufferedReader file7=new BufferedReader (file6);
```

然后向文件输出数据，代码如下。

```
char c=file7.read();
String str =file7.readLine ();
```

最后关闭文件，代码如下。

```
file7.close();
file6.close();
```

有时需要将二进制文件对象转换为文本文件对象来用，这时可以使用两个特殊的类，一个是用于输入的 InputStreamReader 类，另一个是用于输出的 OutputStreamWriter 类，它们的构造方法格式如下。

```
InputStreamReader(InputStream in);
OutputStreamWriter(OutputStream out);
```

举例如下。

```
FileInputStream file6=new FileInputStream (new File("data.bin"));
BufferedReader file7=new BufferedReader (new InputStreamReader(file6));
FileOutputStream file6=new FileOutputStream (new File("data.bin"));
BufferedWriter file7=new BufferedWriter (new OutputStreamWriter(file6));
```

6.2 Android 中的文件读写

Android 中有三种类型的文件，一种是资源文件，主要指应用程序的“res\raw”目录和“assets”目录下的文件，在程序中只能读这些文件，而不能新建和修改；第二种是应用程序的工作目录，一般在内存储卡中应用程序的“data/data”子目录下，可以在程序中读写这些文件；第三种是外接 SD 卡上的文件，可以在程序中读写这些文件。

6.2.1 资源文件

1．raw 资源文件

“res/raw/”资源中的文件只能读不能写，在读文件之前，首先需要通过活动的 get Resources() 方法获取 Resources 类的对象，然后再使用 android.content.res 包中的 Resources 类的 openRawResource()方法打开 raw 资源文件，并获得 InputStream 类的对象，最后读取文件的内容。这两个方法的格式如下。

Resources getResources(); 获取资源对象。

InputStream openRawResource(int id); 创建 InputStream 类的对象并打开资源文件，其中，id 为 raw 资源文件名。

用法举例如下。

```
Resources myResources= getResources();
InputStream myRawFile= myResources. openRawResource(R.raw.data);
```

接着可以将 myFile 转换为 BufferedReader 类的对象，并按照文本字符串的方式读取，代码如下。

```
BufferedReader myTextFile=new BufferedReader (new InputStreamReader(myRawFile));
String line="";
while((line=myTextFile.readLine()!=null){
  textView1.appendText(line+"\r\n");
}
```

这里假定文本文件的格式为 UTF-8，如果是其他格式则需要进行编码转换。

最后关闭文件，代码如下。

```
myTextFile.close();
myRawFile.close();
```

在进行文件处理时，希望加上以下的异常处理语句，从而保证程序的健壮性。

```
try{
}catch(Exception e){
    e.printStackTrace();
}
```

2．assets 资源文件

“assets/”资源中的文件也是只能读不能写，在读文件之前，首先需要通过活动的 getResources()方法获取 Resources 类的对象，接着再使用 android.content.res 包中的 Resources 类的 getAssets()方法获得 AssetManager 类的对象，然后再使用 android.content.res 包中的 AssetManager 类的 open ()方法打开 assets 资源文件，并获得 InputStream 类的对象，最后读取文件的内容。这三个方法的格式如下。

Resources getResources(); 获取资源对象。

AssetManager getAssets(); 获取 AssetManager 类的对象。

InputStream open(String fileName); 获取 InputStream 类的对象，同时打开文件。

用法举例如下。

```
Resources myResources= getResources();
AssetManager myAsset= myResources.getAssets();
InputStream myAssetFile= myAsset.open ("data.txt");
```

具体读写文件的详细代码与使用 res\raw 资源文件的代码类似，在此省略。

6.2.2 内存储卡文件

每一个应用程序内部使用的数据文件一般保存在内部存储器中，具体位置在“/data/data/应用程序包名/files”中，既可以读也可以写，但当用户卸载应用程序时会删除内部存储中保存的所有文件。“android.content”包中定义了 Context 类，它提供了 openFileInput()和 openFileOutput()两个方法读写内部存储器中的文件。由于活动是 Context 类的子类，在活动中可以使用这两个方法，方法的具体格式如下。

FileOutputStream openFileOutput(String fileName, int mode); 建立 FileOutputStream 类的对象，同时按某种模式打开指定的文件。

FileInputStream openFileInput(String fileName); 建立 FileOutputStream 类的对象，同时按默认模式打开指定的文件。

其中，fileName 参数为文件名，不能含有路径分隔符，mode 为文件的操作模式，默认值为 MODE_PRIVATE。有以下一些操作模式。

MODE_PRIVATE：表示别的应用程序不能访问这个文件。

MODE_WORLD_READABLE：表示当前文件可以被其他应用读取。

MODE_WORLD_WRITEABLE：表示当前文件可以被其他应用读写。

MODE_APPEND：表示当前文件可以追加内容。

用法举例如下。

```
FileOutputStream fout =openFileOutput("data.txt", Context.MODE_PRIVATE);
FileInputStream fin = openFileInput("data.txt");
```

具体读写文件的详细代码在 6.1 节已经讲过，在此省略。

除此之外，Context 类还提供了其他一些方法，列举如下。

File getDir(String fileName,int mode);　获取应用程序的数据文件夹。

File getFilesDir(); 获取应用程序数据文件夹的绝对路径。

String[] fileList(); 返回应用程序数据文件夹中的全部文件。

boolean deleteFile(String fileName); 删除应用程序数据文件夹中的某个文件。

6.2.3 SD 卡文件

SD 卡称为 Secure Digital Memory Card，它是半导体快闪记忆器系列中的一种新型记忆设备，被广泛地用于数码相机、个人数码助理、手机和多媒体播放器等便携式装置中。

与手机内存储空间相比，SD 卡的存储速度相对较慢，但是空间相对于手机内存储器较大，在使用 SD 卡之前需要判断其状态。具体逻辑位置在“/storage/sdcard/”中，既可以读也可以写，在“android.os”包中提供了一个 Environment 类用于管理 SD 卡的状态和目录。主要提供了三个静态成员，即 MEDIA_MOUNTED 静态常量表示 SD 卡的连接状态正确，getExternalStorageState()静态方法获取 SD 卡的连接状态，getExternalStorageDirectory()静态方法获取 SD 卡的根目录，具体格式如下。

```
static String MEDIA_MOUNTED
static String getExternalStorageState();
File getExternalStorageDirectory();
```

在读写 SD 卡中的文件之前，首先需要通过 Environment 类的 getExternalStorageState() 方法判断 sdcard 是否安装，并且程序具有读写 SD 卡的权限，代码如下。

```
Environment.getExternalStorageState().equals(Environment.MEDIA_MOUNTED)
```

以上条件为真时，才能对 SD 卡进行读写。

接着通过 Environment 类 getExternalStorageDirectory ()方法获取 SD 卡的根路径，代码如下。

```
File sd = Environment.getExternalStorageDirectory();
```

然后指定自己所用的文件的全路径名，代码如下。

```
File myfile=new File(sd.getAbsolutePath() +"/myFile.txt");
```

最后使用文件读写的一些类，如 FileInputStream、FileOutputStream、FileReader 和 FileWriter 等完成文件的读写操作。

举例如下。

```
FileOutputStream fout = new FileOutputStream(myfile);
FileInputStream fin = new FileInputStream(myfile);
```

为了对 SD 卡进行正常操作，还需要在部署文件 AndroidManifest.xml 中有选择地加入相应的访问权限，代码如下。

```
<!-- 格式化 SD 卡 -->
<uses-permission android:name="android.permission.MOUNT_FORMAT_FILESYSTEMS"/>
<!-- 在 SD 卡中创建和删除文件的权限 -->
<uses-permission android:name="android.permission.MOUNT_UNMOUNT_FILESYSTEMS" />
<!-- 往 SD 卡中写入数据的权限 -->
<uses-permission android:name="android.permission.WRITE_EXTERNAL_STORAGE" />
```

具体读写文件的详细代码在 6.1 节已经讲过，在此省略。

6.3 综合例题

【例 6-1】 编写一个程序，用于读取资源文件中的学生信息，并统计人数和平均分。

题目要求：

假定有一个资源文件，其中保存了许多学生信息，包括学号、姓名、班级和分数，请编程读取和统计人数和平均分，并显示在界面中。

题目分析：

本程序采用 assets 资源文件来保存学生的信息。首先使用 Windows 中的记事本软件建立一个名为 student.txt 的文本文件，其内容的每一行保存一位学生的信息，各个信息项之间以空格相间隔，最后将它复制到项目的 assets 目录下。

通过 Context 类的 getResources()方法获取 Resources 类的对象，接着再使用 Resources 类的 getAssets()方法获得 AssetManager 类的对象，然后再使用 AssetManager 类的 open()方法打开 assets 资源文件并获得 InputStream 类的对象，最后读取文件的内容并显示在界面中。界面布局中放置一个 Button 按钮控件和一个 TextView 文本显示控件，当单击按钮时读取这个文件内容并显示到文本控件中。读取文件的每一行字符串之后，需要使用 String 类的 split()方法分隔各个信息项，特别是分数这一项。

程序：

布局资源文件 activity_main.xml 的内容如下。

```
<LinearLayout xmlns:android="http://schemas.android.com/apk/res/android"
    xmlns:tools="http://schemas.android.com/tools"
    android:id="@+id/LinearLayout1"
    android:layout_width="match_parent"
    android:layout_height="match_parent"
    android:orientation="vertical"
    android:paddingBottom="@dimen/activity_vertical_margin"
    android:paddingLeft="@dimen/activity_horizontal_margin"
    android:paddingRight="@dimen/activity_horizontal_margin"
    android:paddingTop="@dimen/activity_vertical_margin"
    tools:context=".MainActivity" >

    <Button
        android:id="@+id/button1"
        android:layout_width="match_parent"
        android:layout_height="wrap_content"
        android:onClick="read"
        android:text="读学生信息文件" />

    <TextView
        android:id="@+id/textView1"
        android:layout_width="match_parent"
        android:layout_height="match_parent"
        android:hint="文件内容" />
```

```
</LinearLayout>
```

活动程序文件 MainActivity.java 的内容如下。

```
package com.example.example6_1;

import java.io.BufferedReader;
import java.io.InputStream;
import java.io.InputStreamReader;

import android.app.Activity;
import android.content.res.AssetManager;
import android.content.res.Resources;
import android.os.Bundle;
import android.view.View;
import android.widget.TextView;

public class MainActivity extends Activity {

        TextView textView1 = null; // 文本显示控件对象

        @Override
        protected void onCreate(Bundle savedInstanceState) {
                super.onCreate(savedInstanceState);
                setContentView(R.layout.activity_main);

                textView1 = (TextView) findViewById(R.id.textView1); // 获得文本显示控件对象
        }

        public void read(View view) {
                try {
                        Resources myResources = getResources(); // 资源对象
                        AssetManager myAsset = myResources.getAssets(); // assets 对象
                        InputStream myAssetFile = myAsset.open("student.txt"); // 学生信息文件
                        BufferedReader myTextFile = new BufferedReader(
                                        new InputStreamReader(myAssetFile)); // 打开文件
                        int count = 0; // 学生人数变量
                        float avg = 0; // 均分变量

                        String line = "";
                        textView1.setText("");
                        while ((line = myTextFile.readLine()) != null) {
                                count++; // 学生个数计数
                                textView1.append(line + "\r\n"); // 显示一行学生信息
                                String[] info = line.split("\\s|\r|\n");
                                avg = Float.parseFloat(info[3]); // 总分计算
```

```
                }
                avg = avg / count; // 均分计算
                textView1.append("总人数：" + count + "平均分：" + avg + "\r\n");
                myTextFile.close();
                myAssetFile.close();
            } catch (Exception e) {
                e.printStackTrace();
            }
        }

    }
```

运行结果：

本例的运行结果如图 6-1 所示。

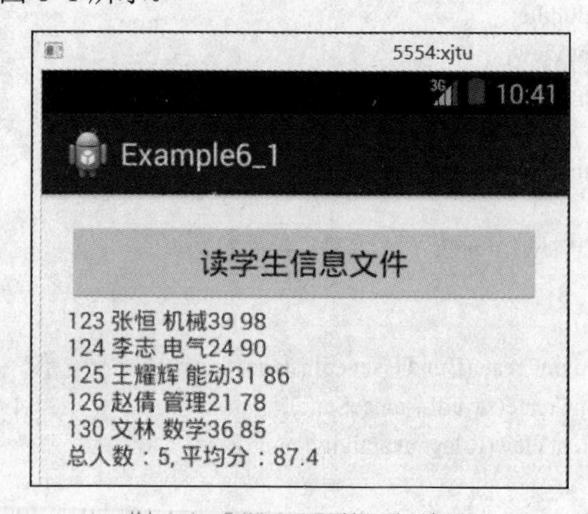

图 6-1 【例 6-1】的运行结果

扩展思考：

如何将读取的学生信息放在 ListView 列表框中？

【例 6-2】 编写一个程序，用于搜索 SD 卡根目录下的所有扩展名为.txt 的文本文件。

题目要求：

首先搜索 SD 卡根目录下的所有扩展名为.txt 的文本文件，并将文件名显示出来，然后当选中某个文件时，读取这个文本文件内容并显示到界面中。

题目分析：

本题界面中，在顶部放置一个按钮，中部放置一个列表框，底部放置一个文本框，当单击按钮时，获取 SD 卡中的全部文本文件名，并列表显示到列表框中，接着当选择列表框中的一行时，读取这个文件，最后将结果显示到文本框中。

使用 File 类的 File[] listFiles(FileFilter filter) 方法来获取 SD 卡中的全部文本文件名，然后使用 isFile()方法判断是否为文件并且其扩展名为.txt，若是，则将该文件路径名显示到列表框中。这方面需要使用 java.io 包中的接口 FileFilter 得到自己的文件过滤器子类，并覆盖 boolean accept(File pathname)方法，设计自己的文件过滤代码。

需要结合使用 File 类和 Scanner 类读取指定文件的内容。

程序：

布局资源文件 activity_main.xml 的内容如下。

```
<LinearLayout xmlns:android="http://schemas.android.com/apk/res/android"
    xmlns:tools="http://schemas.android.com/tools"
    android:id="@+id/LinearLayout1"
    android:layout_width="match_parent"
    android:layout_height="match_parent"
    android:orientation="vertical"
    android:paddingBottom="@dimen/activity_vertical_margin"
    android:paddingLeft="@dimen/activity_horizontal_margin"
    android:paddingRight="@dimen/activity_horizontal_margin"
    android:paddingTop="@dimen/activity_vertical_margin"
    tools:context=".MainActivity" >

    <Button
        android:id="@+id/button1"
        android:layout_width="match_parent"
        android:layout_height="wrap_content"
        android:onClick="explore"
        android:text="浏览 SD 卡文件" />

    <ListView
        android:id="@+id/listView1"
        android:layout_width="match_parent"
        android:layout_height="200dp" >
    </ListView>

    <TextView
        android:id="@+id/textView1"
        android:layout_width="match_parent"
        android:layout_height="match_parent"
        android:hint="文件内容"
        android:scrollbarSize="20dp"
        android:scrollbars="vertical" />

</LinearLayout>
```

活动程序文件 MainActivity.java 的内容如下。

```
package com.example.example6_2;

import java.io.File;
import java.io.IOException;
import java.util.Scanner;

import android.app.Activity;
import android.os.Bundle;
```

```
import android.os.Environment;
import android.view.View;
import android.widget.AdapterView;
import android.widget.AdapterView.OnItemClickListener;
import android.widget.ArrayAdapter;
import android.widget.ListView;
import android.widget.TextView;
import android.widget.Toast;

public class MainActivity extends Activity {
	TextView textView1 = null;
	ListView listView1 = null;

	@Override
	protected void onCreate(Bundle savedInstanceState) {
		super.onCreate(savedInstanceState);
		setContentView(R.layout.activity_main);

		textView1 = (TextView) findViewById(R.id.textView1);
		listView1 = (ListView) findViewById(R.id.listView1);
	}

	public void explore(View view) {
		if (!Environment.getExternalStorageState().equals(
				Environment.MEDIA_MOUNTED)) {
			textView1.setText("文件出错！");
			return;
		}
		final File sd = Environment.getExternalStorageDirectory(); // SD 卡根目录

		File[] entris = sd.listFiles(new MyFileFilter()); // 获取符合条件的文件

		if (entris.length == 0) {
			return;
		}
		ArrayAdapter<File> adapter = new ArrayAdapter<File>(this,
				android.R.layout.simple_list_item_1, entris); // 适配器对象

		listView1.setAdapter(adapter); // 绑定适配器对象与 ListView 控件

		// 添加列表框选项事件
		listView1.setOnItemClickListener(new OnItemClickListener() {
			@Override
			public void onItemClick(AdapterView<?> parent, View view,
					int position, long id) {
				String selecedFileName = parent.getItemAtPosition(position)
```

```
                                        .toString();
                        try {
                            File myfile = new File(selecedFileName);
                            Scanner scanner = new Scanner(myfile);
                            String line = "";
                            textView1.setText("");
                            while (scanner.hasNext()) {
                                line = scanner.nextLine(); // 读文件每行内容
                                textView1.append(line + "\r\n");
                            }
                            scanner.close();
                        } catch (IOException e) {
                            textView1.setText("文件出错！");
                        }
                    }
                });

                Toast.makeText(getApplicationContext(), "浏览 SD 卡文件完成！", Toast.LENGTH_LONG)
                        .show();

        }

    }
```

文件过滤器类程序文件 MainActivity.java 的内容如下。

```
    package com.example.example6_2;

    import java.io.File;
    import java.io.FileFilter;

    public class MyFileFilter implements FileFilter { // 文件过滤器类

        public MyFileFilter() { // 构造方法
        }

        @Override
        public boolean accept(File arg0) { // 文件过滤方法
            // 是文件并且扩展名为.txt, 则返回 true
            if (arg0.isFile() && arg0.getName().lastIndexOf(".txt") >= 0) {
                return true;
            }
            return false;
        }

    }
```

运行结果：

假定 SD 卡中已经有 4 个文本文件：mainactivity.txt、strings.txt、activity_main.txt 和 student.txt，则运行结果如图 6-2 所示。

图 6-2 【例 6-2】的运行结果

扩展思考：

如何搜索 SD 卡中的全部文本文件？提示：需要递归使用 File 类的 listFiles()方法。

6.4 习题 6

1. Bundle 类、Intent 类和 Toast 类各是干什么的，如何使用？

2. 选项菜单和上下文菜单如何构建，如何使用？

3. File 和 PrintStream 类各是干什么的，如何使用？

4. 如何读取 SD 卡上的文件？

5. 假定一个 res\raw 资源文件中保存有许多文字，请编程统计其中的字母、中文、数字和其他字符的数量。

6. 假定一个 assets 资源文件中保存有许多整数，请编程统计其中的素数、合数、奇数和偶数各有多少。

7. 请编程将指定范围 n 以内的斐波那契数保存到内存储卡的一个文本文件中。

8. 假设 SD 卡中已经有一个文本文件，它保存有多个整数，以空格或回车间隔，请编程将它们读出并排序，并将结果保存在另一个文本文件中。

9. 设计一个好友信息管理系统，既可以将界面录入的全部好友信息保存到 SD 卡文件中，也能将 SD 卡中的全部好友信息文件导入界面中列表显示出来。

第 7 章　多媒体应用程序设计

本章主要介绍 Android 程序中如何显示图像和绘制图形，对于多媒体其他方面的内容，比如音频、视频和动画也进行了简要介绍。本章的难点是图像的处理方法，重点是掌握显示图像的一般方法和绘制基本图形的方法。

7.1　图像

在手机上，Android 程序中图像的使用无处不在，比如既可以是界面中的一个插图、一个图标，也可以是照相机拍摄的一个图像文件等。Android 系统支持的图像文件格式包括.png、.jpg、.bmp 和.ico 等，不过考虑到手机的内存空间的大小限制，建议多数情况下采用.png 格式，并尽量压缩图像的大小。.png 格式是一种图像的无损压缩格式，其颜色过渡平滑且支持透明图片，其压缩解压算法效率高。但对于尺寸大，或者色彩数量多或渐变色多的图像，建议使用.jpg 格式，它是一种图像的有损压缩格式，有很高的压缩比。.bmp 格式适合用做图像素材。.ico 格式为图标文件。

可以使用 Android 提供的 ImageView、ImageButton、ImageSwitcher 和 Gallery 等控件显示图像，也可以在菜单、对话框和一些列表框中显示图像，还可以结合使用 Drawable 类、Bitmap 类和 BitmapDrawable 类获取图像并对图像进行处理。图像可以是 res\drawable 资源图像文件，可以保存在 res\raw 和 assets 资源中，还可以保存在内存储器和 SD 卡中。

7.1.1　图像控件与图像显示

android.widget 包中的 ImageView 控件可以直接显示任意图像和图标，它可以加载各种来源的图片，比如图片资源或图片库，指定图像的尺寸，并提供缩放和着色（渲染）等各种显示选项。ImageView 控件在布局文件中的标签为 ImageView，其中，与图像显示有关的主要属性如下。

1）android:maxHeight：最大高度。

2）android:maxWidth：最大宽度。

3）android:scaleType：控制图片缩放比例，根据 ImageView 的大小自动调整图片大小或位置以适应 ImageView 的大小。

其中，fitXY 将拉伸图片（不按比例）以填满 ImageView 的宽和高。

center 按原图大小显示图片，当图片宽和高大于 ImageView 的宽和高时，图片中间部分截断显示。

4）android:src：设置 drawable 资源内容（图片或颜色），比如，“@drawable/image1”。

举例如下。

```
<ImageView
    android:layout_width="wrap_content"
    android:layout_height="wrap_content">
    android:src="@drawable/image1">
</ImageView>
```

ImageView 类的主要方法如下。

void setAlpha(int alpha); 设置透明度。

void setImageDrawable(Drawable drawable); 设置显示的内容为指定的 Drawable 对象。

Drawable getDrawable(); 获得可绘制的 Drawable 类的实体。

void setImageResource(int resId); 设置显示的内容为指定 id 的图片资源。

void setImageURI(Uri uri); 设置显示的内容为指定 Uri 的网址图片。

void setImageBitmap(Bitmap bm); 设置显示的内容为指定的 Bitmap 对象。

其中，android.graphics.drawable 包中的 Drawable 类表示可绘制的实体，Drawable 类的对象可以通过其静态方法 createFromPath()获得，方法的具体格式如下。

```
static Drawable createFromPath(String pathName);
```

也可以通过 android.content.res 包中的 Resources 类的 getDrawable()方法获得，方法的具体格式如下。

```
Drawable getDrawable(int resId);
```

BitmapDrawable 类为 Drawable 类的子类，它通过平铺、伸展或对齐方式包装一个 Bitmap 位图，其对象可以由以下三种构造方法建立。

BitmapDrawable(Bitmap bitmap);　由 Bitmap 对象建立。

BitmapDrawable(InputStream is);　由输入对象建立。

BitmapDrawable(String filepath);　由文件建立。

BitmapDrawable 类的 getBitmap()方法可以获得 Bitmap 对象，具体格式如下。

```
Bitmap getBitmap();
```

下面列举几个实例。

获取 ImageView 对象，代码如下。

```
ImageView imageView1 = (ImageView) findViewById(R.id.imageView1);
```

设置 ImageView 控件的图片，代码如下。

```
imageView1.setImageResource(R.drawable.image1);
```

获取 ImageView 控件的 Bitmap 对象，代码如下。

```
Drawable drawable = imageView1.getDrawable();
```

```
BitmapDrawable bitmapDrawable = (BitmapDrawable) drawable;
Bitmap drawable = bitmapDrawable.getBitmap();
```

将 Bitmap 对象重新加入 ImageView 控件，代码如下。

```
imageView1.setImageBitmap(bm);
```

设置 ImageView 控件的图片为指定 Uri 的网址图片，代码如下。

```
imageView1.setImageURI(Uri uri);
```

android.widget 包中的 ImageButton 控件是 ImageView 的子类，它也可以显示任意图像和图标，用法与 ImageView 类似。

7.1.2 图像的处理

Bitmap 类在 android.graphics 包中，它的对象除了可以由 ImageView 控件获得之外，还可以通过 Bitmap 类本身的静态方法 createBitmap 建立，具体格式如下。

```
static Bitmap createBitmap(Bitmap source, int x, int y, int width, int height);
```

其中，参数 source 为已经存在的一个位图对象，参数 x 和 y 为起始点，参数 width 为宽度，参数 height 为高度。

也可以使用 BitmapFactory 类获取 Bitmap 类的对象，常用的静态方法如下。

static Bitmap decodeFile(String pathName); 由图片文件建立 Bitmap 类的对象。

static Bitmap decodeStream(InputStream is); 由图片文件对象建立 Bitmap 类的对象。

static Bitmap decodeResource(Resources res, int id); 由图片资源建立 Bitmap 类的对象。

此外，Bitmap 类还有以下一些方法。

boolean compress(Bitmap.CompressFormat format, int quality, OutputStream stream); 压缩位图到输出对象。

int getWidth(); 获得位图的宽度。

int getHeight(); 获得位图的高度。

int getPixel(int x, int y); 获得位图某个点的颜色值。

void setPixel(int x, int y, int color); 修改位图某个点的颜色值。

其中，参数 format 为位图压缩格式，可以是 Bitmap.CompressFormat.JPEG 和 Bitmap.CompressFormat.PNG；参数 quality 表示图像质量，范围在 0～100 之间；参数 stream 为输出对象，可以代表一个图像文件；参数 color 为颜色值。

7.2 图形

Android 界面中可以绘制各种图形，涉及的类包括视图类（View）、画布类（Canvas）、画笔类（Paint）、颜色类（Color）、矩形类（Rect、RectF）和位图类（Bitmap）等。

7.2.1 图形的绘制

1．View 类

需要继承 android.view 包中的 View 类定义子类，也可以从图像视图类（ImageView）、文本视图类（TextView）和纹理视图类（TextureView）三个类开始继承，然后覆盖 onDraw()方法，格式如下。

```
@Override
public void onDraw(Canvas canvas);
```

必要时，还需要定义单击事件监听器 View.OnClickListener 或触摸事件监听器 View.OnTouchListener 及其他事件监听器，格式分别如下。

```
View.OnClickListener handler1 = new View.OnClickListener() {
  @Override
  public void onClick(View v) { // 单击事件类与处理函数
  }
};
this.setOnClickListener(handler1); // 注册单击事件监听器

View.OnTouchListener handler2 = new View.OnTouchListener() {
  @Override
  public boolean onTouch(View view, MotionEvent te) { // 触摸事件类与处理函数
    return true;
  }
};
this.setOnTouchListener(handler2); // 注册触摸事件监听器
```

假定定义的 View 类的子类名为 MyView，可以在活动的 onCreate()方法中直接设置内容视图为 MyView 类的对象如下。

```
setContentView(new MyView(this));
```

也可以首先在活动的布局文件 activity_main.xml 中定义一个 MyView 视图控件，代码如下。

```
<View
    class="com.example.MyView"
    android:id="@+id/myView1"
    android:layout_width="match_parent"
    android:layout_height="match_parent"
/>
```

然后在活动的 onCreate()方法中设置内容视图为布局资源如下。

```
setContentView(R.layout.activity_main);
```

2．Canvas 类

Canvas 类定义在 android.graphics 包中，它提供了多种绘制图形的方法，常用的方

法如下。

void drawText(String text, float x, float y, Paint paint);　绘制文字。

void drawPoint(float x, float y, Paint paint);　绘制点。

void drawLine(float startX, float startY, float stopX, float stopY, Paint paint);　绘制线。

void drawRect(Rect r, Paint paint);　绘制矩形。

void drawCircle(float cx, float cy, float radius, Paint paint);　绘制圆。

void drawOval(RectF oval, Paint paint);　绘制椭圆。

void drawBitmap(Bitmap bitmap, float left, float top, Paint paint);　绘制位图。

3．Paint 类

Paint 类定义在 android.graphics 包中，它可以获取和设置绘图时的颜色、字体和效果等信息，常用的方法如下。

Paint();　构造方法。

void setColor(int color);　设置绘图颜色。

void setTextScaleX(float scaleX);　设置文字水平放大比例。

void setTextSize(float textSize);　设置文字大小。

void setUnderlineText(boolean underlineText);　设置下画线文字。

Typeface setTypeface(Typeface typeface);　设置字型，其中 Typeface.NORMAL 为正常字型，Typeface.BOLD 为粗体字，Typeface.ITALIC 为斜体字，Typeface.BOLD_ITALIC 为粗斜体字。

void setTextAlign(Paint.Align align);　设置文字对齐方式，其中 Paint.Align.LEFT 为左对齐，Paint.Align.CENTER 为居中对齐，Paint.Align.RIGHT 为右对齐。

4．Color 类

Color 类在 android.graphics 包中，主要表示一个颜色值，也可以进行各种颜色值之间的转换。

典型的颜色值包括 Color.WHITE、Color.BLACK、Color.RED、Color.GREEN 和 Color.BLUE。

Color 类的构造方法格式为 Color();。

还包括其他一些静态方法，列举如下。

static int rgb(int red, int green, int blue);　由三原色建立一个完整的颜色值。

static int argb(int alpha, int red, int green, int blue);　由透明色和三原色建立一个完整的颜色值。

static int red(int color);　颜色值中的红色分量。

static int green(int color);　颜色值中的绿色分量。

static int blue(int color);　颜色值中的蓝色分量。

5．Rect 类

Rect 类在 android.graphics 包中，主要表示一个整数类型的矩形框，包括的字段是左、上、右、下坐标值。构造方法格式如下。

```
Rect();
```

```
Rect(int left, int top, int right, int bottom);
```

常用的方法如下。

boolean contains(int x, int y);　判断(x,y)点是否在这个矩形框内。

void setEmpty();　设置为(0,0,0,0)坐标值。

void set(int left, int top, int right, int bottom);　修改其坐标值。

int width();　返回宽度。

int height();　返回高度。

6．RectF 类

RectF 类在 android.graphics 包中，主要表示一个 float 浮点类型的矩形框，包括的字段是左、上、右、下坐标值，与 Rect 类类似，在此省略。

举例如下。

```
@Override
public void onDraw(Canvas canvas) {        // 覆盖父类的绘图方法
    Paint paint = new Paint();             // 构造画笔
    paint.setColor(Color.BLUE);            // 设置绘图颜色
    paint.setTextSize(100);                // 设置字体大小
    canvas.drawLine(0, 0, 200, 200, paint);          // 画出一根线
    canvas.drawRect(200, 500, 300, 300, paint);      // 画矩形
    canvas.drawCircle(200, 200, 100, paint);         // 画圆
    canvas.drawText("apple", 60, 60, paint);         // 绘制文字
    canvas.drawBitmap(BitmapFactory.decodeResource(getResources(), R.drawable.image1), 150, 150,
paint);  // 绘制图片
    super.onDraw(canvas);  // 调用父类的绘制方法
}
```

7.2.2　图形的保存

首先编写自己的 View 子类，并覆盖其中的 onDraw()方法，进行绘图，然后按照以下步骤将所绘制的图像保存到图像文件。

```
MyView myView1 = (MyView) findViewById(R.id.myView1); // 控件对象
Bitmap bm = Bitmap.createBitmap(myView1.getDrawingCache()); // 绘出的位图
File sd = Environment.getExternalStorageDirectory(); // SD 卡根目录
File myfile = new File(sd.getAbsolutePath() +"/image1.png"); // 要保存的图像文件
FileOutputStream stream = new FileOutputStream(myfile); // 打开文件输出对象
bm.compress(CompressFormat.PNG, 80, stream); //将位图保存为.png 格式图像文件
stream.close(); // 关闭文件输出对象
```

7.3　音频与视频等多媒体应用简介

音频与视频也是手机中非常重要的媒体，本节简要介绍一下使用程序设计的方法录制和播放音、视频的大致步骤。

7.3.1 音频

音频的录制可以使用 android.media 包中的 MediaRecorder 类，录音的步骤大致如下。

```
MediaRecorder recorder = new MediaRecorder(); // 建立媒体录音对象
recorder.setAudioSource(MediaRecorder.AudioSource.MIC); // 声源来自 MIC
recorder.setOutputFormat(MediaRecorder.OutputFormat.THREE_GPP); // 输出格式为 3gp
recorder.setAudioEncoder(MediaRecorder.AudioEncoder.AMR_NB); // 音频编码格式为 AMR_NB
recorder.setOutputFile(PATH_NAME); // 保存录音结果的文件
recorder.prepare(); // 准备录音
recorder.start();    // 开始录音
...正在录音
recorder.stop(); // 适当时候录音停止
recorder.reset();    // 录音复位
recorder.release(); // 释放录音对象
recorder=null; // 录音对象置空
```

音频的播放可以使用 android.media 包中的 MediaPlayer 类，播放的步骤大致如下。

```
MediaPlayer player = new MediaPlayer(); // 建立媒体播放对象
player.setDataSource(FileName); // 指定声源文件
player.prepare(); // 准备播放
player.start(); // 开始播放
player.release(); // 释放播放对象
player=null; // 播放对象置空
```

7.3.2 视频

视频的录制也是使用 android.media 包中的 MediaRecorder 类，录制思路如下。

1）调用 MediaRecorder 类的 setVideoEncoder()、setVideoEncodingBitRate()和 setVideoFrameRate()方法设置所录制的视频编码格式、编码位率和每秒帧数等，以便控制所录制的视频的品质和文件大小。一般来说，视频品质越好，视频文件越大。

2）调用 MediaRecorder 类的 setPreviewDisplay()方法设置使用哪个 SurfaceView 视图来显示视频预览。

录制步骤大致如下。

假设界面中放置了一个 SurfaceView 视图控件。

```
SurfaceView   surfaceView=(SurfaceView) findViewById(R.id.surfaceView); // 获得 SurfaceView 视
                                                                        // 图控件对象
SurfaceHolder   surfaceHolder=surfaceView.getHolder();   // 获得 SurfaceHolder 类的对象
surfaceHolder.addCallback(this); // 增加回调方法
surfaceHolder.setType(SurfaceHolder.SURFACE_TYPE_PUSH_BUFFERS); // 设置 SurfaceHolder 类
                                                                // 的对象的类型
MediaRecorder   recorder = new MediaRecorder();   // 创建 MediaRecorder 的对象
Camera camera = Camera.open();   // 获取 Camera 实例
camera.unlock();
```

```
recorder.setCamera(camera);
recorder.setAudioSource(MediaRecorder.AudioSource.CAMCORDER); // 设置音频源
recorder.setVideoSource(MediaRecorder.VideoSource.CAMERA); // 设置录制视频源为照相机
recorder.setOrientationHint(90); // 设置输出文件
recorder.setOutputFormat(MediaRecorder.OutputFormat.MPEG_4); // 设置录制完成后视频的封装格
                                                              // 式为 MPEG_4，即 mp4
recorder.setAudioEncoder(MediaRecorder.AudioEncoder.AMR_NB); // 设置音频编码方式
recorder.setVideoEncoder(MediaRecorder.VideoEncoder.MPEG_4_SP); // 设置录制的是 h263 格式视频编码
recorder.setVideoSize(800, 480); // 设置视频录制的分辨率
recorder.setVideoFrameRate(30); // 设置录制的视频帧率
recorder.setMaxDuration(8000); // 设置最大的录制时间
recorder.setPreviewDisplay(surfaceHolder.getSurface());   // 设置预览画面
recorder.setOutputFile(path); // 设置输出路径
recorder.prepare(); // 准备录制
rrecorder Recorder.start(); // 开始录制
...正在录像
recorder.stop(); // 适当时候停止录制
recorder.reset(); // 复位录制
recorder.release(); // 释放录制对象
recorder = null; // 播放对象置空
camera.release();// 释放照相机对象
camera = null; // 照相机对象置空
```

视频的播放可以使用 android.media 包中的 MediaPlayer 类，播放步骤大致与音频的类似，除此之外，还可以使用以下两种方法。

1）调用其自带的播放器。

```
Uri uri = Uri.parse(Environment.getExternalStorageDirectory().getPath()+
                    "/Test_Movie.m4v");
Intent intent = new Intent(Intent.ACTION_VIEW);
intent.setDataAndType(uri, "video/mp4");
startActivity(intent);
```

2）使用 VideoView 控件来播放。

```
Uri uri = Uri.parse(Environment.getExternalStorageDirectory().getPath()+
                    "/Test_Movie.m4v"); // 获得视频文件的 URL
VideoView videoView = (VideoView)this.findViewById(R.id.video_view); // 获得 VideoView 控件的
                                                                      // 对象
videoView.setMediaController(new MediaController(this)); // 设置视频媒体控制器
videoView.setVideoURI(uri); // 设置视频 URL
videoView.start(); // 开始播放
videoView.requestFocus(); // VideoView 控件界面获得焦点
```

7.4　综合例题

【例 7-1】 设计一个 SD 卡图片浏览程序。

本题要求首先搜索 SD 卡的 images 文件夹中格式为.png、.bmp 和.jpg 的所有图片文件，然后在界面中依次显示每张图片。

题目分析：

界面设计中，首先在布局中放置一个 Button 按钮控件，单击它时搜索 SD 卡的图片文件，然后再放置一个 ImageView 图片显示控件，用于显示每一幅图片，一次一张，最后再放置四个 Button 按钮控件，分别表示定位到首幅、上幅、下幅和末幅图片。

程序代码中，首先使用 Environment 类的静态方法 getExternalStorageDirectory()获得 SD 卡的根目录，进一步获得 images 文件夹所对应的 File 对象，使用其 File 类的 list()方法获得全部图片文件并保存到一个数组之中，然后使用 BitmapFactory 类的静态方法 decodeFile()得到图片文件的 Bitmap 对象，最后使用 ImageView 类的 setImageBitmap()方法显示图片。

程序：

布局资源文件 main.xml 内容如下。

```
<LinearLayout xmlns:android="http://schemas.android.com/apk/res/android"
    xmlns:tools="http://schemas.android.com/tools"
    android:id="@+id/LinearLayout1"
    android:layout_width="match_parent"
    android:layout_height="match_parent"
    android:orientation="vertical"
    android:paddingBottom="@dimen/activity_vertical_margin"
    android:paddingLeft="@dimen/activity_horizontal_margin"
    android:paddingRight="@dimen/activity_horizontal_margin"
    android:paddingTop="@dimen/activity_vertical_margin"
    tools:context=".ImageDemoActivity" >

    <LinearLayout
        android:layout_width="match_parent"
        android:layout_height="wrap_content" >

        <TextView
            android:id="@+id/textView1"
            android:layout_width="wrap_content"
            android:layout_height="wrap_content"
            android:text="SD 卡图片浏览" />

        <Button
            android:id="@+id/button5"
            android:layout_width="wrap_content"
            android:layout_height="wrap_content"
            android:onClick="list"
            android:text="刷新" />

    </LinearLayout>
```

```
    <LinearLayout
        android:layout_width="match_parent"
        android:layout_height="wrap_content" >

        <Button
            android:id="@+id/button1"
            android:layout_width="wrap_content"
            android:layout_height="wrap_content"
            android:onClick="firstShow"
            android:text="首幅" />

        <Button
            android:id="@+id/button2"
            android:layout_width="wrap_content"
            android:layout_height="wrap_content"
            android:onClick="prevShow"
            android:text="上幅" />

        <Button
            android:id="@+id/button3"
            android:layout_width="wrap_content"
            android:layout_height="wrap_content"
            android:onClick="nextShow"
            android:text="下幅" />

        <Button
            android:id="@+id/button4"
            android:layout_width="wrap_content"
            android:layout_height="wrap_content"
            android:onClick="lastShow"
            android:text="末幅" />
    </LinearLayout>

    <ImageView
        android:id="@+id/imageView1"
        android:layout_width="match_parent"
        android:layout_height="match_parent"
        android:src="@drawable/ic_launcher" />

</LinearLayout>
```

活动程序文件 ImageSDActivity.java 内容如下。

```
package com.example.imagesddemo;

import java.io.File;
```

```
import android.os.Bundle;
import android.os.Environment;
import android.app.Activity;
import android.view.Menu;
import android.view.View;
import android.widget.ImageView;
import android.graphics.Bitmap;
import android.graphics.BitmapFactory;
import android.view.*;
import android.widget.*;
import android.graphics.drawable.Drawable;
import android.graphics.drawable.BitmapDrawable;

public class ImageSDActivity extends Activity {

    TextView textView1 = null; // 文本显示控件
    ImageView imageView1 = null; // 图片显示控件

    String imageRootPath = "/storage/sdcard/images/"; // SD 卡图片根目录
    String[] imageFiles = null; // 图片数组
    int imageIndex = -1; // 当前显示的图片 ID

    @Override
    protected void onCreate(Bundle savedInstanceState) {
        super.onCreate(savedInstanceState);
        setContentView(R.layout.main);

        imageView1 = (ImageView) findViewById(R.id.imageView1);
        textView1 = (TextView) findViewById(R.id.textView1);
    }

    private void setImage() { // 设置图片
        String imagePath = imageRootPath + "/" + imageFiles[imageIndex];
        textView1.setText("当前=" + imageFiles[imageIndex]);
        BitmapFactory.Options options = new BitmapFactory.Options();
        options.inSampleSize = 2;
        Bitmap bm = BitmapFactory.decodeFile(imagePath, options);
        imageView1.setImageBitmap(bm);
    }

    public void firstShow(View view) { // 首幅
        if (imageIndex == -1 || imageFiles == null) {
            return;
        }
        imageIndex = 0;
```

```
        setImage();
    }

    public void prevShow(View view) { // 上幅
        if (imageIndex == -1 || imageFiles == null) {
            return;
        }
        imageIndex--;
        if (imageIndex < 0) {
            imageIndex = 0;
        }
        setImage();
    }

    public void nextShow(View view) { // 下幅
        if (imageIndex == -1 || imageFiles == null) {
            return;
        }
        imageIndex++;
        if (imageIndex > imageFiles.length - 1) {
            imageIndex = imageFiles.length - 1;
        }
        setImage();
    }

    public void lastShow(View view) { // 末幅
        if (imageIndex == -1 || imageFiles == null) {
            return;
        }
        imageIndex = imageFiles.length - 1;
        setImage();
    }

    public void list(View view) { // 获取 SD 图片文件

        if (!Environment.getExternalStorageState().equals(
                Environment.MEDIA_MOUNTED)) {
            imageFiles = null;
            imageIndex = -1;
            return;
        }

        File sd = Environment.getExternalStorageDirectory();
        imageRootPath = sd.getAbsolutePath() + "/images";
        textView1.setText(imageRootPath);
```

```
            File file = new File(imageRootPath);
            imageFiles = file.list();
            imageIndex = 0;
            firstShow(view);
        }

    }
```

运行结果：

本例的运行结果如图 7-1 所示。

图 7-1 【例 7-1】的运行结果

扩展思考：

本例还可以在程序中增加图片灰度处理等功能。大致的做法是，首先通过以下 3 段代码获得 ImageView 控件中正在显示的图片所对应的 Bitmap 对象。

```
    Drawable d = imageView1.getDrawable();
    BitmapDrawable bd = (BitmapDrawable) d;
    Bitmap bm = bd.getBitmap();
```

接着通过 Bitmap 类的 getPixels()方法获得全部像素点颜色值的一维数组，修改这个数组元素中的红、绿、蓝三原色为相等的值，最后使用 Bitmap 类的 setPixels()方法再回写到 Bitmap 对象中，并使用 ImageView 类的 setImageBitmap()方法显示位图。具体代码如下。

```
    public void 图片灰度处理(View view) {
        Drawable d = imageView1.getDrawable();
        BitmapDrawable bd = (BitmapDrawable) d;
        Bitmap img = bd.getBitmap();
```

```
        int width = img.getWidth(); // 获取位图的宽
        int height = img.getHeight(); // 获取位图的高

        int[] pixels = new int[width * height]; // 通过位图的大小创建像素数组

        img.getPixels(pixels, 0, width, 0, 0, width, height); // 获取位图像素数组
        int alpha = 0xFF << 24;
        for (int i = 0; i < height; i++) {
            for (int j = 0; j < width; j++) {
                int grey = pixels[width * i + j];

                int red = ((grey & 0x00FF0000) >> 16);
                int green = ((grey & 0x0000FF00) >> 8);
                int blue = (grey & 0x000000FF);

                grey = (int) ((float) red * 0.3 + (float) green * 0.59 + (float) blue * 0.11);
                                                                    // 计算每个点的灰度值

                red = grey; // 三原色值均相同
                green = grey;
                blue = grey;

                grey = alpha | (red << 16) | (green << 8) | blue;
                pixels[width * i + j] = grey;
            }
        }
        img.setPixels(pixels, 0, width, 0, 0, width, height); // 修改位图像素数组
        imageView1.setImageBitmap(img); // 设置图片显示控件中的位图
    }
```

【例 7-2】 猜扑克牌程序。

为了简化程序，本题目仅要求准备 6 张扑克牌图片，可以是红心 A、2、3、4 和 5，以及一张背景图片，由程序随机生成一组扑克牌顺序，刚开始只显示背景图，当单击某张牌时即表示猜它是否为红心 A，“是”表示猜对了，“否”表示猜错了，单击界面的任何空白区域又随机生成新的一组扑克牌顺序。

题目分析：

在图片资源中，复制 6 张扑克图片资源文件 heart1.bmp～heart6.bmp 到 drawable 文件夹中，界面布局中主要是放置 5 个 ImageView 或 Imagebutton 控件，将它们的 android:src 均设置为背景图片 back1，并随机生成各个位置的图片控件所代表的扑克牌数字（方法为 randomCard()）。对扑克牌控件添加事件处理的方法：android:onClick="cardclick"，在方法体中判断其代表的是否为红心 A，结果显示在方法 showResult() 中。添加界面活动的 onTouchEvent 事件处理方法，在方法体中随机生成一组新的扑克牌顺序，并显示扑克牌背景图。

程序：

布局资源文件 main.xml 内容如下。

```
<RelativeLayout xmlns:android="http://schemas.android.com/apk/res/android"
    xmlns:tools="http://schemas.android.com/tools"
    android:layout_width="fill_parent"
    android:layout_height="fill_parent"
    android:orientation="vertical"
    android:paddingBottom="@dimen/activity_vertical_margin"
    android:paddingLeft="@dimen/activity_horizontal_margin"
    android:paddingRight="@dimen/activity_horizontal_margin"
    android:paddingTop="@dimen/activity_vertical_margin"
    tools:context=".MainActivity" >

    <!-- 标题文字 -->

    <TextView
        android:id="@+id/title1"
        android:layout_width="wrap_content"
        android:layout_height="wrap_content"
        android:layout_centerHorizontal="true"
        android:text="扑克小游戏"
        android:textColor="#0000FF"
        android:textSize="25dp" />

    <!-- 副标题文字 -->

    <TextView
        android:id="@+id/textview2"
        android:layout_width="wrap_content"
        android:layout_height="wrap_content"
        android:layout_below="@id/title1"
        android:text="猜红心 A 去哪儿了？"
        android:textColor="#ED207A"
        android:textSize="15dp" />

    <!-- 扑克牌 1 -->

    <ImageView
        android:id="@+id/card1"
        android:layout_width="wrap_content"
        android:layout_height="wrap_content"
        android:layout_below="@id/textview2"
        android:layout_centerHorizontal="true"
        android:layout_marginTop="5dp"
        android:onClick="cardclick"
```

```
        android:src="@drawable/back1" />

    <!-- 扑克牌 2 -->

    <ImageView
        android:id="@+id/card2"
        android:layout_width="wrap_content"
        android:layout_height="wrap_content"
        android:layout_alignParentLeft="true"
        android:layout_below="@id/card1"
        android:layout_marginLeft="5dp"
        android:layout_marginTop="10dp"
        android:onClick="cardclick"
        android:src="@drawable/back1" />

    <!-- 扑克牌 3 -->

    <ImageView
        android:id="@+id/card3"
        android:layout_width="wrap_content"
        android:layout_height="wrap_content"
        android:layout_below="@id/card1"
        android:layout_centerHorizontal="true"
        android:layout_marginTop="10dp"
        android:onClick="cardclick"
        android:src="@drawable/back1" />

    <!-- 扑克牌 4 -->

    <ImageView
        android:id="@+id/card4"
        android:layout_width="wrap_content"
        android:layout_height="wrap_content"
        android:layout_alignParentRight="true"
        android:layout_below="@id/card1"
        android:layout_marginRight="5dp"
        android:layout_marginTop="10dp"
        android:onClick="cardclick"
        android:src="@drawable/back1" />


    <!-- 扑克牌 5 -->

    <ImageView
        android:id="@+id/card5"
        android:layout_width="wrap_content"
```

```
            android:layout_height="wrap_content"
            android:layout_below="@id/card3"
            android:layout_centerHorizontal="true"
            android:layout_marginTop="10dp"
            android:onClick="cardclick"
            android:src="@drawable/back1" />

</RelativeLayout>
```

活动程序文件 ImageSDActivity.java 内容如下。

```
package com.example.carddemo;

import android.app.Activity;
import android.os.Bundle;
import android.view.MotionEvent;
import android.view.View;
import android.widget.ImageView;
import android.widget.Toast;

public class MainActivity extends Activity {

private final int cardid[] = new int[] { R.id.card1, R.id.card2,
        R.id.card3, R.id.card4, R.id.card5 }; // 扑克牌控件资源 ID 数组

private int image[] = new int[] { R.drawable.heart1, R.drawable.heart2,
        R.drawable.heart3, R.drawable.heart4, R.drawable.heart5 }; // 扑克牌图片数组

private ImageView[] imageView = null; // 扑克牌控件对象数组

@Override
public void onCreate(Bundle savedInstanceState) {
    super.onCreate(savedInstanceState);
    setContentView(R.layout.activity_main);

    imageView = new ImageView[cardid.length];
    for (int i = 0; i < imageView.length; i++) {
        imageView[i] = (ImageView) findViewById(cardid[i]);
    }
    randomCard(); // 随机生成一组新扑克牌顺序
}

private void randomCard() { // 图片数组随机排序
    for (int i = 0; i < image.length; i++) {
        int s = (int) Math.random() * image.length;
        int temp;
        // 随机交换
```

```
                temp = image[i];
                image[i] = image[s];
                image[s] = temp;
            }
        }

        public void cardclick(View view) { // 扑克牌单击事件方法
            for (int i = 0; i < cardid.length; i++) {
                if (view.getId() == cardid[i]) { // 单击某个扑克牌控件
                    checkResult(cardid[i]); // 判断是红心 A 吗
                    break;
                }
            }
        }

        private void checkResult(int cardId) {
            // 显示图片
            for (int i = 0; i < imageView.length; i++) {
                imageView[i].setImageDrawable(getResources().getDrawable(image[i])); // 显示扑克牌
            }

            // 判断猜对或猜错
            boolean flag = false;
            for (int i = 0; i < imageView.length; i++) {
                if ((imageView[i].getId() == cardId)
                        && (R.drawable.heart1 == image[i])) {
                    flag = true;
                    break;
                }
            }
            showResult(flag);
        }

        private void showResult(boolean result) { // 显示猜的结果
            if (result) {
                Toast.makeText(MainActivity.this, "恭喜你，猜对了！", 500).show();
            } else {
                Toast.makeText(MainActivity.this, "对不起，猜错了！", 500).show();
            }
            for (int i = 0; i < imageView.length; i++) {
                imageView[i].setEnabled(false); // 各个扑克牌控件变为不可单击
            }
        }

        @Override
        public boolean onTouchEvent(MotionEvent event) { // 单击空白处游戏重新开始
```

```
        for (int i = 0; i < imageView.length; i++) {
            imageView[i].setImageDrawable(getResources().getDrawable(
                    R.drawable.back1));
            imageView[i].setEnabled(true); // 各个扑克牌控件变为可单击
        }
        randomCard(); // 随机生成一组新扑克牌顺序

        return super.onTouchEvent(event);
    }

    }
```

运行结果：

本例的运行结果如图 7-2 所示。

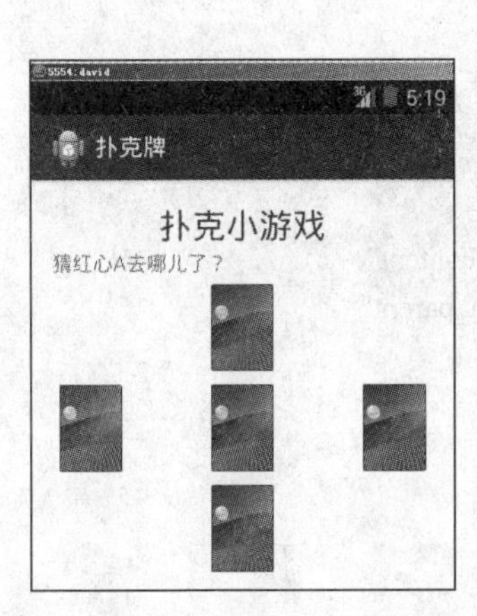

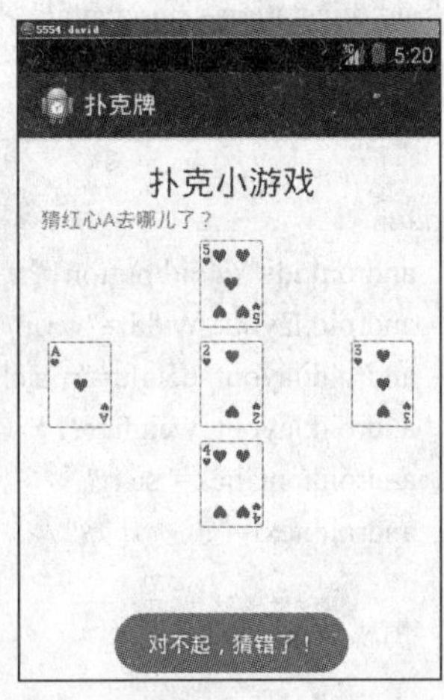

图 7-2 【例 7-2】的运行结果

【例 7-3】 五子棋游戏程序。

本程序要求首先在界面显示一张 19×19 的五子棋棋盘格，然后当单击时依次交替显示圆形的黑子和白子，并落在空白的格子交叉点上。

题目分析：

本题的关键是自定义一个显示棋盘和棋子的视图类 WuziqiView，并在其中覆盖父类 View 的 onDraw()和 onTouchEvent()方法，在 onDraw()中绘制棋盘与棋子，在 onTouchEvent()中处理单击落子和位置合理性判断事件。本题需要自定义一个棋格类 WuziqiGrid，主要记录其坐标位置和是否有子的状态值。

程序：

布局资源文件 main.xml 内容如下。

```
<?xml version="1.0" encoding="utf-8"?>
<LinearLayout xmlns:android="http://schemas.android.com/apk/res/android"
    android:layout_width="fill_parent"
    android:layout_height="fill_parent"
```

```
android:orientation="vertical" >

<!-- 自定义视图 WuziqiView -->

<view
    android:id="@+id/wuziqiView1"
    android:layout_width="fill_parent"
    android:layout_height="300dp"
    class="com.example.wuziqi.WuziqiView"
    android:text="五子棋游戏" />

<LinearLayout
    android:layout_width="fill_parent"
    android:layout_height="40dp"
    android:orientation="horizontal" >

    <!-- 游戏开始按钮 -->

    <Button
        android:id="@+id/button1"
        android:layout_width="wrap_content"
        android:layout_height="match_parent"
        android:layout_weight="1"
        android:onClick="start"
        android:text="重新开始" />

    <!-- 悔棋按钮 -->

    <Button
        android:id="@+id/button2"
        android:layout_width="wrap_content"
        android:layout_height="match_parent"
        android:layout_weight="1"
        android:onClick="back"
        android:text="悔棋" />

    <!-- 退出程序按钮 -->

    <Button
        android:id="@+id/button3"
        android:layout_width="wrap_content"
        android:layout_height="match_parent"
        android:layout_weight="1"
        android:onClick="stop"
        android:text="退出程序" />
</LinearLayout>
```

```
        <!-- 信息提示 -->

        <TextView
            android:id="@+id/textView1"
            android:layout_width="match_parent"
            android:layout_height="match_parent"
            android:hint="下棋过程提示" />

    </LinearLayout>
```

活动程序文件 WuziqiActivity.java 内容如下。

```
    package com.example.wuziqi;

    import android.app.Activity;
    import android.content.Context;
    import android.graphics.Canvas;
    import android.graphics.Color;
    import android.graphics.Paint;
    import android.graphics.Rect;
    import android.graphics.RectF;
    import android.os.Bundle;
    import android.util.DisplayMetrics;
    import android.view.MotionEvent;
    import android.view.View;
    import android.widget.TextView;
    import android.widget.Toast;

    import java.util.ArrayList;

    public class WuziqiActivity extends Activity {

        WuziqiView wuziqiView1 = null; // 五子棋视图控件
        TextView textView1 = null; // 文本显示控件

        @Override
        public void onCreate(Bundle savedInstanceState) {
            super.onCreate(savedInstanceState);
            setContentView(R.layout.main);

            wuziqiView1 = (WuziqiView) this.findViewById(R.id.wuziqiView1);
            textView1 = (TextView) this.findViewById(R.id.textView1);

            DisplayMetrics dm = new DisplayMetrics();
            getWindowManager().getDefaultDisplay().getMetrics(dm); // 取得屏幕分辨率
            int w = dm.widthPixels; // 屏幕宽度
```

```
        int d = dm.heightPixels; // 屏幕高度
        int wd = Math.min(w, d) / 21; // 屏幕宽度和高度的比例
        wuziqiView1.setWD(wd);
    }

    public void start(View view) { // 重新开始
        textView1.setText("该黑方下！ ");
        wuziqiView1.al.clear(); // 清屏
        wuziqiView1.invalidate(); // 刷新屏幕
    }

    public void back(View view) { // 悔棋一步
        if (wuziqiView1.al == null || wuziqiView1.al.isEmpty()) {
            return;
        }
        int index = wuziqiView1.al.size() - 1;
        if (index >= 0) {
            wuziqiView1.al.remove(index); // 清除最后一个棋子
            wuziqiView1.invalidate(); // 刷新屏幕
        }
    }

    public void stop(View v) { // 退出程序
        this.finish();
    }

}
```

自定义五子棋视图文件 WuziqiView.java 内容如下。

```
package com.example.wuziqi;

import android.content.Context;
import android.graphics.Canvas;
import android.graphics.Color;
import android.graphics.Paint;
import android.graphics.Point;
import android.graphics.RectF;
import android.util.AttributeSet;
import android.util.DisplayMetrics;
import android.view.MotionEvent;
import android.view.View;

import java.util.ArrayList;

public class WuziqiView extends View {
```

```
ArrayList<RectF> al = new ArrayList<RectF>(); // 棋子库
WuziqiGrid[][] wuziqiGrid = new WuziqiGrid[19][19]; // 棋格库
int wd = 25; // 屏幕宽度和高度的比例
WuziqiActivity activity = null;
private Paint paint = null; // 画笔

public WuziqiView(Context context, AttributeSet attrs) {
        super(context, attrs);
        activity = (WuziqiActivity) context;

        // 棋格初始化
        for (int i = 0; i < 19; i++) {
                for (int j = 0; j < 19; j++) {
                        wuziqiGrid[i][j] = new WuziqiGrid();
                        wuziqiGrid[i][j].point.x = wd + i * wd;
                        wuziqiGrid[i][j].point.y = wd + j * wd;
                        wuziqiGrid[i][j].used = -1;
                }
        }

        paint = new Paint();
}

@Override
public boolean onTouchEvent(MotionEvent event) { // 触摸事件处理方法

        if (event.getAction() == MotionEvent.ACTION_DOWN) {
                int x = (int) event.getX();
                int y = (int) event.getY();
                int wd2 = wd * 2 / 5;
                RectF currentRectf = new RectF(x - wd2, y - wd2, x + wd2, y
                                + wd2);
                boolean flag = false;
                exit_0: for (int i = 0; i < 19; i++) {
                        for (int j = 0; j < 19; j++) {
                                RectF rectf = new RectF(wuziqiGrid[i][j].point.x
                                                - wd2, wuziqiGrid[i][j].point.y - wd2,
                                                wuziqiGrid[i][j].point.x + wd2,
                                                wuziqiGrid[i][j].point.y + wd2);
                                if (rectf.contains(x, y)
                                                && wuziqiGrid[i][j].used == -1) {
                                        x = wuziqiGrid[i][j].point.x;
                                        y = wuziqiGrid[i][j].point.y;
                                        wuziqiGrid[i][j].used = al.size() % 2;
                                        flag = true;
                                        break exit_0;
```

```
                }
            }
        }
        if (flag) {
            al.add(new RectF(x - wd2, y - wd2, x + wd2, y + wd2)); // 记录刚下的棋子
            invalidate();

            if (al.size() % 2 == 0) {
                activity.textView1.setText("该黑方下！");
            } else {
                activity.textView1.setText("该白方下！");

            }
        }
    }
    return super.onTouchEvent(event);
}



public void setWD(int wd) { // 设置屏幕宽度和高度的比例
    this.wd = wd;
}

@Override
protected void onDraw(Canvas canvas) { // 覆盖绘图方法
    // 绘制棋盘格
    canvas.drawColor(Color.WHITE);
    for (int i = 0; i < 18; i++) {
        for (int j = 0; j < 18; j++) {
            if ((i + j) % 2 == 0) {
                paint.setColor(Color.BLUE);
            } else {
                paint.setColor(Color.GREEN);
            }
            canvas.drawRect(new RectF(wuziqiGrid[i][j].point.x,
                    wuziqiGrid[i][j].point.y, wuziqiGrid[i + 1][j].point.x,
                    wuziqiGrid[i][j + 1].point.y), paint);
        }
    }
    // 绘制棋子
    int i = 0;
    for (RectF rect : al) {
        if (i % 2 == 0) {
            paint.setColor(Color.BLACK); // 黑子
        } else {
```

```
                    paint.setColor(Color.WHITE); // 白子
                }
                canvas.drawOval(rect, paint); // 落子
                i++;
            }
        }
    }
```

棋盘格子类程序文件 WuziqiGrid.java 内容如下。

```
package com.example.wuziqi;

import android.graphics.Point;

public class WuziqiGrid { // 棋格类

    Point point = null; // 棋格坐标
    int used = -1; // 状态：-1 表示空, 0 表示黑子, 1 表示白子

    WuziqiGrid() { // 构造方法
        point = new Point(0, 0); // 棋格坐标初值
        used = -1; // 状态初值
    }

}
```

运行结果：

本例的运行结果如图 7-3 所示。

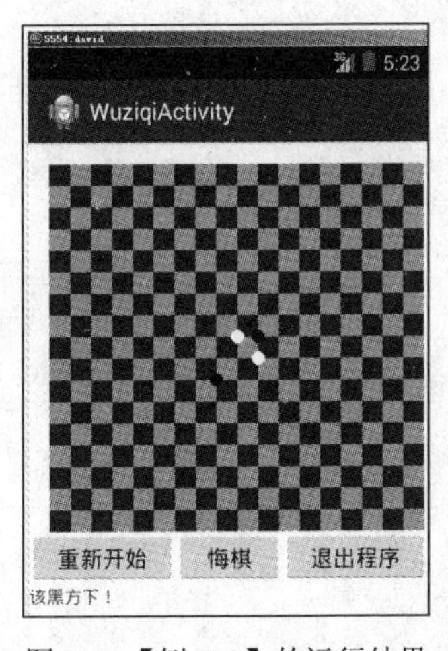

图 7-3 【例 7-3】的运行结果

扩展思考：

可否在本程序中加入判断胜负的代码。

7.5 习题 7

1．ImageView 和 ImageButton 控件如何显示图像？图像资源一般放在何处？

2．ImageView 类和 Bitmap 类有何关系？

3．View、Paint 和 Canvas 三个类有何用途？

4．设计一个 SD 卡图片浏览程序，可以按照一屏一张、一屏两张或一屏四张三种方式显示。

5．编写程序，要求准备一副扑克共 52 张牌，随机生成 13 张发给某个牌手，并显示出来。

6．编写程序，要求显示一张校园地图，当单击到不同的标志物位置时，显示相关的介绍信息。

7．设计一个自由绘图程序，当手指划过时绘制一条直线，并可设置线的宽度和颜色。

8．设计一个屏保程序，当单击屏幕后，不断随机显示五颜六色的圆，再次单击时停止显示。

第 8 章　网络应用程序设计

本章首先介绍网络和线程的基础知识，然后介绍 Android 网络应用程序设计的基本框架、基本方法和所涉及的相关类，以及如何编写手机访问 PC 服务器的 Socket 网络应用程序，如何编写手机访问因特网资源的程序，接着补充了 JSP 动态网页程序设计和 JSP 程序中如何使用数据库的内容，最后给出论文单词统计和访问因特网的两个实例应用程序。本章所涉及的概念包括 HTTP、TCP/IP、Socket、主机、端口和 JSP 等概念，重点是如何编写基于 TCP/IP 的 Socket 客户端/服务器网络通信应用程序和访问因特网资源的应用程序，难点是理解线程的概念，以及线程在网络通信程序中的应用方法。

8.1　基础知识

由于在编写网络通信程序时需要用到网络和线程的概念，因此本节就来介绍一下网络通信和线程的一些基础知识。

8.1.1　网络通信基础知识

什么是计算机网络？简单地讲，就是指将地理位置不同和具有独立功能的多台计算机及其外部设备通过通信线路连接起来，并在网络操作系统、网络管理软件及网络通信协议的管理和协调下，实现资源共享和信息传递的一种计算机系统。这样一种系统可以提供不同计算机之间的资源共享、网络通信和计算机的集中管理功能，还可以进行负荷均衡、分布处理，以及提高系统安全与可靠性等功能。一般来讲，一个完整的计算机网络系统都是由网络硬件和网络软件所组成的，其中网络硬件一般指网络中的计算机、传输介质和网络连接设备等，是计算机网络系统的物理实现；网络软件一般指网络操作系统、网络通信协议和网络应用软件等，是计算机网络系统中的技术支持，当中的网络通信协议是至关重要的部分，它承担着网络连接、通信与资源共享的重任。可以把网络通信协议看作是网络上的一种通用语言，它为连接不同操作系统和不同硬件体系结构的互连网络提供通信翻译，而随着因特网的普及，TCP/IP 这种网络通信协议的作用越来越大，它是一种分层式的网络协议，一般分为链路层、网络层、传输层和应用层 4 层。

1）链路层，包括操作系统中的设备驱动程序和计算机中对应的网络接口卡，用于处理与电缆等传输媒介的物理接口细节。

2）网络层，处理路由选择等分组在网络中的各种活动，这层的协议包括 IP 协议（网际协议）、ICMP 协议（因特网控制报文协议）及 IGMP 协议（因特网组治理协议）。

3）传输层，主要为两台主机上的应用程序提供端到端的通信。这层的协议包括 TCP（有连接的传输控制协议）和 UDP（无连接的用户数据报协议）。

4）应用层，负责处理特定的应用程序细节。这层的协议包括 Telnet 远程登录协议、HTTP 超文本传输协议、SMTP 简单邮件传输协议、POP 邮局协议、DNS 域名服务协议、FTP 文件传输协议和 SNMP 简单网络治理协议等。

本节仅用到以下这些 TCP/IP 协议，即 TCP、IP、HTTP 和 DNS。

在进行网络程序设计时，经常提到 Socket 的概念。所谓 Socket，其英文原义是“孔”或“插座”的意思，在网络通信中一般称为“套接字”，当网络上的两个程序通过一个双向的通信连接实现数据交换时，连接的每一端称为一个 Socket，操作系统为每一个完整的 Socket 分配一个本地唯一的号，在每一个 Socket 中都描述相关的协议、本地 IP 地址和本地端口，使用 Socket 可以建立一种客户/服务器的通用通信模式，从而解决了进程之间建立通信连接的复杂问题。

这里出现的 IP 地址是用于标识计算机等网络设备的网络地址，目前流行的 IPv4 格式由 4 个 8 位的二进制数组成，中间以小数点分隔，可以简写为十进制数，比如 202.114.35.160 就是一个 IP 地址。IP 地址是一种层次性的地址，可以分为网络地址和主机地址两部分，处于同一个网内的所有主机，其网络地址部分是相同的。IP 地址还可以根据单位或部门的网络规模的大小进一步分为 A～E 5 类。

另一个是端口的概念，它记录网络通信时同一机器上的不同进程的标识号。当一个客户端程序需要连接服务器时，必须采用一种恰当方式以识别要连接的服务器，既要知道可以连接的主机服务器所在的主机的网络 IP 地址，又要知道服务器上运行的是哪个进程来提供所需要的特定服务，因此通信服务器和客户端双方一般各有自己一侧的端口。比如在因特网上的主机一般运行了多个服务软件来同时提供多种服务，每种服务都需要打开一个 Socket，并绑定到一个端口上，不同的端口支持不同的服务。以上介绍的几种网络通信协议都有约定的端口，比如，HTTP 协议默认使用 80 端口，FTP 协议默认使用 21 端口，Telnet 协议默认使用 23 端口，其中的 1～1024 为系统保留的端口号，1024 以上可以由用户自己定义使用。所以在自己编写的网络通信程序中，一般建议将端口设定为 1024～65535 之间的整数，以免与标准协议的约定端口冲突。

8.1.2 线程基础知识

线程实质上是一组指令序列，它代表程序运行的基本单位，由于它占用的资源较少，因此更有利于 CPU 的调度。使用线程可以大大提高 CPU 的并发性，特别是对于多核、多 CPU 系统，更能发挥其威力，从而提高程序的运行效率。线程具有就绪、阻塞（等待）和执行 3 种基本状态，以及运行的优先级。当一个 Android 程序运行起来时就是一个进程，这个进程中通过一个主线程来维持程序的运行状态，在这个主线程中还可以再建立子线程来完成特定的任务。线程的运行轨迹不同于原来的顺序程序控制结构，一个线程是可以独立于建立它的主线程而运行的。

建立线程可以采用两种方式，一种是实现 Runnable 接口，另一种是继承 Thread 类，不论采用的是这两种中的哪一种，设计的线程子类都必须覆盖父类的 run()方法，它是线程运行的主体，然后才能构造出线程对象，并调用线程的 start()方法启动运行。

1. Runnable 接口的使用

Runnable 接口中只包含一个 run()方法，需要由子类来实现，示例如下。

```
class MyRunnable implements Runnable {
    public void run() {
     // 线程代码在此编写
    }
}
```

接着定义这个子类的对象，代码如下。

```
MyRunnable myRunnable1 = new MyRunnable();
```

但此时 myRunnable1 对象还不能作为线程看待，必须再经过以下代码转换为一个线程对象才可使用。

```
Thread myThread = new Thread(myRunnable1);
```

最后使用 start()方法启动这个线程，代码如下。

```
myThread.start();
```

2．Thread 类的使用

使用 Thread 类建立线程稍简单一些，由于 Thread 类已经实现了 Runnable 接口，除了实现 run()方法以外，还增加了一些字段、构造方法和普通方法，编写子类时最简单的用法是仅覆盖父类的 run()方法，示例如下。

```
class MyThread extends Thread {
    @Override
    public void run() {
       // 线程代码在此编写
    }
}
```

接着定义这个子类的对象，代码如下。

```
MyThread myThread = new MyThread();
```

最后使用 start()方法启动这个线程，代码如下。

```
myThread.start();
```

有时也可以把线程类和对象设计成以下简化的函数式格式。

```
new Thread(){
    @Override
    public void run() {
       // 线程代码在此编写
    }
}.start();
```

在编写线程程序时，还应注意线程具有 1～10 个优先等级，其中，数字越大，优先级越高，可以通过下面的 setPriority 方法设置一个线程的优先级。

```
void    setPriority(int newPriority);
```

其中 newPriority 表示对线程所设置的新优先级，示例如下。

```
myThread.setPriority(10);   // 设置线程优先级为最高
```

8.2 网络通信应用程序设计

网络编程可以实现一台计算机通过网络协议与其他计算机进行通信的目的，这里需要借助于 IP 协议来准确地定位网络上的主机，找到主机后又借助于 TCP 协议来进行可靠高效的数据传输。客户/服务器结构又称为 C/S 结构，是目前流行的网络编程模式，通信双方的一方作为服务器端一直在守护运行着，并监听网络端口，等待客户提出请求并予以响应，另一方作为客户端则在需要服务时向服务器端提出请求，这种模式下的网络通信开始于客户端的 TCP 连接。

在程序中访问因特网实质上也是一种 C/S 结构，有时称为浏览器/服务器结构或 B/S 结构，采用应用层协议 HTTP 进行网络通信，这时的客户端发出的 TCP 连接是短时连接，收到服务器的应答后客户端即刻断开网络连接。

不管是局域网内的网络通信，还是访问因特网，为了提高通信双方程序的运行效率，服务器端和客户端都需要设计成线程运行方式。另外，如果客户端程序运行在 Android 手机上，由于一般是使用图形界面进行的网络通信，网络收发的信息需要与图形界面的控件打交道，比如需要在界面中显示收到的数据，因此需要使用信息类（Message）格式的信息在网络通信中与图形界面进行传递，并设计一个处理者类（Handler）的子类来处理信息。

Message 类在 android.os 包中，用于表示信息的标识与内容，它的构造方法格式如下。

```
public Message();
```

使用时，可以定义这个类的对象，主要涉及它的以下两个变量。

```
public int what;          // 用户自定义信息标识
public Object obj;        // 收到的具体信息
```

Handler 类也在 android.os 包中，用于信息的发送和处理，它的构造方法格式如下。

```
public Handler();
```

使用这个类时，首先必须继承它得到子类，并且必须覆盖父类的 handleMessage 方法来并发处理发来的信息。

```
public void handleMessage(Message msg);
```

然后需要定义这个类的对象，并使用以下的 sendMessage 方法发送信息并由 handle Message 方法处理。

```
public boolean sendMessage(Message msg); // 发送正常信息
public boolean sendEmptyMessage(int what); // 发送仅有标识号的空信息
```

示例如下。

```
Handler handler = new Handler() {
    @Override
    public void handleMessage(Message msg) {
        if (msg.what == 1) {
            // 显示 msg.object 的值
        }
    }
};
Message message=new message(); // 定义信息对象
message.what=1; // 信息标识号为 1
message.object="Hello"; // 信息内容为 Hello
handler.sendMessage(message); // 发送信息，handleMessage 方法就会收到这个信息
```

在网络通信程序中，有时还需要把线程类与处理者类结合使用，即在线程的 run()方法中通过处理者的 sendMessage()方法进一步发送收到的网络通信信息，然后交由处理者的 handleMessage()方法来处理。

8.2.1 局域网通信

位于同一个网段内的计算机组成一个局域网，它们的 IP 地址既可以采用内部地址，也可以采用外部地址，局域网内的网络通信较为简单，不需要考虑路由器、交换机等网络设备的存在。

Android SDK 提供了 ServerSocket 和 Socket 两个类，分别代表网络通信的服务器端和客户端，它们在 java.net 包中。其中 ServerSocket 类的主要方法如下。

```
public ServerSocket(int port); // 构造方法，其中 port 为端口号
public ServerSocket(int port, int backlog); // 构造方法，其中 port 为端口号，backlog 为最大客户连接数
public Socket accept(); // 网络监听并等待接受客户套接字的连接
public void close(); // 关闭服务器端网络套接字连接
```

ServerSocket 类的示例如下。

```
ServerSocket ss=new ServerSocket(4700);
Socket cs=ss.accept();
```

Socket 类的主要方法如下。

```
public Socket(String host,int port); // 构造方法，其中 host 为服务器主机名或 IP 地址，port 为端口号
public InputStream getInputStream(); // 建立输入流对象
public OutputStream getOutputStream(); // 建立输出流对象
public void close(); // 关闭客户端网络套接字连接
```

Socket 类的示例如下。

```
Socket cs=new Socket("localhost",4700);
```

或：

```
Socket cs=new Socket("127.0.0.1",4700);
```

或：

```
Socket cs=new Socket("10.0.2.2",4700);
```

此时服务器端和客户端都建立了套接字 cs，接着就可以通过调用 getInputStream()和 getOutputStream()方法建立输入输出流对象如下。

```
InputStream is=cs. getInputStream();
OutputStream os=cs. getOutputStream();
```

这里得到的 is 和 os 为二进制输入输出流，为了更方便地进行数据的网络收发，还需要将它们转换为 java.io 包中的两个过滤流 DataInputStream 和 DataOutputStream 类的对象，示例如下。

```
DataInputStream dis=new DataInputStream(is);
DataOutputStream dos=new DataOutputStream(os);
```

进一步可以使用 DataInputStream 类的如下方法读取相关类型的数据。

```
public int read(byte[] b);              // 读字节数组，返回实际读到的字节数
public byte readByte();                 // 读字节
public int readInt();                   // 读整数
public double readDouble();             // 读浮点数
public String readUTF();                // 读字符串
```

用 DataOutputStream 类的如下方法写相关类型的数据。

```
public void write(byte[] b,int off,int len); // 写字节数组，从 off 下标元素开始，最多 len 个字节
public void writeByte(int value);            // 写字节
public void writeInt(int value);             // 写整数
public void writeDouble(double value);       // 写浮点数
public void writeUTF(String str);            // 写字符串
```

如果需要进行字符与文本的网络传输，则需要将得到的 is 和 os 转换为 java.util 包中的 Scanner 和 java.io 包中的 PrintStream 类的对象。

Scanner 类的主要方法如下。

```
public Scanner(InputStream    source);   // 构造方法
public boolean hasNextLine();            // 判断是否存在一行文本
public String nextLine();                // 读取一行文本，以回车换行结束
```

示例如下。

```
Scanner scanner=new Scanner(is);
if(scanner. hasNextLine()){
String line=scanner. nextLine();
}
```

PrintStream 类的主要方法如下。

```
public PrintStream(OutputStream out);   // 构造方法
public void println(int    value);      // 写一个整数，并换行
public void println(double    value);   // 写一个浮点数，并换行
public void println(String    value);   // 写一个字符串，并换行
```

示例如下。

```
PrintStream ps=new PrintStream(os);
ps. Println(1234);
ps. Println(3.1415926D);
ps. Println("Hello!");
```

以上这些打开的输入输出对象在使用完之后一定要使用 close()方法关闭。另外，还要注意对异常进行处理，典型的异常类型有 IOException 和 SocketException，直接使用 Exception 也可以。

8.2.2 访问因特网

Android 提供了几个类来访问因特网，最简单的一个是 InetAddress 类用来表示因特网协议中的 IP 地址，其主要方法如下。

```
static InetAddress getByName(String host); // 由主机名确定主机的 IP 地址，并得到类的对象
String getHostName(); // 获取此 IP 地址的主机名
String getHostAddress(); // 返回 IP 地址的字符串形式
```

示例如下。

```
InetAddress ia=InetAddress. getByName("www.xjtu.edu.cn");
String hostNme= InetAddress. getHostName();
String hostAddress= InetAddress. getHostAddress ();
```

当需要获取因特网上的 Web 资源时，用得最多的是 URL 类，它代表一个统一资源定位符，是指向因特网“资源”的指针，也就是通常所说的网址。其主要方法如下。

```
URL(String spec);            // 构造方法
InputStream openStream();  // 建立 URL 的连接并得到一个 InputStream 输入流对象
```

示例如下。

```
URL url=new URL("http://www.xjtu.edu.cn");
```

```
InputStream is=url. openStream();
```

此时就可以使用 DataInputStream 类或 Scanner 类对 is 对象进行转换，从而更方便地读取数据。

URL 类可以采用任何应用层协议访问资源，比如 HTTP、FTP 和 mailto 等，但它的局限性是无法管理连接的属性，比如超时设置、访问方法设置等，只能读取网络资源而无法回写数据。鉴于此，Android 还提供了另外两个类，即 java.net 包中的 URLConnection 类和 HttpURLConnection 类，后一个是前一个的子类，主要是为 HTTP 协议连接而设计的。下面主要介绍一下 HttpURLConnection 类。

HttpURLConnection(URL url);　构造方法

void disconnect(); 关闭连接

void setRequestMethod(String method); 设置 URL 请求的方法，默认为 GET。请求方法包括 GET、POST、HEAD、OPTIONS、PUT、DELETE 和 TRACE 等。其中参数 method 为字符串形式的方法名。

int getResponseCode(); 获得应答状态码，主要的状态值有以下几个。

static int HTTP_BAD_REQUEST；HTTP 状态码 400 表示 Bad Request。

static int HTTP_NOT_FOUND；HTTP 状态码 404 表示 Not Found。

static int HTTP_OK；HTTP 状态码 200 表示 OK。

void setDoInput(boolean doinput)；如果打算使用 URL 连接进行输入，则将参数 doinput 标志设置为 true；如果不打算使用，则设置为 false。默认值为 true。

void setDoOutput(boolean dooutput);　如果打算使用 URL 连接进行输出，则将 dooutput 标志设置为 true；如果不打算使用，则设置为 false。默认值为 false。

void setConnectTimeout(int timeout); 设置一个 timeout 参数指定的超时值（以毫秒为单位），该值将在打开到此 URLConnection 引用的资源的通信连接时使用。如果在建立连接之前超时期满，则会引发一个 java.net.SocketTimeoutException 异常。超时时间为零，表示无穷大超时。

void setReadTimeout(int timeout); 将读超时设置为 timeout 参数指定的超时值，以毫秒为单位。指定在建立到资源的连接后从输入流读入时的超时时间。如果在数据可读取之前超时期满，则会引发一个 java.net.SocketTimeoutException 异常。超时时间为零，表示无穷大超时。

InputStream getInputStream(); 返回从此打开的连接读取的输入流。在读取返回的输入流时，如果在数据可供读取之前达到读入超时时间，则会抛出 SocketTimeoutException 异常。

OutputStream getOutputStream(); 返回写入到此连接的输出流。

示例如下。

```
URL url = new URL("http://www.edu.cn"); // 网址
HttpURLConnection conn = (HttpURLConnection) url.openConnection(); // 打开 HTTP 连接
conn.setDoInput(true); // 设置为读
conn.setRequestMethod("GET"); // GET 方法
conn.setConnectTimeout(5000); // 超时 5 秒
InputStream inputStream = new Scanner(conn.getInputStream()); // 打开输入流
```

Android SDK 中还提供了一个浏览器控件 WebView，只需要将其放入界面，并调用 loadUrl(String url);方法，即可显示一个指定的网页。

8.3 JSP 程序设计

JSP 的全称为 Java Server Pages，是一种 Java 服务器端的动态页面语言，它将 Java 程序片段嵌入到 HTML 网页中，组成扩展名为.jsp 的 Web 服务器端的脚本程序文件，一般由 Web 程序开发人员和网页设计人员共同开发，由于其内部采用的是 Java 语言语法，因此采用 JSP 开发的 Web 应用也具有跨平台性。JSP 程序的运行方式是，当客户第一次请求 JSP 网页时，Web 服务器首先一次性将其生成保存在服务器端的 Java 类源程序代码当中，接着编译生成字节码，并由 Java 虚拟机解释执行，最后将执行结果以 HTML 的格式应答给客户，客户端的浏览器将结果显示出来。在 JSP 程序中可以使用普通 Java 程序代码编写任何语句和功能，比如类、线程、输入输出和数据库等。JSP 也提供了一种程序开发、运行和升级的全新模式，JSP 运行于服务器后端，客户只需要通过浏览器对服务器发出请求并接收应答结果即可，客户端并不需要安装 Java 插件和运行环境。

本节首先对 JSP 的基本语法进行简要介绍，主要介绍几个非常重要的标记，然后介绍如何通过 JSP 获取服务器提供的文字内容和图片内容。

8.3.1 基本标记的使用

JSP 基本标记包括@page、注释、声明、计算和代码脚本等标记。

1）page 标记<%@ page %>。定义整个 JSP 文件有效的配置属性，其语法格式如下。

```
<%@ page
    [ contentType="text/html ; charset=字符集" ]
    [ import="{package.class | package.*} , ... " ]
    [ session="true|false" ]
%>
```

其中，contentType="text/html ; charset=字符集"指定网页文件的类型和所用的字符集；import="{package.class | package.*} , ... "指定引入若干个其他的包和类；session="true|false"表示是否使用会话保持功能，以跟踪客户的状态。举例如下。

```
<%@ page contentType="text/html; charset=GBK"
    session="true"   import="java.util.*"
%>
```

上例中定义了一个 JSP 页面格式为 html 文本形式，所使用的字符集采用汉字 GBK（国标库），并使用会话保持功能，引入 java.util.*包。

2）注释标记<%-- --%>。是一种 JSP 隐藏式注释，当编译 JSP 页面时对其不生成字节码语句。语法格式如下。

```
<%-- hidden comment --%>
```

举例如下。

```
<%-- JSP World, please! --%>     // 定义一个注释文字“JSP World, please!”
```

而 HTML 原始注释格式如下。

```
<!-- comment     [ <%= expression %> ] -->
```

当使用<!-- -->格式时，编译时会生成字节码输出语句。

3）声明标记<%! %>。定义 Java 类型的简单变量、数组、字符串、方法和对象。语法格式如下。

```
<%! declarations %>
```

举例如下。

```
<%! int a = 100, b = 2; %>     // 定义两个整数变量 a 和 b
<%! java.util.Date today = new java.util.Date(); %>     // 定义 Date 类的对象 today
```

4）表达式标记<%= %>。计算表达式之值，并将计算结果显示在页面当前位置。语法格式如下。

```
<%= expression %>
```

其中，expression 可以是数值计算、字符串转换或插入一段 HTML 文本等。

举例如下。

```
<%=Math.pow(2,38) %>         // 计算并显示 2 的 38 次方之值，结果为：2.74877906944E11
<%!int a[]={0,1,2,3,4,5,6,7,8,9}; %>          // 定义数组 a
<%=Arrays.toString(a) %>     // 显示 a 的所有元素之值，结果为：[0, 1, 2, 3, 4, 5, 6, 7, 8, 9]
<%="<B><hr>我爱中华<hr></B>" %>     // 显示一段网页
```

5）主体脚本标记<% %>。完成一定功能的 Java 片段代码，是 JSP 的主体部分，在其中可以编写任何类型的 Java 语句，比如，声明变量或方法、编写表达式、使用隐式对象或使用<jsp:useBean>标记所声明的对象，但不能将纯文本、HTML 文本或其他 JSP 标记内容放在 scriptlet 中。当 JSP 引擎处理客户请求时，就去执行这段代码，将产生的输出内容保存到 out 隐式对象中，并应答给客户。语法格式如下。

```
<% code fragment %>
```

8.3.2　高级标记的使用

JSP 高级标记包括 jsp:forward、@ include 和 jsp:include 等标记和隐式对象。

1）<jsp:forward>标记。从一个 JSP 文件向另一个文件传递一个包含用户请求的 request 对象，能够向目标文件传送参数和值。语法格式如下。

```
<jsp:forward page="{relativeURL | <%= expression %> }"
{ /> |
```

```
[ <jsp:param name="parameterName" value="{parameterValue | <%= expression %>}" /> ]
</jsp:forward> }
```

其中，属性 page="{relativeURL | <%= expression %>}"说明需要定向的文件或 URL，内容是一个表达式或字符串，这个字符串可以是任何能够处理 request 对象的文件，如 JSP、Servlet、ASP 和 PHP 等。

<jsp:param>标记表示向一个动态文件发送一个或多个参数，而这个动态文件必须能够处理参数。当需要传递多个参数时，可以在一个 JSP 文件中使用多个<jsp:param>标记来指定。

语法格式如下。

```
<jsp:param name="parameterName" value="{parameterValue | <%= expression %>}" />
```

其中，name 指定参数名，value 指定参数值。

举例如下。

```
<jsp:forward page="check.jsp" />          // 转向名为 check.jsp 的 JSP 文件
<jsp:forward page="index.html" />         // 转向名为 index.html 的 HTML 文件
<jsp:forward page="/servlet/login">       // 转向名为 login 的 Servlet 程序
    <jsp:param name="username" value="mrjava" />    // 传递用户名参数
    <jsp:param name="password" value="123456" />    // 传递用户口令参数
</jsp:forward>
```

2）include 标记<%@ include %>。定义在当前 JSP 文件中插入的一个 HTML 或另一个 JSP 文件。当编译 JSP 页面时，include 标记读入包含的其他页面的内容，并把这些内容和原来的页面融合到一起，其语法格式如下。

```
<%@ include file="relativeURL" %>
```

其中，relativeURL 指定需要插入的 HTML 文件和另一个 JSP 文件名。

举例如下。

```
<%@ include file=" header.jsp" %>      // 插入名为 header.jsp 的 JSP 文件
<%@ include file="formula.html" %>  // 插入名为 formula.html 的 HTML 文件
```

3）<jsp:include>标记。当服务器在接收请求处理阶段遇到<jsp:include>标记时，如果是一个 HTML 文件或另一个 JSP 文件，则单独生成另一个类源程序并执行。主 JSP 文件与所包含的另一个 JSP 文件是相对独立的，两个页面之间是一种请求关系，而不是包含关系。

语法格式如下。

```
<jsp:include page="{relativeURL | <%= expression %>}" flush="true"
{ /> |
[ <jsp:param name="parameterName" value="{parameterValue | <%= expression %>}" /> ]
</jsp:include> }
```

由于在请求主页面时，另一个页面还未被引入到主页面中，所以可以对 page 属性使用一个请求时的属性值，以便根据运行时的情况来决定要引入哪一个页面，还可以添加一些将被引入的页面读取的请求参数。flush 属性表示当修改了被引入的 JSP 页面时，可以立刻刷新该页面，即检测页面的变化，并自动进入翻译阶段，以得到页面的最新版本。<jsp:param>标记与<jsp:forward>标记中的意义一致。

举例如下。

```
<jsp: include page="date.jsp" >    // 包含名为 date.jsp 的 JSP 文件
<jsp: include page="navigator.html" >    // 包含名为 navigator.html 的 HTML 文件
<jsp: include page="/servlet/login" flush="true">    // 包含名为 login 的 Servlet 程序
    <jsp:param name="username" value="mrjava" />    // 传递用户名参数
    <jsp:param name="password" value="123456" />    // 传递用户口令参数
</jsp: include >
```

<%@ include %>标记与<jsp:include>标记有以下一些区别。

<%@ include %>标记将两个文件合并为一个 Servlet 文件并编译生成一个 Servlet 类，然后解释执行，它指示两个文件是一种包含关系；而<jsp:include>将两个文件独立生成各自的 Servlet 文件并编译，然后解释执行，它指示两个页面是一种请求关系。

在执行时间上，<%@ include %>标记是在翻译阶段执行，而<jsp:include>标记是在请求处理阶段执行。<%@ include %>标记引入静态文本 HTML 和 JSP 文本，在 JSP 页面被转化成 Servlet 之前和它融和到一起；而<jsp:include>标记引入执行页面或 Servlet 所生成的应答文本。两者中的 file 和 page 属性都被解释为一个相对的 URI，如果以斜杠（“/”）开头，那么它使用环境相对路径，将根据赋给应用程序的 URI 的前缀进行解释，而如果它不是以斜杠开头，那么它使用页面相对路径，根据引入这个文件的页面所在的路径进行解释。

4）隐式对象。JSP 中提供了以下一些隐式对象，可以直接使用，以便调用一些特定的方法，如表 8-1 所示。

表 8-1　隐式对象

隐式对象名称	说　明
Request	ServletRequest 类的对象，表示请求
Response	ServletResponse 类的对象，表示响答
pageContext	PageContext 类的对象，表示页面上下文
Session	HttpSession 类的对象，表示会话
Application	ServletContext 类的对象，表示应用
out	Request 类或 JspWriter 类的对象，表示输出
Config	ServletConfig 类的对象，表示配置
Page	Object 类的对象，表示页面
exception	异常类的对象，表示异常

举例如下。

```
<%
```

```
String name=request.getParameter("name");    // 获取参数 name 的值
session.setAttribute("name",name);           // 将参数保存到会话对象 session 中
out.println("当前用户为："+name+"<BR>");     // 显示当前用户名
%>
```

8.4 综合例题

【例 8-1】 设计一个论文单词统计网络应用程序。

本题目要求设计一个 PC 机上的服务器端程序，首先接收客户端发来的一篇英语文章，然后统计该文本中总的单词数量及出现最频繁的 10 个单词，最后发送给客户端。采用 Android 手机作为客户端，输入一段英语文章，然后发送给服务器端，最后由服务器端进行统计后发送给客户端，并显示到客户端的界面上。

题目分析：

在服务器端设计成字符控制台界面，程序中定义一个单词类 Word，包括单词和出现的数量，在主类中定义一个 ArrayList 类的对象，其内部类型为 Word 类。构造 ServerSocket 类的对象并建立服务器套接字，接着调用其方法 accept 监听客户的连接，等有客户连接进来时，获得客户端的 Socket 对象，然后使用 Socket 类的 getInputStream()方法获得输入流，并进一步建立 Scanner 类的对象，使用 Scanner 类的 nextLine()方法取得客户发来的一行文字字符串，将收到的字符串进行单词分割并统计出现频率最高的前 10 个，最后使用 Socket 类的 getOutputStream()方法获得输出流，并进一步建立 PrintStream 类的对象，使用 PrintStream 类的 println()方法将分割出的频率最高的前 10 个单词发送给客户。

在手机客户端界面的设计中，采用嵌套的线性布局方式，放置 3 个 EditText 文本编辑框控件，分别用于输入服务器 IP、端口值和文本，再放置两个 Button 按钮控件，分别用于连接服务器和发送信息，放置 个 TextView 文本显示框控件，用于显示服务器发来的信息。

在客户端的程序代码中，首先设计活动的 4 个内部类，分别是连接服务器线程类 ConnectorThread、接收服务器信息线程类 ReceiverThread、向服务器发送信息线程类 SenderThread，以及信息处理类 MyHandler，声明这几个类和 Message、Socket 类的对象变量，并在 onCreate()方法中对它们的对象进行构造，最后编写连接服务器按钮的事件处理方法 connect()和向服务器发送信息的方法 send()。其中，在 ConnectorThread 类的 run()方法中，构造 Socket 类的对象，并调用 MyHandler 类的 sendMessage()方法显示连接成功到界面；在 ReceiverThread 类的 run()方法中，调用 Socket 类的 getInputStream()方法获得输入流的对象，并进一步建立 Scanner 类的对象，读取服务器端发来的信息并调用 MyHandler 类的 sendMessage()方法显示到界面；在 SenderThread 类的 run()方法中，调用 Socket 类的 getOutputStream()方法获得输出流的对象，并进一步建立 PrintStream 类的对象，向服务器端发送信息；在 MyHandler 类的 handleMessage()方法中，使用 Message 类的 what 和 obj 变量获得信息的类别和信息值，并显示到 TextView 控件中。

程序：

服务器端的代码如下。

```java
// 单词类
public class Word {
	private String content; // 单词
	private int count; // 数量

	public Word(String content, int count) { // 构造方法
		this.content = content;
		this.count = count;
	}

	public String getContent() {
		return content;
	}

	public void setContent(String content) {
		this.content = content;
	}

	public int getCount() {
		return count;
	}

	public void setCount(int count) {
		this.count = count;
	}

	@Override
	public String toString() { // 字符串化方法
		return "Word [content=" + content + ", count=" + count + "]";
	}

}
// 主类
import java.io.IOException;
import java.io.PrintStream;
import java.net.ServerSocket;
import java.net.Socket;
import java.util.ArrayList;
import java.util.Arrays;
import java.util.List;
import java.util.Scanner;

public class WordTotalServer {

	public static void main(String[] args) {
		try {
```

```java
ServerSocket ss = new ServerSocket(4700); // 建立服务器套接字
System.out.println("服务器已经启动，等待客户连接。");
Socket cs = ss.accept(); // 监听客户的连接
System.out.println("客户端连接成功！");

Scanner scanner = new Scanner(cs.getInputStream(), "UTF-8"); // 获取输入流对象
String article = scanner.nextLine(); // 读取客户端发来的文本
article = article.toLowerCase(); // 将单词转换成小写
String[] words = article.split("\\s|\r|\n|\t|,|:|\\.|'|\""); // 根据常用分隔符分割单词
Arrays.sort(words); // 单词数组排序

// 单词入库
List<Word> wordLib = new ArrayList<Word>();
for (String str : words) {
        boolean exists = false;
        for (int i = 0; i < wordLib.size(); i++) {
                Word word = wordLib.get(i);
                if ((str.equals(word.getContent()))) { // 下一个单词
                        int count = word.getCount() + 1;
                        word.setCount(count);
                        wordLib.set(i, word);
                        exists = true;
                        break;
                }
        }
        if (!exists) {
                Word word = new Word(str, 1);
                wordLib.add(word);
        }
}

// 获得出现频率最高的前 10 个单词并发送给客户端
PrintStream ps = new PrintStream(cs.getOutputStream()); // 获取输出流对象
String result = "";
result = result + "包含的单词：";
for (int i = 0; i < Math.min(10, wordLib.size()); i++) {
        String str = wordLib.get(i).getContent();
        result = result + str + " ";
}
result = result + "\r\n";
ps.println(new String(result.getBytes("UTF-8")));

ps.close();
cs.close();
ss.close();
System.out.println("服务端关闭！");
```

```
            } catch (IOException e) {
                e.printStackTrace();
            }
        }

    }
```

客户端的设计如下。

界面设计效果如图 8-1 所示。

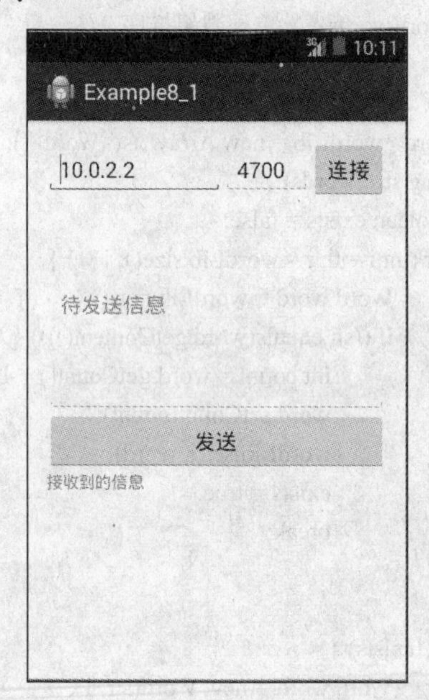

图 8-1 【例 8-1】的客户端界面效果

界面设计资源文件的代码如下。

```
<LinearLayout xmlns:android="http://schemas.android.com/apk/res/android"
    xmlns:tools="http://schemas.android.com/tools"
    android:id="@+id/LinearLayout1"
    android:layout_width="match_parent"
    android:layout_height="match_parent"
    android:orientation="vertical"
    android:paddingBottom="@dimen/activity_vertical_margin"
    android:paddingLeft="@dimen/activity_horizontal_margin"
    android:paddingRight="@dimen/activity_horizontal_margin"
    android:paddingTop="@dimen/activity_vertical_margin"
    tools:context=".MainActivity" >

    <LinearLayout
        android:layout_width="match_parent"
        android:layout_height="wrap_content" >
```

```
        <EditText
            android:id="@+id/editText1"
            android:layout_width="wrap_content"
            android:layout_height="wrap_content"
            android:layout_weight="2"
            android:hint="IP 地址"
            android:text="10.0.2.2" />

        <EditText
            android:id="@+id/editText2"
            android:layout_width="74dp"
            android:layout_height="wrap_content"
            android:hint="端口"
            android:text="4700" />

        <Button
            android:id="@+id/button1"
            android:layout_width="wrap_content"
            android:layout_height="wrap_content"
            android:onClick="connect"
            android:text="连接" />
    </LinearLayout>

    <EditText
        android:id="@+id/editText3"
        android:layout_width="match_parent"
        android:layout_height="wrap_content"
        android:layout_weight="2"
        android:singleLine="false"
        android:hint="待发送信息" />

    <Button
        android:id="@+id/button2"
        android:layout_width="match_parent"
        android:layout_height="wrap_content"
        android:onClick="send"
        android:text="发送" />

    <TextView
        android:id="@+id/textView1"
        android:layout_width="match_parent"
        android:layout_height="wrap_content"
        android:layout_weight="2"
        android:singleLine="true"
        android:hint="接收到的信息" />
```

```
</LinearLayout>
```

程序文件的代码如下。

```
package com.example.example8_1;

import java.io.IOException;
import java.io.PrintStream;
import java.net.Socket;
import java.util.Scanner;

import android.app.Activity;
import android.os.Bundle;
import android.os.Handler;
import android.os.Message;
import android.view.View;
import android.widget.EditText;
import android.widget.TextView;

public class MainActivity extends Activity {

    private EditText editText1 = null;
    private EditText editText2 = null;
    private EditText editText3 = null;
    private TextView textView1 = null;

    private MyHandler handler = null;
    private ConnectorThread connector = null;
    private ReceiverThread receiver = null;
    private SenderThread sender = null;
    private Socket cs = null;
    private Message message = null;

    @Override
    protected void onCreate(Bundle savedInstanceState) {
        super.onCreate(savedInstanceState);
        setContentView(R.layout.activity_main);

        editText1 = (EditText) this.findViewById(R.id.editText1);
        editText2 = (EditText) this.findViewById(R.id.editText2);
        editText3 = (EditText) this.findViewById(R.id.editText3);
        textView1 = (TextView) this.findViewById(R.id.textView1);

        handler = new MyHandler();
        connector = new ConnectorThread();
        receiver = new ReceiverThread();
        sender = new SenderThread();
```

```
    }

    public void connect(View view) { // 连接事件
        connector.start(); // 启动网络连接线程
    }

    public void send(View view) { // 发送事件
        sender.start(); // 启动发送线程
        receiver.start(); // 启动信息接收线程
    }

    class ConnectorThread extends Thread { // Socket 连接线程类
        public void run() {
            String ip = editText1.getText().toString();
            int port = Integer.parseInt(editText2.getText().toString());
            try {
                cs = new Socket(ip, port); // 建立 Socket 对象
                message = new Message(); // 信息对象
                message.what = 0x55AA;
                message.obj = "连接成功！";
                handler.sendMessage(message);
            } catch (Exception e) {
            }
        }
    }

    class ReceiverThread extends Thread { // 客户接收线程类
        public void run() {
            while (true) {
                try {
                    Scanner scanner = new Scanner(cs.getInputStream()); // 打开输入流对象
                    String s = scanner.nextLine(); // 读取服务器发来的信息
                    if (s == null) {
                        s = "";
                    }
                    message = new Message(); // 信息对象
                    message.what = 0x55AA;
                    message.obj = s;
                    handler.sendMessage(message); // 发送信息给信息处理者
                    scanner.close(); // 关闭输入流对象
                } catch (IOException e) {
                }
            }
        }
    }
```

```
        class SenderThread extends Thread { // 客户发送线程类
            public void run() {
                try {
                    String article = editText3.getText().toString();
                    PrintStream ps = new PrintStream(cs.getOutputStream()); // 输出流对象
                    ps.println(article);
                    ps.flush();
                } catch (Exception e) {
                }
            }
        }

        class MyHandler extends Handler { // 信息处理者
            @Override
            public void handleMessage(Message msg) { // 信息处理方法
                if (msg.what == 0x55AA) {
                    textView1.append("" + msg.obj + "\r\n"); // 显示信息
                }
                super.handleMessage(msg);
            }
        }
    }
```

需要在文件 AndroidManifest.xml 中加入网络访问权限，代码如下。

```
    <uses-permission android:name="android.permission.INTERNET" />
```

运行结果：

本例的运行结果如图 8-2 和图 8-3 所示。

服务器已经启动，等待客户连接。
客户端连接成功！
服务端关闭！

图 8-2 【例 8-1】的服务器端运行结果

图 8-3 【例 8-1】的客户端运行结果

【例 8-2】 设计一个获取因特网网页的程序。

读取一个网址对应的网页文本，并将网页内容显示到界面中。

题目分析：

本程序的界面上放置一个 EditText 控件，用于输入一个网址，一个 Button 按钮，用于执行网页资源访问，一个 TextView 控件，用于显示网页内容。

代码中定义一个信息处理类 Handler 的子类，编写 handleMessage()方法接收信息并显示在界面中；再定义一个线程类 Thread 的子类，在其 run()方法中进行网络连接，主要是建立 URL 类的对象，然后在此基础上建立 HttpURLConnection 类的对象，进行相关性能的设置，调用其方法 getInputStream()获得网页资源的输入流对象，并使用 Scanner 类的 nextLine()方法读取一行文本，将字符串通过信息处理类的 sendMessage()方法发送给信息处理对象进行处理。

程序：

界面设计效果如图 8-4 所示。

图 8-4 【例 8-2】的界面效果

界面设计资源文件的代码如下。

```
<LinearLayout xmlns:android="http://schemas.android.com/apk/res/android"
    xmlns:tools="http://schemas.android.com/tools"
    android:id="@+id/LinearLayout1"
    android:layout_width="match_parent"
    android:layout_height="match_parent"
    android:orientation="vertical"
    android:paddingBottom="@dimen/activity_vertical_margin"
    android:paddingLeft="@dimen/activity_horizontal_margin"
    android:paddingRight="@dimen/activity_horizontal_margin"
    android:paddingTop="@dimen/activity_vertical_margin"
    tools:context=".MainActivity" >

    <EditText
        android:id="@+id/editText1"
        android:layout_width="match_parent"
        android:layout_height="wrap_content"
```

```
        android:ems="10"
        android:hint="网址"
        android:text="http://www.baidu.com" >

        <requestFocus />
    </EditText>

    <Button
        android:id="@+id/button1"
        android:layout_width="match_parent"
        android:layout_height="wrap_content"
        android:text="访问"
        android:onClick="access" />

    <TextView
        android:id="@+id/textView1"
        android:layout_width="match_parent"
        android:layout_height="wrap_content"
        android:singleLine="false"
        android:scrollbars="vertical"
        android:hint="结果" />

</LinearLayout>
```

程序文件的代码如下。

```
package com.example.example8_2;

import java.net.HttpURLConnection;
import java.net.URL;
import java.util.Scanner;

import android.app.Activity;
import android.os.Bundle;
import android.os.Handler;
import android.os.Message;
import android.view.View;
import android.widget.EditText;
import android.widget.TextView;

public class MainActivity extends Activity {

    EditText editText1 = null;
    TextView textView1 = null;
    Handler handler = new Handler() { // 信息处理者
        @Override
        public void handleMessage(Message msg) { // 信息处理
```

```
                if (msg.what == 0xAA55) {
                    textView1.append("" + msg.obj); // 信息显示
                }
            }
        };

        @Override
        protected void onCreate(Bundle savedInstanceState) {
            super.onCreate(savedInstanceState);
            setContentView(R.layout.activity_main);

            editText1 = (EditText) this.findViewById(R.id.editText1);
            textView1 = (TextView) this.findViewById(R.id.textView1);

        }

        public void access(View view) { // 访问网页事件方法
            new Thread() { // 访问网页线程对象
                @Override
                public void run() {
                    try {
                        URL url = new URL(editText1.getText().toString()); // 网址
                        HttpURLConnection conn = (HttpURLConnection) url
                                .openConnection(); // 打开 HTTP 连接
                        conn.setDoInput(true); // 设置为读
                        conn.setRequestMethod("GET"); // GET 方法
                        conn.setConnectTimeout(5000); // 超时 5s
                        Scanner scanner = new Scanner(conn.getInputStream()); // 打开输入流
                        while (scanner.hasNextLine()) {
                            Message msg = new Message(); // 信息对象
                            msg.what = 0xAA55;
                            msg.obj = scanner.nextLine(); // 读取网页的每一行信息
                            handler.sendMessage(msg); // 将信息发送给信息处理者
                        }
                        scanner.close(); // 关闭输入流
                        conn.disconnect(); // 关闭 HTTP 连接

                    } catch (Exception e) {
                    }
                }
            }.start(); // 启动访问网页线程
        }

    }
```

运行结果：

本例的运行结果如图 8-5 所示。

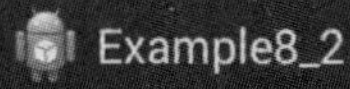

图 8-5 【例 8-2】的运行结果

【例 8-3】 设计一个获取因特网图片的程序。

读取一个网址所对应的图片，并将图片显示到界面的 ImageView 控件中。

题目分析：

将【例 8-2】的界面设计中的 TextView 控件改为 ImageView 控件，在使用 HttpURLConnection 类的 getInputStream()方法得到输入流类 InputStream 的对象之后，进一步使用 BitmapFactory 类的静态方法 decodeStream()取得 Bitmap 的对象，然后将 Bitmap 的对象传递给 Handler 对象的 handleMessage()方法，由此方法将 Bitmap 的对象使用 ImageView 类的 setImageBitmap()方法显示到 ImageView 控件中。

程序：

界面设计资源文件的代码如下。

```
<LinearLayout xmlns:android="http://schemas.android.com/apk/res/android"
    xmlns:tools="http://schemas.android.com/tools"
    android:id="@+id/LinearLayout1"
    android:layout_width="match_parent"
    android:layout_height="match_parent"
    android:orientation="vertical"
    android:paddingBottom="@dimen/activity_vertical_margin"
    android:paddingLeft="@dimen/activity_horizontal_margin"
    android:paddingRight="@dimen/activity_horizontal_margin"
    android:paddingTop="@dimen/activity_vertical_margin"
    tools:context=".MainActivity" >

    <EditText
```

```
        android:id="@+id/editText1"
        android:layout_width="match_parent"
        android:layout_height="wrap_content"
        android:ems="10"
        android:hint="网址"
        android:text="http://www.baidu.com" >

        <requestFocus />
    </EditText>

    <Button
        android:id="@+id/button1"
        android:layout_width="match_parent"
        android:layout_height="wrap_content"
        android:onClick="access"
        android:text="访问" />

    <ImageView
        android:id="@+id/imageView1"
        android:layout_width="match_parent"
        android:layout_height="match_parent"
        android:scrollbars="vertical" />

</LinearLayout>
```

程序文件的代码如下。

```
package com.example.example8_3;

import java.io.InputStream;
import java.net.HttpURLConnection;
import java.net.URL;

import android.app.Activity;
import android.graphics.Bitmap;
import android.graphics.BitmapFactory;
import android.os.Bundle;
import android.os.Handler;
import android.os.Message;
import android.view.View;
import android.widget.EditText;
import android.widget.ImageView;

public class MainActivity extends Activity {

    EditText editText1 = null;
    ImageView imageView1 = null;
```

```
	Handler handler = new Handler() { // 信息处理者
		@Override
		public void handleMessage(Message msg) { // 信息处理
			if (msg.what == 0xAA55) {
				Bitmap bitmapFact = (Bitmap) msg.obj;
				imageView1.setImageBitmap(bitmapFact); // 图片显示
			}
		}
	};

	@Override
	protected void onCreate(Bundle savedInstanceState) {
		super.onCreate(savedInstanceState);
		setContentView(R.layout.activity_main);

		editText1 = (EditText) this.findViewById(R.id.editText1);
		editText1
				.setText("http://c.hiphotos.baidu.com/image/pic/item/b2de9c82d158ccbfb6d84d381bd8
bc3eb1354148.jpg");
		imageView1 = (ImageView) this.findViewById(R.id.imageView1);

	}

	public void access(View view) { // 访问网页事件方法
		new Thread() { // 访问网页线程对象
			@Override
			public void run() {
				try {
					URL url = new URL(editText1.getText().toString()); // 网址
					HttpURLConnection conn = (HttpURLConnection) url
							.openConnection(); // 打开 HTTP 连接
					conn.setDoInput(true); // 设置为读
					conn.setRequestMethod("GET"); // GET 方法
					conn.setConnectTimeout(5000); // 超时 5s
					if (conn.getResponseCode() != HttpURLConnection.HTTP_OK) {
						return;
					}

					InputStream is = conn.getInputStream(); // 打开输入流
					Bitmap bitmapFact = BitmapFactory.decodeStream(is); // 由输入流生成
																		// 位图对象

					Message msg = new Message(); // 信息对象
					msg.what = 0xAA55;
					msg.obj = bitmapFact; // 保存位图
					handler.sendMessage(msg); // 将信息发送给信息处理者
```

```
                    is.close(); // 关闭输入流
                    conn.disconnect(); // 关闭 HTTP 连接

                } catch (Exception e) {
                }
            }
        }.start(); // 启动访问网页线程
    }
}
```

运行结果：

本例的运行结果如图 8-6 所示。

图 8-6 【例 8-3】的运行结果

8.5 习题 8

1．采用 Java 语言编写一个控制台结构的网络通信程序的服务器端，要求能够接收客户端程序发来的整数数组，接着进行排序，最后将排序的结果发送给客户端。

2．针对第 1 题，编写一个 Android 客户端程序，要求能够输入一组整数，然后发送给服务器端，等待接收服务器端发来的结果，并显示出来。

3．分别编写网络通信的 Java 服务器端程序和 Android 客户端程序，将客户端的一个文本文件名称、大小和内容发送给服务器端，服务器端接收这个文件内容并保存这个文件到磁盘中。

4．编写 Android 程序访问任何一个网页，并判断这个网页中链接了几个子网页，其中，子网页链接标签为“<a href= "…">…</a>”。

5．使用 WebView 控件设计一个简易的浏览器，要求具有输入网址和显示浏览结果的功能。

第 9 章　数据库应用程序设计

本章主要介绍数据库的基础知识及相关概念，数据库结构化查询语言 SQL 的基本语法，SQLite 数据库管理系统简介，如何使用 SQL 语言访问 SQLite 数据库，以及如何在 Android 程序中对 SQLite 数据库进行管理，并给出数据库应用的实例程序。本章还介绍了如何在纯 Java 程序和 JSP 程序中使用 SQLite 数据库。本章所涉及的概念有数据库、表、字段、主键、外键、视图和 SQL 等。

9.1　数据库基础知识

数据库是按照一定的数据结构来组织、存储和管理数据的数据仓库，它能够更好地实现数据共享，减少数据冗余，增加数据独立性，数据集中管理和控制，以及数据具有一致性、可维护性和可故障恢复等。通常使用最多的是关系数据库，这种数据库中的数据是采用类似二维表结构的形式存储的，其中每行称为一个记录，每列称为一个字段，每个单元格都表示一个字段值，而且在诸多字段中会选取一个或多个字段作为唯一标识各个记录的字段作为主键，这个表称为主表，而另一个表称为从表，原因是从表的记录依赖于主表中的一个主键，这时需要在从表中设定一个或多个字段作为外键来引用主表的主键。

下面举例说明以上的一些概念。当需要设计一个图书借还书管理系统时，首先需要考虑数据库的结构，这时需要 3 张表，即图书表、学生表和借书表，其中，图书表为主表，有 6 个字段，分别是书号、书名、作者、出版社、定价和出版日期，其中把书号设计为图书表中的主键，如表 9-1 所示。学生表也为主表，有 3 个字段，分别是学号、姓名和班级，其中把学号作为学生表中的主键，如表 9-2 所示。借书表为从表，有 3 个字段，分别是学号、书号和借书日期，其中把学号和书号共同作为借书表中的主键，而把学号作为借书表引用学生表的外键，书号作为借书表引用图书表的外键，如表 9-3 所示。还可以设计一个虚表（一般称为视图），它是建立在这 3 个表的基础上的，字段包括学号、姓名、书名和借书日期，完成借书详细信息的查询功能，如表 9-4 所示。

表 9-1　图书表

书　号	书　名	作　者	出版社	定　价	出版日期
1	Android 入门经典	庞哲	机械工业出版社	39	2012.2
2	Android 基础教程	赫兰	人民邮电出版社	49	2010.8
3	Android 高级编程	肖若愚	清华大学出版社	68	2012.7

表 9-2　学生表

学　号	姓　名	班　级
1	张之	机械 31
2	李宏	电气 43
3	王可	能动 35

表 9-3　借书表

学　号	书　号	借书日期
1	1	2015.4.20
3	2	2015.3.8
3	3	2015.3.8

表 9-4　借书详细信息视图

学　号	姓　名	书　号	借书日期
1	张之	1	2015.4.20
3	李宏	2	2015.3.8
3	王可	3	2015.3.8

为了存储以上设计的数据库结构和数据，还需要通过一种数据库管理系统软件来进行数据库的操纵和管理，比如建立、使用和维护数据库并进行统一的管理和控制，从而保证数据的安全性、一致性和完整性。SQLite 就是一款开源和轻便型的关系型数据库管理系统，它的主要特点是内存、外存和 CPU 资源的占用非常低，数据处理速度快，支持最新的 SQL 语言标准，支持各种主流的操作系统，并且为各种流行的程序设计语言很好地设计了程序设计接口（API），它既可以作为单独数据库管理系统使用，又可以嵌入在应用软件中。目前 SQLite 的最新版本为 SQLite3。

9.1.1　SQLite 数据库管理系统

可以通过各种形式得到并使用 SQLite，比如可以从官网 http://www.sqlite.org 下载最新版本的 SQLite 软件，并解压安装 sqlite3 可执行文件，也可以在安装完 Android SDK 后到 tools 文件夹下找到一个 sqlite3 可执行文件，还可以通过命令行首先连接到模拟器或真实手机的 Android 系统，比如在名为 emulator-5554 的模拟器已经启动的情况下，执行“adb -s emulator-5554 shell”命令。不论哪种方式，最后都运行 sqlite3 命令进入 SQLite 数据库管理系统。sqlite3 的命令格式如下。

sqlite3 [OPTIONS] FILENAME [SQL]

其中，FILENAME 为新建立或已经存在的 SQLite 数据库文件，比如 student.db，也可以是内存数据库，写法为“:memory:”。OPTIONS 为选项参数，主要取值如下。

-echo　　　　执行一个命令之前再显示一次这个命令。
-[no]header　　设定是否打开数据显示头。

-help　　　　　　　　显示帮助信息。
-html　　　　　　　　将显示结果模式设定为 HTML 模式。
-line　　　　　　　　将显示结果模式设定为行模式。
-list　　　　　　　　将显示结果模式设定为列表模式。
-version　　　　　　　显示 SQLite 的版本信息。

SQL 表示使用 SQL 语言书写的语句，可以是数据库的增删改查。

在控制台执行 sqlite3 student.db 命令后会出现以下提示信息。

```
SQLite version 3.7.11 2012-03-20 11:35:50
Enter ".help" for instructions
Enter SQL statements terminated with a ";"
sqlite>
```

这时就可以输入各种 SQLite 命令了，主要的命令如下。

.backup ?DB? FILE　　　备份当前数据库到另一个文件。
.restore ?DB? FILE　　从一个文件还原当前数据库。
.databases　　　　　　列出当前打开的数据库。
.tables ?TABLE?　　　列出当前数据库中的全部表名。
.schema ?TABLE?　　　显示表的结构。
.echo ON|OFF　　　　　命令显示开关。
.exit　　　　　　　　退出程序。
.quit　　　　　　　　退出程序。
.header(s) ON|OFF　　显示信息头开关。
.help　　　　　　　　显示帮助信息。
.mode MODE ?TABLE?　设置信息输出模式。
　　csv　　　　以逗号分隔的值。
　　html　　　使用 HTML <table> 标签显示值。
　　insert　　使用 SQL 的 insert 语句显示值。
　　line　　　分行显示值。
　　list　　　按自定义分隔符显示值。
　　tabs　　　按 Tab 分隔值。
.read FILENAME　　　执行 SQL 脚本文件。
.show　　　　　　　显示当前的设置参数值。

在这个命令提示符下，主要的任务是输入数据库管理系统的 SQL 语句并完成数据库的各种操作，下一节专门介绍 SQLite 中使用的 SQL 语言的语法。

9.1.2 SQLite 中的 SQL 语言

SQL 与 Java、C++、C#和 Python 一样，也是一种计算机程序设计语言，只不过它的主要用途在数据库管理系统中，对数据进行各种操纵，称为数据库的结构化查询语言。既然是一种语言，必然有它的一套语法规则，另外，SQL 语言还提供 3 种语句，即数据定义语言

DDL（Data Definition Language）用于定义数据库结构，数据操作语言 DML（Data Manipulation Language）用于访问数据，以及数据控制语言 DCL（Data Control Language）用于进行访问权限控制。更详细地还可以分为：①CREATE、ALTER 和 DROP，这些是 DDL 语句用于数据库表结构的创建、修改和删除；②SELECT、INSERT、UPDATE 和 DELETE，这些是 DML 语句用于数据库表数据的增、删、改、查；③GRANT 和 REVOKE，这两个是 DCL 语句用于用户访问权限的设置和回收。SQLite 支持标准的 SQL 语言，以下简要介绍一下 SQL 语言的基本语法和语句。

1．SQL 常用数据类型

SQLite3 的数据类型不但非常全，而且数据类型之间是互相兼容的，包括整数、长整数、浮点数、字符串、文本、大文本、二进制、布尔、日期和时间等数据类型，其中最常见的数据类型有整数（INTEGER）、浮点数（REAL）、文本（TEXT）、日期时间（DATETIME）和二进制（BLOB）。文本类型字段用于存放文本内容，二进制类型字段用于存放图片、声音等二进制文件内容等，这些数据类型与 Java 语言的数据类型的对照表如表 9-5 所示。

表 9-5　SQLite3 的主要数据类型

SQLite 类型	Java 类型	说　明
NULL	null	空值
INTEGER	int	整数
REAL	double	浮点数
TEXT	String	文本
DATETIME	Date	文本
BLOB	byte[]	二进制

举例，将以上图书表、学生表和借书表的结构分别进行设计，如表 9-6～表 9-8 所示。

表 9-6　图书表的结构

字 段 名	字 段 类 型	说　明
书号	INTEGER	主键
书名	TEXT	
作者	TEXT	
出版社	TEXT	
定价	REAL	
出版日期	DATETIME	

表 9-7　学生表的结构

字 段 名	字 段 类 型	说　明
学号	INTEGER	主键
姓名	TEXT	
班级	TEXT	

表 9-8　借书表的结构

字 段 名	字 段 类 型	说　明
学号	INTEGER	主键（共为主键）
书号	INTEGER	主键（共为主键）
借书日期	DATETIME	

2．SQL 运算符与表达式

SQLite3 中的运算符包括算术运算符、条件运算符、逻辑运算符和位运算符等，按优先级由高至低排列如下。

“||”字符串连接；“*”乘；“/”除；“%”求余；“+”加；“-”减；“<<”二进制左移；“>>”二进制右移；“&”二进制与；“|”二进制或；“<”小于；“<=”“!>”小于等于；“>”大于；“>=”“!<”大于等于；“=”“==”等于；“!=”“<>”不等于；“IN”逻辑判断字段在集合内；“AND”逻辑与；“OR”逻辑或；“BETWEEN”逻辑之间；“-”负；“+”正；“!”条件反；“~”位反；“NOT”逻辑反。

3．SQL 的主要函数

SQLite3 提供了单值和聚类两类函数，所谓单值函数，即获取一个或多个单项值的函数，所谓聚类函数，即获得个数求和、求平均值等统计结果的函数。主要有以下几个函数。

abs(X)：返回参数 X 的绝对值。

length(X)：返回字符中 X 的长度，以字符计。如果 SQLite 被配置为支持 UTF-8，则返回 UTF-8 字符数而不是字节数。

round(X)、round(X ,Y)：将 X 四舍五入，保留小数点后 Y 位。若忽略 Y 参数，则默认其为 0。

substr(X ,Y ,Z)：返回输入字符串 X 中以第 Y 个字符开始，Z 个字符长的子串。X 最左端的字符序号为 1。若 Y 为负，则从右至左数起。若 SQLite 配置支持 UTF-8，则“字符”代表的是 UTF-8 字符而非字节。

g(X)：返回一组中非空的 X 的平均值，非数字值作 0 处理。avg()的结果总是一个浮点数，即使所有的输入变量都是整数。

count(X)、count(*)：返回一组中 X 是非空值的次数的第一种形式。第二种形式（不带参数）返回该组中的行数。

max(X)：返回一组中的最大值。大小由常用排序法决定。

min(X)：返回一组中最小的非空值。大小由常用排序法决定。仅在所有值为空时返回 NULL。

sum(X)、total(X)：返回一组中所有非空值的数字和。若没有非空行，sum()返回 NULL 而 total()返回 0.0。total()的返回值始终为浮点数。sum()可以为整数，当所有非空输入均为整数时，和是精确的。若 sum()的任意一个输入既非整数也非 NULL 或计算中产生整数类型的溢出时，sum()返回接近真和的浮点数。

4．SQL 的主要语句

SQLite3 中的 SQL 语言主要包括建表、删表，以及增加数据、删除数据、修改数据和查询数据等语法。

（1）删表

删除一张旧表的格式如下。

```
DROP TABLE [IF EXISTS] 表名;
```

其中，使用 IF EXISTS 判断表是否存在，若存在则删除，否则不删除。

举例，删除以上学生表的 SQL 语句如下。

```
DROP TABLE IF EXISTS 学生表;
```

（2）建表

建立一张新表的格式如下。

```
CREATE TABLE [IF NOT EXISTS ] 表名 (
        字段名 字段类型 [AUTOINCREMENT ] [DEFAULT 默认值]
        [, ...]
        [,PRIMARY KEY ( 主键 )]
);
```

其中，使用 IF NOT EXISTS 判断表是否存在，若不存在则建立，否则不重新建立。用 AUTOINCREMENT 对字段设置自动编号，DEFAULT 对字段设置默认值，PRIMARY KEY 设置表的主键，既可以是一个字段，也可以是多个字段。

举例，建立以上学生表的 SQL 语句如下。

```
CREATE TABLE IF NOT EXISTS 学生表 (
       学号 INTEGER, 姓名 TEXT, 班级     TEXT,
       PRIMARY KEY(学号)
);
```

（3）增加数据

增加一条数据记录的格式如下。

```
INSERT INTO 表名 [( 字段名列表 ) ] VALUES( 字段值列表 );
```

其中，表名后是指定的字段名列表，VALUES 后是需要添加的字段值列表。

举例，向以上学生表中增加 4 条记录的 SQL 语句如下。

```
INSERT INTO 学生表 VALUES(1, '张之', '机械 31');
INSERT INTO 学生表 VALUES(2, '李红', '电气 43');
INSERT INTO 学生表 VALUES(3, '王可', '能动 35');
INSERT INTO 学生表 VALUES(4, '王可', '能动 36');
```

（4）修改数据

修改一条数据记录的格式如下。

```
UPDATE 表名  SET 字段名=值[, ...]  [ WHERE 条件 ];
```

其中，SET 表示将字段的值改为新值，WHERE 后是修改条件。
举例，修改学生表的一条记录中的'李红'为'李宏'，SQL 语句如下。

```
UPDATE 学生表 VALUES 姓名='李宏' WHERE 姓名='李红';
```

（5）删除数据
删除数据记录的格式如下。

```
DELETE FROM 表名 [ WHERE 条件 ];
```

其中，WHERE 后是删除条件。
举例，删除学生表的最后一条记录，SQL 语句如下。

```
DELETE FROM 学生表 WHERE 学号=4;
```

（6）查询数据
查询数据的格式如下。

```
SELECT 字段名 FROM 表名
[WHERE 条件]
[ORDER BY 字段]
[LIMIT 记录数 [( OFFSET | , ) 开始记录号]];
```

其中，WHERE 后是查询条件，ORDER BY 是对结果进行排序，LIMIT 表示只显示指定记录数的记录数据，OFFSET 表示显示的开始记录号。

举例，对学生表作如下查询：全部记录按班级排序、机械班的读者和总的读者数量，SQL 语句分别如下。

```
SELECT  * FROM 学生表 ORDER BY 班级;
SELECT  * FROM 学生表 WHERE 班级 LIKE '机械*';
SELECT  COUNT(*) FROM 学生表;
```

9.2 数据库应用程序设计的方法

Android 操作系统集成了 SQLite3 数据库功能，Android 运行时环境包含了完整的 SQLite3，Android SDK 也同时提供了对 SQLite3 数据库的访问接口，因此每个 Android 应用程序都可以使用 SQLite3 数据库，各个 App 的数据库文件一般放在“data/data/<App 项目文件夹>/databases”文件夹下。不过由于 Java 语言中原有的访问数据库的 JDBC 方式会消耗较多的系统资源，对于手机这种内存受限的设备来说不合适，况且会带来一些安全方面的问题，因此 Android SDK 不再采用 JDBC 这种方式访问数据库，而是重新设计了几个与

SQLite3 数据库访问有关的轻量级的类，主要包括数据库类（SQLiteDatabase）、数据游标接口（Cursor）和数据库辅助类（SQLiteOpenHelper）等 3 个类。

编写 Android 下的数据库应用程序最直接的方法是使用 SQLiteDatabase 类和 Cursor 接口，具体步骤是，首先使用 SQLiteDatabase 类打开指定的数据库；然后通过 SQL 语句调用其中的 execSQL 方法进行数据库中表结构的建立和数据的增、删、改，调用其中的 rawQuery 方法进行数据库中表数据的查询，并使用 Cursor 类提取记录和字段数据；最后关闭所打开的数据库。也可以通过继承 SQLiteOpenHelper 父类的方法重新包装数据库的功能。

9.2.1 SQLiteDatabase 类的使用方法

android.database.sqlite 包中的 SQLiteDatabase 类的对象可以使用其静态 openOrCreateDatabase 方法来创建，具体格式如下。

```
static SQLiteDatabase openOrCreateDatabase(String path, SQLiteDatabase.CursorFactory factory);
```

也可以使用 Context（Activity）类的 openOrCreateDatabase 方法来获得，具体格式如下。

```
SQLiteDatabase openOrCreateDatabase(String path, int mode, SQLiteDatabase.CursorFactory factory);
```

其中，path 参数表示 SQLite3 数据库文件名；factory 参数表示一个自定义的游标工厂类对象，在执行数据库查询语句时会调用该参数实例化一个游标 Cursor 类的对象，该参数可以省略写为 null，表示使用系统默认的游标工厂来实例化 Cursor 对象；mode 参数表示数据库操作模式，默认值是 0 或 MODE_PRIVATE，表示仅限 App 本身使用，还可以取 MODE_WORLD_READABLE 值或 MODE_WORLD_WRITEABLE 值分别授予其他 App 对该数据库的读或读写的权限。举例，以下两种写法均可以建立或打开一个 student.db 数据库。

```
SQLiteDatabase db = null;
db = this.openOrCreateDatabase("student.db",Activity.MODE_PRIVATE, null);
```

或

```
db = SQLiteDatabase.openOrCreateDatabase("student.db",null);
```

数据库对象建立后，也就意味着数据库创建好的同时处于打开状态，此时就可以使用 execSQL 方法进行数据库中表结构的维护和数据的增、删、改，还可以使用 rawQuery 方法进行数据库中数据的查询。这两个方法的具体格式如下。

```
void execSQL(String sql);
void execSQL(String sql, Object[] bindArgs);
Cursor rawQuery(String sql, String[] selectionArgs)
```

其中，sql 参数表示一条完整的 SQL 语句，rawQuery 方法在执行完 SQL 查询语句后还返回数据 Cursor 对象，用来进一步获取查询结果；bindArgs 和 selectionArgs 参数表示动态的 SQL 语句中的各个“?”参数所对应的实际值，它们可以用 null 代替表示不需要。以下实例分别使用 execSQL 方法执行数据库表 basetable 的建立和数据的增、删、改操作。

```
db.execSQL("CREATE TABLE IF NOT EXISTS basetable(id INT,name TEXT,score double)");  // 建
                                                                                    // 立一张表 basetable
db.execSQL("INSERT INTO basetable VALUES(1,'Zhang',90)"); // 增加数据
db.execSQL("INSERT INTO basetable VALUES(2,'Wang',80)");
db.execSQL("INSERT INTO basetable VALUES(3,'Li',70)");
db.execSQL("INSERT INTO basetable VALUES(4,'Zhang',60)");
db.execSQL("INSERT INTO basetable VALUES(5,'Zhao',100)");
db.execSQL("UPDATE basetable SET score=score+10 WHERE score<=70"); // 修改数据
db.execSQL("DELETE FROM basetable WHERE id=4"); // 删除数据
```

以下实例使用 rawQuery 方法对数据库表 basetable 进行数据的查询，从而得到一个 Cursor 对象 cursor。

```
Cursor cursor = db.rawQuery("SELECT * FROM basetable", null);
```

数据库使用完毕后，一定要使用 close 方法关闭已打开的数据库，其具体格式为：void close()。

9.2.2 Cursor 接口的使用方法

android.database 包中的 Cursor 接口用来访问数据库查询语句的结果集，Cursor 的对象其实是一个包含多个记录的指针，而每次只指向结果集中的某一行记录。Cursor 接口提供了许多方法用来操作结果集，根据用途主要分为两大类。

1. 记录指针定位方法

boolean moveToFirst(); 记录指针移到第一行。

boolean moveToPrevious(); 记录指针移到上一行。

boolean moveToNext(); 记录指针移到下一行。

boolean moveToLast(); 记录指针移到最后一行。

boolean moveToPosition(int position); 记录指针移到指定的第 position 行。

boolean move(int offset); 记录指针从当前位置向前或向后移动指定的行数 offset，当 offset 为正数时向后移动，为负时向前移动。

int getPosition(); 返回记录指针的当前位置，其中 0 代表第 1 行。

int getCount(); 返回结果集中的记录总数。

Cursor 对象的初始状态的记录指针指向结果集的第一行记录的前一个位置，此时如果调用 getPosition()方法，得到的结果应为–1。

2. 获取与记录有关的字段值

int getColumnCount() ; 返回结果集的列数（或字段个数）。

int getInt(int columnIndex); 返回第 columnIndex 个字段的 int 值。

double getDouble(int columnIndex); 返回第 columnIndex 个字段的 double 值。

String getString(int columnIndex); 返回第 columnIndex 个字段的字符串值。

其中，字段编号范围从 0 开始到字段个数–1。

9.2.3 SQLiteOpenHelper 类的使用方法

android.database.sqlite 包中的 SQLiteOpenHelper 是一个抽象类，可作为数据库管理功能的封装辅助类，用来管理数据库的创建和版本更新，使用时需要继承这个类创建子类，设计子类的构造方法，并需要覆盖父类的 onCreate()和 onUpgrade()方法，然后具体实现数据库的打开（如果数据库存在）和创建（如果数据库不存在），以及数据库的更新工作。当然子类中还可以加入对数据库进行其他操作方法的定义。

父类的构造方法的具体格式如下。

```
public SQLiteOpenHelper(Context context,
                        String name,
                        SQLiteDatabase.CursorFactory factory,
                        int version);
```

其中，context 参数表示打开或创建数据库的上下文环境；name 参数为数据库文件名或为 null 表示内存数据库；factory 参数表示一个自定义的游标工厂类对象，当执行数据库查询语句时，会调用该参数实例化一个 Cursor 对象，可以写为 null，表示使用系统默认的游标工厂来实例化 Cursor 对象；version 参数为数据库版本号（比如第 1 版为 1），当数据库版本较低时使用 onUpgrade 方法升级数据库。

在设计 SQLiteOpenHelper 子类的构造方法时需要首先调用父类的构造方法，代码如下。

```
super(context, name, factory, version);
```

父类的 onCreate 方法的具体格式如下。

```
public abstract void onCreate(SQLiteDatabase db);
```

父类的 onUpgrade 方法的具体格式如下。

```
public abstract void onUpgrade(SQLiteDatabase db, int oldVersion, int newVersion);
```

其中，db 参数表示数据库，oldVersion 参数表示旧的数据库版本，newVersion 参数表示新的数据库版本。

举一个实例，根据以上说明，假定将 SQLiteOpenHelper 子类的名称定义为 MySQLite OpenHelper，这个子类的具体定义格式如下。

```
public class MySQLiteOpenHelper extends SQLiteOpenHelper {
    public MySQLiteOpenHelper(Context context, String name,
                SQLiteDatahase.CursorFactory factory, int version) {
        super(context, name, factory, version);
    }
    @Override
    public void onCreate(SQLiteDatabase db) {
    }
    @Override
    public void onUpgrade(SQLiteDatabase db, int oldVersion, int newVersion) {
```

```
    }
}
```

SQLiteOpenHelper 类通过两个方法打开或创建一个数据库，分别是 getReadableDatabase()方法，它以只读的方式打开数据库，并返回该数据库所对应的 SQLiteDatabase 对象；getWritableDatabase()方法，它以读写的方式打开数据库，并返回该数据库所对应的 SQLiteDatabase 对象。这两个方法的具体格式如下。

```
public SQLiteDatabase getReadableDatabase();
public SQLiteDatabase getWritableDatabase();
```

可以在活动中创建 MySQLiteOpenHelper 类和 SQLiteDatabase 类的对象，具体格式如下。

```
MySQLiteOpenHelper dbhelp = null;
SQLiteDatabase db = null;
dbhelp = new MySQLiteOpenHelper(this.getApplicationContext(),"student.db", null, 1);
db = dbhelp.getWritableDatabase();
```

一旦得到 SQLiteDatabase 类的对象后，就可以通过上面介绍的 SQLiteDatabase 类和 Cursor 接口的方法访问数据库。

除此之外，还应注意在进行数据库处理的代码中需要捕获 SQLiteException 异常，具体格式如下。

```
try{
   ...
}catch(SQLiteException e){
   ...
}finally{
   ...
}
```

9.2.4 在纯 Java 程序中使用 SQLite 数据库

Java 语言中访问数据库的方式是 JDBC，它是 Java DataBase Connectivity 的缩写，即 Java 版的数据库连接方式，JDBC 其实是一种用于执行 SQL 语句的 Java API，对于任何的关系数据库，其调用的方法都是统一的，JDBC 在具体应用中其实由一组用 Java 语言编写的类和接口组成，所涉及的类和接口包括 Class、DriverManager、Connection、Statement、ResultSet 和 SQLException，除了 Class 类之外，它们都在 java.sql 包中定义。使用 JDBC 访问 SQLite3 数据库的步骤如下。

1. 导入 SQLite3 的 JDBC 驱动程序包：sqlite-jdbc-3.8.7.jar

2. 引入 JDBC 中的类和接口所在的包：import java.sql.*;

3. 加载 JDBC 驱动程序

通过 java.lang.Class 类的静态方法 forName(String className)来进行，其中，className

为驱动程序类的全名，举例如下：Class.forName("org.sqlite.JDBC");。

4. 创建数据库连接

当需要连接数据库时，必须使用 java.sql.DriverManager 来获得 Connection 的对象，从而得到数据库的一次连接。DriverManager 类提供了静态方法 getConnectin(String url,String username,String password)，其中 url 参数表示 JDBC 连接数据库的路径，username 和 password 表示数据库的用户名和密码可以省略。举例如下。

```
Connection con = Driver.getConnection("jdbc:sqlite:f:/xk.db");
        .getConnection("jdbc:sqlite:f:/xk.db");
```

5. 创建一个语句对象

当执行 SQL 语句之前，必须首先获得 java.sql.Statement 接口的实例，最简单的格式如下：Statement stmt = con.createStatement();。

6. 执行 SQL 语句

Statement 接口提供了 3 种执行 SQL 语句的方法：executeQuery、executeUpdate 和 execute。

其中，int executeUpdate(String sqlString)用于执行 INSERT、UPDATE 或 DELETE 语句，以及 SQL DDL 语句，如：CREATE TABLE 和 DROP TABLE 等。

boolean execute(String sqlString)用于执行返回多个结果集、多个更新计数或二者组合的语句。

ResultSet executeQuery(String sqlString)用于执行查询数据库的 SQL 语句，返回一个结果集（ResultSet）对象。举例如下。

```
int rows = stmt.executeUpdate("INSERT INTO ...") ;
boolean flag = stmt.execute("UPDATE ... SET ...") ;
ResultSet rs = stmt.executeQuery("SELECT * FROM ...") ;
```

7. 处理结果

当执行更新语句时返回的是本次操作影响到的记录数，而执行查询语句时返回的结果是一个 ResultSet 对象。ResultSet 对象中包含 SQL 语句中符合条件的所有数据行，并且可以通过一套 get 方法提供对这些行中数据的访问。举例如下。

```
while(rs.next()){
    String id = rs.getInt (1) ;
    Sring name = rs.getString(2) ;
}
```

8. 关闭 JDBC 对象

操作完成后，要把所有使用的 JDBC 对象全都关闭，以释放 JDBC 资源，关闭顺序和声明顺序相反，如下所示。

rs.close(); 关闭记录集。

stmt.close(); 关闭语句对象。

con.close()；关闭连接对象。

9. 处理异常

访问数据库的过程中必须处理异常，格式如下。

```
try{
    数据库访问语句在此
}catch(SQLException e){
    e.printStackTrace()；
}
```

下面举一个完整的实例。

程序代码：

```
import java.sql.Connection;
import java.sql.DriverManager;
import java.sql.ResultSet;
import java.sql.SQLException;
import java.sql.Statement;

public class JDBCDemo {

    public static void main(String[] args) {
        try {
                Class.forName("org.sqlite.JDBC"); // 装载 JDBC 驱动程序
                Connection con = DriverManager.getConnection("jdbc:sqlite:xk.db"); // 连接数据库
                                                                                    // xk.db
                Statement stmt = con.createStatement(); // 创建语句对象

                stmt.executeUpdate("drop table IF EXISTS student ;"); // 删除一个表
                System.out.println("删表成功!");

                stmt.executeUpdate("create table IF NOT EXISTS student(id INT,name varchar(20),
score real);"); // 创建一个表
                System.out.println("建表成功!");

                // 插入数据
                stmt.executeUpdate("insert into student values(1,'Zhang',98);");
                stmt.executeUpdate("insert into student values(2,'Li',80);");
                stmt.executeUpdate("insert into student values(3,'ang',78);");
                stmt.executeUpdate("insert into student values(4,'Wang',79);");
                System.out.println("插入数据成功!");

                // 删除数据
                stmt.executeUpdate("delete from student where id=4;");
                System.out.println("删除数据成功!");
```

```
                // 修改数据
                stmt.executeUpdate("update student set name='Wang' where id=3;");
                System.out.println("修改数据成功!");

                ResultSet rs = stmt.executeQuery("select * from student;"); // 查询数据
                while (rs.next()) { // 定位到下一条记录
                    System.out.print("id = " + rs.getString(1) + " "); // 学号字段
                    System.out.print("name = " + rs.getString(2) + " "); // 姓名字段
                    System.out.println("score = " + rs.getString(3)); // 分数字段
                }
                System.out.println("查询数据成功!");

                stmt.close(); // 关闭语句
                con.close(); // 关闭连接
            } catch (SQLException e) { // 数据库异常处理
                e.printStackTrace();
            } catch (Exception e) { // 一般异常处理
                e.printStackTrace();
            }
        }

    }
```

运行结果：

```
删表成功!
建表成功!
插入数据成功!
删除数据成功!
修改数据成功!
id = 1 name = Zhang score = 98.0
id = 2 name = Li score = 80.0
id = 3 name = Wang score = 78.0
查询数据成功!
```

9.2.5 在 JSP 程序中使用 SQLite 数据库

JSP 程序中使用 JDBC 访问 SQLite3 数据库的方法与纯 Java 程序类似，只是有几点不同。首先需要将 JDBC 驱动程序包 sqlite-jdbc-3.8.7.jar 放置到 Web 应用服务器（比如 Tomcat）的 lib 目录中，然后在 JSP 的<%@ %>标记中增加一个属性：import="java.sql.*"，最后的输出采用隐式对象 out 的 print()和 println()方法。

9.3 综合例题

【例 9-1】 设计一个图书借还系统数据库。

本题目要求设计图书借还系统中的 3 个数据库表，即图书、学生和借书。

题目分析：

将图书借还书系统数据库文件命名为 library.db，根据表 9-1～表 9-3 和表 9-6、表 9-7 分析和设计的结果，可以写出该数据库中的图书表、学生表和借书表的 SQL 建立语句具体格式。

程序：

图书表的 SQL 语句设计，代码如下。

```
CREATE TABLE IF NOT EXISTS 图书表
(
    书号 INTEGER PRIMARY KEY,
    书名 TEXT,
    作者 TEXT,
    出版社 TEXT,
    定价 REAL,
    出版日期 DATETIME
);
```

学生表的 SQL 语句设计，代码如下。

```
CREATE TABLE IF NOT EXISTS 学生表
(
    学号 INTEGER PRIMARY KEY,
    姓名 TEXT,
    班级 TEXT
);
```

借书表的 SQL 语句设计，代码如下。

```
CREATE TABLE IF NOT EXISTS 借书表
(
    学号 INTEGER,
    书号 INTEGER,
    借书日期 DATETIME,
    PRIMARY KEY(学号,书号)
);
```

运行结果：

在 Windows 的字符命令控制台下输入 sqlite3 library.db，然后执行以上这 3 个建表的 SQL 语句，使用命令.tables 查看最后结果为：“借书表　图书表　学生表”，表示建表成功。

扩展思考：

SQLite3 除了支持表结构外，还支持视图结构，视图是一种虚表，一般用于表示一种查询语句，特别是多表查询，可以将这种查询的 SQL 语句保存到 SQLite3 数据库中，需要时就可以像使用表一样简单。SQLite3 建立一个“借书详细信息视图”的具体格式如下。

```
CREATE VIEW IF NOT EXISTS 借书详细信息视图
AS
  SELECT b.学号,b.姓名,c.书号,c.书名,a.借书日期
  FROM 借书表 AS a,学生表 AS b,图书表 AS c
  WHERE a.学号=b.学号 AND a.书号=c.书号;
```

【例 9-2】 设计查询学生借书情况的 SQL 语句。

具体功能如下。

1）录入图书、学生和借书表的基本测试信息。

2）查询学生的完整信息。

3）查询学生的人数。

4）查询借书人次。

5）查询王可同学的借书详细信息。

程序：

1）录入图书、学生和借书表的基本测试信息，代码如下。

```
INSERT INTO 学生表 VALUES(1, '张之', '机械 31');
INSERT INTO 学生表 VALUES(2, '李红', '电气 43');
INSERT INTO 学生表 VALUES(3, '王可', '能动 35');
INSERT INTO 图书表 VALUES(1, 'Android 入门经典', '庞哲','机械工业出版社',39,'2012-02-01');
INSERT INTO 图书表 VALUES(2, 'Android 基础教程','赫兰', '人民邮电出版社',49,'2010-08-01');
INSERT INTO 图书表 VALUES(3, 'Android 高级编程','肖若愚', '清华大学出版社',68,'2012-07-01');
INSERT INTO 借书表 VALUES(1, 1, '2015-04-20');
INSERT INTO 借书表 VALUES(3, 2, '2015-03-08');
INSERT INTO 借书表 VALUES(3, 3, '2015-03-08');
```

2）查询学生的完整信息，代码如下。

```
SELECT * FROM 学生表;
```

3）查询学生的人数，代码如下。

```
SELECT COUNT(*) FROM 学生表;
```

4）查询借书人次，代码如下。

```
SELECT COUNT(*) FROM 借书表;
```

5）查询王可同学的借书详细信息，代码如下。

```
SELECT * FROM 借书详细信息视图
WHERE 姓名='王可';
```

运行结果：

```
查询学生的完整信息：
```

```
    1|张之|机械 31
    2|李红|电气 43
    3|王可|能动 35
查询学生的人数：
    3
查询借书人次：
    3
查询王可同学的借书详细信息：
    3|王可|2|Android 基础教程|2015-03-08
    3|王可|3|Android 高级编程|2015-03-08
```

【例 9-3】 设计图书借还系统中的图书信息管理功能部分。

题目分析：

本题的数据库设计主要完成一个图书借还书数据库和图书表的结构，程序界面设计包括增、删、改、查 4 个 Button 控件、输入图书的主要信息（书号、书名、作者、出版社、定价、出版日期）6 个 EditText 控件，以及显示查询结果的 1 个 TextView 控件。程序逻辑代码中主要使用 SQLiteDatabase 类建立和打开数据库，并进行数据的增、删、改、查等操作，使用 Cursor 接口获得查询结果并显示到界面中。具体做法是建立一个活动，在其 onCreate()方法中建立或打开数据库和表结构，设计 4 个 Button 控件的 onClick 事件方法，分别完成数据的增、删、改、查操作。最后在活动的 onDestroy()方法中关闭数据库。

程序：

界面设计效果如图 9-1 所示。

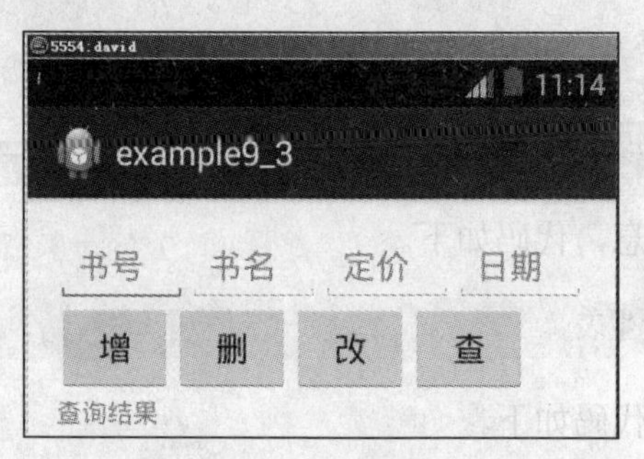

图 9-1 【例 9-3】的界面设计示意图

布局文件内容的代码如下。

```
<LinearLayout xmlns:android="http://schemas.android.com/apk/res/android"
    xmlns:tools="http://schemas.android.com/tools"
    android:id="@+id/LinearLayout1"
    android:layout_width="match_parent"
    android:layout_height="match_parent"
    android:orientation="vertical"
    android:paddingBottom="@dimen/activity_vertical_margin"
    android:paddingLeft="@dimen/activity_horizontal_margin"
    android:paddingRight="@dimen/activity_horizontal_margin"
    android:paddingTop="@dimen/activity_vertical_margin"
```

```
tools:context=".MainActivity" >

<LinearLayout
    android:layout_width="match_parent"
    android:layout_height="wrap_content" >

    <EditText
        android:id="@+id/editText1"
        android:layout_width="wrap_content"
        android:layout_height="wrap_content"
        android:layout_weight="1"
        android:ems="10"
        android:hint="书号" >

        <requestFocus />
    </EditText>

    <EditText
        android:id="@+id/editText2"
        android:layout_width="wrap_content"
        android:layout_height="wrap_content"
        android:layout_weight="1"
        android:ems="10"
        android:hint="书名" >
    </EditText>

    <EditText
        android:id="@+id/editText3"
        android:layout_width="wrap_content"
        android:layout_height="wrap_content"
        android:layout_weight="1"
        android:ems="10"
        android:hint="定价" >
    </EditText>

    <EditText
        android:id="@+id/editText4"
        android:layout_width="wrap_content"
        android:layout_height="wrap_content"
        android:layout_weight="1"
        android:ems="10"
        android:hint="日期" >
    </EditText>
</LinearLayout>

<LinearLayout
```

```
            android:layout_width="match_parent"
            android:layout_height="wrap_content" >

            <Button
                android:id="@+id/button1"
                android:layout_width="wrap_content"
                android:layout_height="wrap_content"
                android:text="增"
                android:onClick="insert" />

            <Button
                android:id="@+id/button2"
                android:layout_width="wrap_content"
                android:layout_height="wrap_content"
                android:text="删"
                android:onClick="delete" />

            <Button
                android:id="@+id/button3"
                android:layout_width="wrap_content"
                android:layout_height="wrap_content"
                android:text="改"
                android:onClick="update" />

            <Button
                android:id="@+id/button4"
                android:layout_width="wrap_content"
                android:layout_height="wrap_content"
                android:text="查"
                android:onClick="select" />
        </LinearLayout>

        <TextView
            android:id="@+id/textView1"
            android:layout_width="match_parent"
            android:layout_height="match_parent"
            android:hint="查询结果" />

    </LinearLayout>
```

活动程序文件内容的代码如下。

```
    package com.example.example9_1;

    import android.app.Activity;
    import android.database.Cursor;
    import android.database.sqlite.SQLiteDatabase;
```

```
import android.os.Bundle;
import android.text.method.ScrollingMovementMethod;
import android.view.View;
import android.widget.EditText;
import android.widget.TextView;

public class MainActivity extends Activity {

    EditText editText1 = null; // 书号编辑控件
    EditText editText2 = null; // 书名编辑控件
    EditText editText3 = null; // 作者编辑控件
    EditText editText4 = null; // 出版社编辑控件
    EditText editText5 = null; // 定价编辑控件
    EditText editText6 = null; // 出版日期编辑控件

    TextView textview1 = null; // 查询结果显示控件

    SQLiteDatabase db = null; // 数据库对象

    @SuppressWarnings("deprecation")
    @Override
    protected void onCreate(Bundle savedInstanceState) {
        super.onCreate(savedInstanceState);
        setContentView(R.layout.activity_main);

        db = this.openOrCreateDatabase("library.db", Activity.MODE_PRIVATE,
                null); // 创建和打开数据库
        String sql = "CREATE TABLE IF NOT EXISTS 图书表" + "("
                + "书号 INTEGER PRIMARY KEY," + "书名 TEXT," + "作者 TEXT,"
                + "出版社 TEXT," + "定价 REAL," + "出版日期 DATETIME" + ")";
        db.execSQL(sql); // 建立表

        editText1 = (EditText) this.findViewById(R.id.editText1);
        editText2 = (EditText) this.findViewById(R.id.editText2);
        editText3 = (EditText) this.findViewById(R.id.editText3);
        editText4 = (EditText) this.findViewById(R.id.editText4);
        editText5 = (EditText) this.findViewById(R.id.editText5);
        editText6 = (EditText) this.findViewById(R.id.editText6);
        textview1 = (TextView) this.findViewById(R.id.textView1);
        textview1.setMovementMethod(ScrollingMovementMethod.getInstance()); // 文本框滚动
                                                                              // 效果
    }

    public void insert(View view) { // 增加数据
        int id = Integer.parseInt(editText1.getText().toString());
        String name = editText2.getText().toString();
```

```
        String author = editText3.getText().toString();
        String press = editText4.getText().toString();
        // String s=editText5.getText().toString();
        double price = Double.parseDouble(editText5.getText().toString());
        String pressdate = editText6.getText().toString();
        String sql = "INSERT INTO  图书表   VALUES(" + id + ",'" + name + "','"
                + author + "','" + press + "'," + price + ",'" + pressdate
                + "')";
        db.execSQL(sql);
    }

    public void delete(View view) { //  删除数据
        int id = Integer.parseInt(editText1.getText().toString());
        db.execSQL("DELETE FROM  图书表   WHERE  书号=" + id);
    }

    public void update(View view) { //  修改数据
        int id = Integer.parseInt(editText1.getText().toString());
        String name = editText2.getText().toString();
        String author = editText3.getText().toString();
        String press = editText4.getText().toString();
        double price = Double.parseDouble(editText5.getText().toString());
        String pressdate = editText6.getText().toString();
        String sql = "UPDATE  图书表   SET  书名='" + name + "'," + "作者='" + author
                + "'," + "出版社='" + press + "'," + "定价=" + price + ","
                + "出版日期='" + pressdate + "'" + " WHERE  书号=" + id;
        db.execSQL(sql);
    }

    public void select(View view) { //  查询数据
        String sql = "SELECT * FROM  图书表";
        Cursor cursor = db.rawQuery(sql, null);
        textview1.setText("");
        while (cursor.moveToNext()) {
            int id = cursor.getInt(0);
            String name = cursor.getString(1);
            String author = cursor.getString(2);
            String press = cursor.getString(3);
            double price = cursor.getDouble(4);
            String pressdate = cursor.getString(5);
            textview1.append("" + id + "," + name + "," + author + "," + press
                    + "," + price + "," + pressdate + "\r\n");

        }
    }

    @Override
```

```
		protected void onDestroy() {
			db.close(); // 关闭数据库
		}

	}
```

运行结果

本例的运行结果如图 9-2 所示。

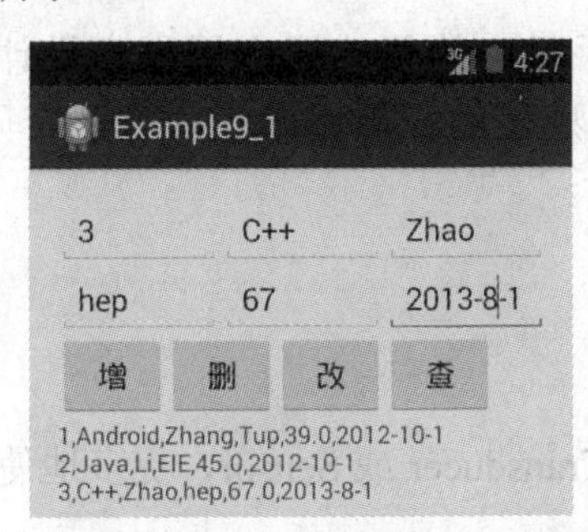

图 9-2 【例 9-3】的运行结果

扩展思考：

可以使用 SQLiteOpenHelper 类重新编写本程序中的数据库访问部分，也可以使用 ListView 控件代替 TextView 控件显示查询结果，进一步还可以考虑对学生信息和借书信息进行类似的管理。

9.4 习题 9

1. 在 SQLite3 中设计一个选课系统的数据库，至少包括学生表、课程表和选课表，字段个数、字段名称和字段类型自行确定，并各录入 5 条记录数据。

2. 按下列要求设计查询学生选课情况的 SQL 语句。

（1）“张三”同学的选课清单。

（2）选课人数及平均成绩。

（3）未选 Android 这门课的学生名单。

（4）选课超过三门或仅选一门课的学生名单。

（5）未被任何学生选的课程名单。

（6）未选任何课程的学生名单。

3. 假定学生和课程信息保持不变，设计选课系统中选课部分的 Android 程序，包括针对某个学生的选课功能、改选功能、退选功能、清除选课信息功能和查询等功能。

4. 补充设计选课系统中的学生信息管理部分的 Android 程序，包括学生信息的增、删、改、查等功能。

5. 补充设计选课系统中的课程信息管理部分的 Android 程序，包括课程信息的增、删、改、查等功能。

第 10 章　传感器应用程序设计

本章主要介绍 Android 手机中的传感器应用程序设计框架，重点介绍加速度传感器、方向传感器和光线感应传感器的应用程序设计方法，同时还介绍手机中的 GPS 数据管理方法。

10.1　传感器简介

传感器这个词来自于西文 Transducer 或 Sensor，更多地使用后者。

10.1.1　传感器

传感器是一种检测装置，它能感知到被测量的信息，并能将信息按一定规律变换为电信号或其他信息形式输出，从而完成信号或信息的传输、处理、存储、显示、记录和控制等功能要求。在自动检测系统和自动控制系统中，传感器是非常重要的一个环节。在国标 GB7665—87 中对传感器下的定义为“能感受规定的被测量件并按照一定的规律（数学函数法则）转换成可用信号的器件或装置，通常由敏感元件和转换元件组成”。来自中国物联网校企联盟的另一种解释为“传感器的存在和发展，让物体有了触觉、味觉和嗅觉等感官，让物体慢慢变得活了起来”。在新韦氏大词典中又将传感器定义为“从一个系统接收功率，通常以另一种形式将功率输送到另一个系统中的器件”。

传感器的种类也非常多，比如单功能传感器就包括电阻式传感器、变频功率传感器、称重传感器、电阻应变式传感器、压阻式传感器、热电阻传感器、激光传感器、霍尔传感器、温度传感器、无线温度传感器、智能传感器和光敏传感器等，复合型功能传感器包括生物传感器、视觉传感器、位移传感器、压力传感器、超声波测距传感器、一体化温度传感器、液位传感器、真空度传感器、电容式物位传感器、锑电极酸度传感器、酸、碱、盐浓度传感器和电导传感器等。

10.1.2　Android 传感器

由于手机自身的特性和局限性，Android 系统中设计了 11 种传感器，分别是加速度传感器、磁力传感器、方向传感器、陀螺仪传感器、光线感应传感器、压力传感器、温度传感器、接近传感器、重力传感器、线性加速度传感器和旋转矢量传感器等，而每个传感器在程序中都使用 Sensor 类的一个常量作为唯一的一个类型标识。下面对这些传感器分别进行简要介绍。

1. 加速度传感器

又称为 G-sensor，在程序中使用 Sensor.TYPE_ACCELEROMETER 来标识类型。它可以返回 x、y、z 这 3 个轴的加速度数值，数值中包含地心引力的影响，单位是 m/s^2，即米每平方秒。当将手机平放在桌面上时，x 轴默认为 0，y 轴默认为 0，z 轴默认为 9.81；将手机朝下放在桌面上时，z 轴为-9.81；将手机向左倾斜时，x 轴为正值；将手机向右倾斜时，x 轴为负值；将手机向上倾斜时，y 轴为负值；将手机向下倾斜时，y 轴为正值。

2．磁力传感器

又称为 M-sensor，在程序中使用 Sensor.TYPE_MAGNETIC_FIELD 来标识类型。它可以返回 x、y、z 这 3 个轴的环境磁场数值，单位是微特斯拉（micro-Tesla），用μT 表示，单位也可以是高斯（Gauss），1Tesla=10000Gauss。

3. 方向传感器

又称为 O-sensor，在程序中使用 Sensor.TYPE_ORIENTATION 来标识类型。它可以返回 x、y、z 这 3 个轴的角度数据，单位是角度，这 3 个数据分别为 azimuth、pitch 和 roll。其中，azimuth 表示方位，返回水平时磁北极和 y 轴的夹角，范围为 0°～360°，并定义 0°=北，90°=东，180°=南，270°=西；pitch 表示 x 轴和水平面的夹角，范围为-180°～180°，当 z 轴向 y 轴转动时，角度为正值；roll 表示 y 轴和水平面的夹角，范围为-90°～90°，当 x 轴向 z 轴转动时，角度为正值。

4. 陀螺仪传感器

又称为 Gyro-sensor，在程序中使用 Sensor.TYPE_GYROSCOPE 来标识类型。它可以返回 x、y、z 这 3 个轴的角加速度数据，单位是 radians/second，即弧度每秒。当水平逆时针旋转时，z 轴为正；水平顺时针旋转时，z 轴为负；向左旋转时，y 轴为负；向右旋转时，y 轴为正；向上旋转时，x 轴为负；向下旋转时，x 轴为正。

5. 光线感应传感器

检测实时的光线强度，光强单位是 lux，其物理意义是照射到单位面积上的光通量。光线感应传感器主要用于 Android 系统的 LCD 自动亮度功能，可以根据采样到的光强数值实时调整 LCD 的亮度，在程序中使用 Sensor.TYPE_LIGHT 来标识类型。

6. 压力传感器

返回当前的压强，单位是百帕斯卡 hectopascal（hPa），在程序中使用 Sensor.TYPE_PRESSURE 来标识类型。

7. 温度传感器

返回当前的温度，在程序中使用 Sensor.TYPE_TEMPERATURE 来标识类型。

8. 接近传感器

检测物体与手机的距离，单位是厘米。可以简化为远和近两个状态，即将最大距离返回远状态，小于最大距离返回近状态。接近传感器可用于接听电话时自动关闭 LCD 屏幕以节省电量，在程序中使用 Sensor.TYPE_PROXIMITY 来标识类型。

9. 重力传感器

又称为 GV-sensor，在程序中使用 Sensor.TYPE_GRAVITY 来标识类型。输出重力数据。在地球上，重力数值为 9.8，单位是 m/s^2，即米每平方秒，坐标系统与加速度传感器相同。

10. 线性加速度传感器

又称为 LA-sensor，在程序中使用 Sensor.TYPE_LINEAR_ACCELERATION 来标识类型。它返回的数据为重力数据，即加速度传感器减去重力影响获得的数据，单位是 m/s^2，即米每平方秒，坐标系统与加速度传感器相同。

11. 旋转矢量传感器

又称为 RV-sensor，在程序中使用 Sensor.TYPE_ROTATION_VECTOR 来标识类型。它返回的数据为设备的方向，是一个将坐标轴和角度混合计算得到的数据，包含 3 个数据，即 x*sin(theta/2)、y*sin(theta/2)和 z*sin(theta/2)，其中 x、y、z 为坐标，theta 为角度。

有时根据程序的需要，把以上全部传感器使用统一的一个标识 Sensor.TYPE_ALL 来表示。

10.2 传感器应用程序设计的方法

在进行 Android 传感器应用程序设计时，需要涉及 android.hardware 包中的以下几个接口和类。

1．SensorManager

传感器服务管理器类，提供访问和监听传感器的各种方法，从而获取传感器的数值和精度等数据，还可以进一步设置获取数据的速率和校准传感器参数等。

2．Sensor

传感器类，可以表示所关心的某种特殊传感器，通过其中的一些方法获取传感器的感知能力。

3．SensorEvent

传感器事件类，提供与传感器事件相关的信息，主要包括原始传感器数据、产生事件的传感器类型、数据精度和事件发生的时间戳。

4．SensorEventListener

传感器事件监听接口，主要声明捕获传感器数值和精度变化的两个事件处理方法。

10.2.1 传感器应用程序基本框架

根据功能的不同，使用传感器的程序设计步骤略有不同，但总体上应按照以下 5 个步骤来进行。

1）通过活动类的 getSystemService 方法建立 SensorManager 类的对象来获得手机上的传感器服务和能力。

```
SensorManager sensorManager = (SensorManager)
                    getSystemService(Context.SENSOR_SERVICE);
```

2）取得全部传感器列表。

```
List<Sensor> deviceSensors =
                    sensorManager.getSensorList(Sensor.TYPE_ALL);
```

3）判断手机设备上是否存在指定类型的传感器或默认传感器。

```
Sensor sensor =
    sensorManager.getDefaultSensor(Sensor.TYPE_GRAVITY);
    if(sensor!= null){
        List<Sensor> gravSensorList =
```

```
                    sensorManager.getSensorList(Sensor.TYPE_GRAVITY);
    }
```

4）设计传感器事件监听器，此时需要实现 SensorEventListener 接口，并编写传感器数值和精度发生变化时的两个事件处理方法。

```
public void    onSensorChanged(SensorEvent sensorEvent); 监视传感器数值变化
```

可以通过这里的 sensorEvent 参数获取传感器的 3 个值，代码如下。

```
float[] values=sensorEvent.values;
public void    onAccuracyChanged(Sensor sensor, int accuracy); 监视传感器精度变化
```

使用 sensor 参数获得传感器类型名，使用 accuracy 参数获得传感器精度，一般有 4 种。

```
SensorManager.SENSOR_STATUS_ACCURACY_LOW   低精度值
SensorManager.SENSOR_STATUS_ACCURACY_MEDIUM 中精度值
SensorManager.SENSOR_STATUS_ACCURACY_HIGH   高精度值
SensorManager. SENSOR_STATUS_ACCURACY_UNRELIABLE 精度值不可靠
```

5）注册和注销传感器监听事件。

当需要监听传感器时，注册传感器监听事件，代码如下。

```
sensorManager.registerListener(this, sensor,
                        SensorManager.SENSOR_DELAY_NORMAL);
```

其中，第 3 个参数取值如下。

SensorManager.SENSOR_DELAY_NORMAL：获取传感器数据的默认速度。标准延迟，对于一般的益智类游戏或者 EASY 级别的游戏可以满足要求，但过低的采样率可能对一些赛车类游戏有跳帧的现象。

SensorManager.SENSOR_DELAY_GAME：如果利用传感器开发游戏，建议使用该值。一般大多数实时性较高的游戏使用该级别。

SensorManager.SENSOR_DELAY_UI：若使用传感器更新 UI 图形界面, 建议使用该值。

SensorManager.SENSOR_DELAY_FASTEST：最低延迟，一般不是特别灵敏的处理不推荐使用，该模式可能造成手机电力大量消耗，而且由于传递的是大量的原始数据，算法处理不好将会影响游戏逻辑和 UI 的性能。

当不需要时可以注销传感器监听事件，代码如下。

```
sensorManager.unregisterListener(this, sensor);
```

这两个方法的调用可以放在活动中，这里的 this 是指活动本身的对象。

具体用法请参看 10.3 节【例 10-1】中的代码。

10.2.2 加速度传感器应用程序设计

加速度传感器的标识为 Sensor.TYPE_ACCELEROMETER，其坐标体系如图 10-1 所示。

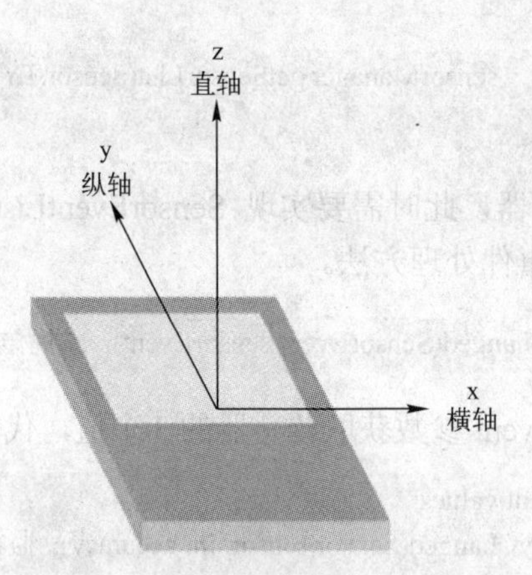

图 10-1 加速度传感器的坐标体系

当监听加速度传感器的数值发生变化时，需要设计 onSensorChanged 方法，这个方法的 sensorEvent 参数中包含 3 个值，即 sensorEvent.values 数组值中有 3 个元素：values[0]、values[1]和 values[2]，分别对应 x、y 和 z 的当前值。根据前面的介绍，x 表示左右移动的加速度，y 表示前后移动的加速度，z 表示垂直移动的加速度。这样可以根据(x,y,z)的值来确定手机的方向，当手机平放在水平面上并且 z 轴正面朝上时值为(0,0,10)，当手机平放在水平面上并且 z 轴正面朝下时值为(0,0,−10)，当手机的 x 轴朝上时值为(10,0,0)，当手机的 x 轴朝下时值为(−10,0,0)，当手机的 y 轴朝上时值为(0,10,0)，当手机的 y 轴朝下时值为(10,−10,0)。

当将手机从一个方位翻转到另一个方位时，可通过调用 System.currentTime Millis()方法获取两次时间的毫秒数之差，并计算两次(x,y,z)之间的距离，将这两个值相除得到翻转的速率，如果这个速率大于预设的阈值，则说明出现了手机的一次正常摇晃动作，即“摇一摇”事件发生。发生这样的事件一次就触发一个动作，从而实现自己手机的“摇一摇”功能。具体算法如下。

假设将开始时间保存到一个 lastUpdateTime 变量中，代码如下。

```
long lastUpdateTime= System.currentTimeMillis();
```

将当前时间保存到一个 currentUpdateTime 变量中，代码如下。

```
long currentUpdateTime= System.currentTimeMillis();
```

则两次检测的时间间隔值 timeInterval 如下。

```
long timeInterval = currentUpdateTime - lastUpdateTime;
```

又假设将开始的 x、y、z 值保存到 lastX、lastY 和 lastZ 变量中，代码如下。

```
float lastX = sensorEvent.values[0];
float lastY = sensorEvent.values[1];
float lastZ = sensorEvent.values[2];
```

将当前的 x、y、z 值保存到 x、y 和 z 变量中，代码如下。

```
float x = sensorEvent.values[0];
float y = sensorEvent.values[1];
float z = event.values[2];
```

则获得的 x、y、z 的变化值 deltaX、deltaY 和 deltaZ 分别如下。

```
float deltaX = x - lastX;
float deltaY = y - lastY;
float deltaZ = z - lastZ;
```

最后计算手机翻转速率 speed 的值如下。

```
double speed = Math.sqrt(deltaX * deltaX + deltaY * deltaY + deltaZ* deltaZ)
                    / timeInterval * 10000;
```

如果 speed 大于等于某个提前设定的阈值，则表示出现一次成功的“摇一摇”事件。

具体用法请参看 10.3 节【例 10-2】中的代码。

10.2.3 方向传感器应用程序设计

方向传感器的标识为 Sensor.TYPE_ORIENTATION，其坐标体系如图 10-2 所示。

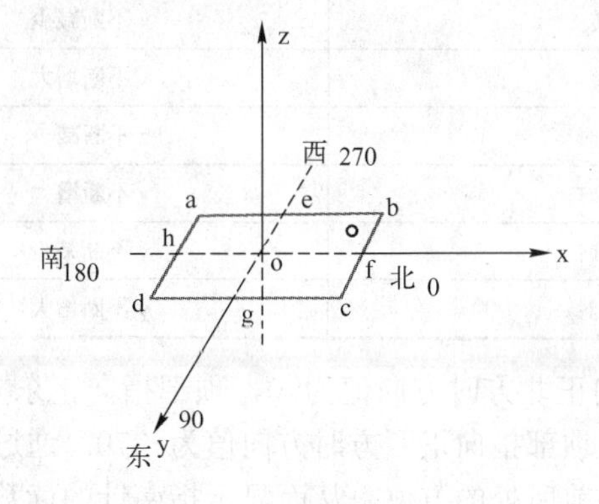

图 10-2 方向传感器坐标体系

当手机屏幕的方向发生变化时，方向传感器的坐标系统的各坐标轴不会发生变化，即方向传感器的坐标系统不会因设备的移动而改变，总是基于手机的自然方向。

当监听方向传感器的数值发生变化时，需要设计 onSensorChanged 方法，这个方法的 sensorEvent 参数中包含 3 个值，即 sensorEvent.values 数组值中有 3 个元素：values[0]、values[1]和 values[2]，分别对应手机水平时磁北极和 y 轴的夹角、x 轴和水平面的夹角、y 轴和水平面夹角的度数值。如上所述，第一个值是手机水平时磁北极和 y 轴的夹角，其范围为 0°～360°，并定义 0°=北，90°=东，180°=南，270°=西；第二个值是 x 轴和水平面的夹角，其范围为–180°～180°，当 z 轴向 y 轴转动时，角度为正值；第三个值是 y 轴和水平面的夹角，其范围为–90°～90°，当 x 轴向 z 轴转动时，角度为正值。

以图 10-2 为例，假设灰色框表示手机，带有小圈那一头是手机头部，则传感器中的 x=values[0]规定如下。

规定 x 正半轴为北，手机头部指向 of 方向，此时 x 的值为 0。如果手机头部指向 og 方向，此时 x 值为 90；指向 oh 方向，x 值为 180；指向 oe，x 值为 270。

传感器中的 y=values[1]规定如下。

将手机沿着 bc 轴慢慢向上抬起，即手机头部不动，尾部慢慢向上翘起来，直到 ad 跑到 bc 右边并落在 xoy 平面上，y 的值将在 0～180 之间变动；如果手机沿着 ad 轴慢慢向上抬起，即手机尾部不动，直到 bc 跑到 ad 左边并且落在 xoy 平面上，y 的值将在 0～-180 之间变动。

传感器中的 z=values[2]规定如下。

将手机沿着 ab 轴慢慢向上抬起，即手机左边框不动，右边框慢慢向上翘起来，直到 cd 跑到 ab 右边并落在 xoy 平面上，z 的值将在 0～180 之间变动；如果手机沿着 cd 轴慢慢向上抬起，即手机右边框不动，直到 ab 跑到 cd 左边并且落在 xoy 平面上，z 的值将在 0～-180 之间变动。

可以对照表 10-1 来理解这 3 个值。

表 10-1　方向传感器的 3 个坐标值

手机状态	数值状态	数值范围
手机水平放置，顶部指向正北方	x、y、z 方向值为 0	0
水平逆时针旋转	x 不断减少	360～0
水平顺时针旋转	x 不断增大	0～360
当手机左侧抬起时	z 不断减少	0～-180
当手机右侧抬起时	z 不断增大	0～180
当手机顶部抬起时	y 不断减少	0～-180
当手机底部抬起时	y 不断增大	0～180

因此，当手机顶部指向正北方时方向值为 0，顶部指向正东方时方向值为 90，顶部指向正南方时方向值为 180，顶部指向正西方时方向值为 270。通过判断这些数据所在的方向值范围，就可以确定手机当前所处的方位，从而显示指南针的读数。

可以据此设计一个非常简洁的程序界面，其中包括一张指南针的图片与相关方位的度数显示。上方小箭头所指方向代表当前的方向。指南针图片会根据所指方位做出相应的旋转，上方度数也会做出适当的响应，显示当前方位和方向读数。

首先在 onSensorChanged 方法中获得 sensorEvent 参数的值如下。

```
float degree = sensorEvent.values[0];
```

初始角度变量为_decDegree。

```
float _decDegree=0;
```

假设角度灵敏度为 2.5，范围灵敏度为 22，则当 Math.abs(_decDegree – degree) >= 2.5 条件满足时，以下算法得到当前手机顶部所朝向的方位。

```
_decDegree = degree;
int range = 22;
String degreeStr = String.valueOf(_decDegree);
// 指向正北
if(_decDegree > 360 - range && _decDegree < 360 + range){
    _message = "正北 " + degreeStr + "° ";
}
// 指向正东
if(_decDegree > 90 - range && _decDegree < 90 + range){
    _message = "正东 " + degreeStr + "° ";
}
// 指向正南
if(_decDegree > 180 - range && _decDegree < 180 + range {
    _message = "正南 " + degreeStr + "° ";
}
// 指向正西
if(_decDegree > 270 - range && _decDegree < 270 + range {
    _message = "正西 " + degreeStr + "° ";
}
// 指向东北
if(_decDegree > 45 - range && _decDegree < 45 + range){
    _message = "东北 " + degreeStr + "° ";
}
// 指向东南
if(_decDegree > 135 - range && _decDegree < 135 + range){
    _message = "东南 " + degreeStr + "° ";
}
// 指向西南
if(_decDegree > 225 - range && _decDegree < 225 + range){
    _message = "西南 " + degreeStr + "° ";
}
// 指向西北
if(_decDegree > 315 - range && _decDegree < 315 + range){
    _message = "西北 " + degreeStr + "° ";
}
```

10.2.4 光线感应传感器应用程序设计

光线感应传感器一般放置在手机顶部的一个小孔处，主要用来检测手机周围光的强度，最大值是 120000.0f，单位为勒克斯（lux），其标识为 Sensor.TYPE_LIGHT。当监听到光线感应传感器的数值发生变化时，需要设计 onSensorChanged 方法，这个方法的 sensorEvent 参数中包含 3 个值，即 sensorEvent.values 数组值中有 3 个元素：values[0]、values[1]和 values[2]，这里仅需要 values 数组中的第一个元素（values[0]）的值表示光强。

Android SDK 将光线强度分为 8 个不同的等级，每一个等级的最大值由 SensorManager 类的一个浮点数静态常量来表示。

```
public static final float LIGHT_SUNLIGHT_MAX =120000.0f;
public static final float LIGHT_SUNLIGHT=110000.0f;
public static final float LIGHT_SHADE=20000.0f;
public static final float LIGHT_OVERCAST= 10000.0f;
public static final float LIGHT_SUNRISE= 400.0f;
public static final float LIGHT_CLOUDY= 100.0f;
public static final float LIGHT_FULLMOON= 0.25f;
public static final float LIGHT_NO_MOON= 0.001f;
```

上面的 8 个常量只是一些临界值，实际使用时需要微调到一个范围。举例来说，当太阳逐渐升起时，values[0]的值很可能会超过 LIGHT_SUNRISE；当 values[0]的值逐渐增大时，就会逐渐越过 LIGHT_OVERCAST，而达到 LIGHT_SHADE；当天气特别好时，values[0]的值也可能会达到 LIGHT_SUNLIGHT，甚至更高。

可以在 onSensorChanged 方法中获得光线强度的值如下。

```
float lightness = event.values[0];
```

可以在手机上显示这个值。

```
textView1.setText(""+lightness );
```

也可以根据这个值的大小提示当前光线的强弱，并做出一些建议，代码如下。

```
if(lightness>=SensorManager.SUNLIGHT){
    textView1.setText("光线太强了");
}
if(lightness>=SensorManager.CLOUDY && lightness<=SensorManager.OVERCAST){
    textView1.setText("光线正好适合了");
}
if(lightness<=SensorManager.FULLMOON){
    textView1.setText("光线太弱了");
}
```

还可以根据这个值的大小自动调整界面背景颜色，代码如下。

```
if(lightness>=SensorManager.SUNLIGHT){
    textView1.setBackgroundColor(Color.Black);
}
if(lightness>=SensorManager.CLOUDY && lightness<=SensorManager.OVERCAST){
    textView1.setBackgroundColor(Color.GRAY);
}
if(lightness<=SensorManager.FULLMOON){
    textView1.setBackgroundColor(Color.WHITE);
}
```

10.2.5　GPS 位置服务应用程序设计

GPS 的全称是 Global Positioning System，即全球定位系统，从历史上看，1958 年美国军方开始启动第一个 GPS 项目，到了 1964 年正式投入使用。20 世纪 70 年代，美国陆海空三军联合研制了新一代卫星定位系统 GPS，为这一领域提供实时、全天候和全球性的导航服务，并用于情报收集、核爆监测和应急通信等一些军事目的。经过 20 多年的研究实验，到 20 世纪 90 年代中期，全球 GPS 的覆盖率高达 98%，有多达 24 颗 GPS 卫星星座也已布设完成。

GPS 定位原理是根据高速运动的卫星瞬间位置作为已知的起算数据，采用空间距离后方交会的方法，确定待测点的位置。假设 t 时刻在地面待测点上安置 GPS 接收机，可以测定 GPS 信号到达接收机的时间Δt，再加上接收机所接收到的卫星星历等其他数据，据此就可以确定以下 4 个方程式，从而得出该点的实际位置，如图 10-3 所示。

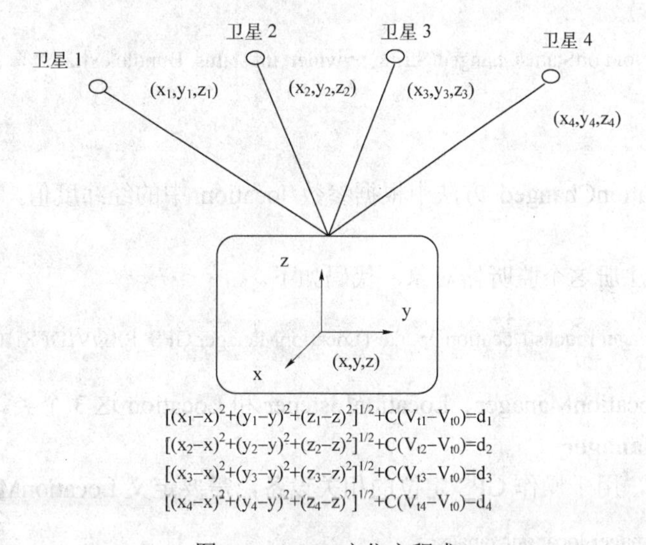

$$[(x_1-x)^2+(y_1-y)^2+(z_1-z)^2]^{1/2}+C(V_{t1}-V_{t0})=d_1$$
$$[(x_2-x)^2+(y_2-y)^2+(z_2-z)^2]^{1/2}+C(V_{t2}-V_{t0})=d_2$$
$$[(x_3-x)^2+(y_3-y)^2+(z_3-z)^2]^{1/2}+C(V_{t3}-V_{t0})=d_3$$
$$[(x_4-x)^2+(y_4-y)^2+(z_4-z)^2]^{1/2}+C(V_{t4}-V_{t0})=d_4$$

图 10-3　GPS 定位方程式

GPS 这种定位方式有许多特点，比如全球全天候定位、定位的精度高、观测时间较短、测站间无须通信、仪器操作简便、可提供全球统一的三维地心坐标。目前，GPS 的应用越来越普遍，如巡线车辆管理、语音彩信 GPS 定位器、汽车导航和导航仪等当中都有其身影。

Android 手机系统一般都内置了 GPS 子系统，Android SDK 提供了这方面的几个接口和类。包括位置管理器类（LocationMangager）、位置监听器接口（LocationListener）、位置信息类（Location）、GPS 状态监听器接口（GpsStatus.Listener）、GPS 状态信息类（GpsStatus）和 GPS 定位卫星类（GpsSatellite）等。

在进行 GPS 应用程序设计时，首先在工程的 AndroidManifest.xml 中进行授权如下。

```
<uses-permission android:name="android.permission.ACCESS_FINE_LOCATION"/>
<uses-permission android:name="android.permission.ACCESS_COARSE_LOCATION"/>
```

接着需要使用活动的 getSystemService 方法取得 LocationMangager 的对象，以便判断是否存在 GPS 模块及 GPS 是否已经开启。

```
LocationManager locationManager =
            (LocationManager)getSystemService(Context.LOCATION_SERVICE);
if(locationManager.isProviderEnabled(LocationManager.GPS_PROVIDER)){
}
```

如果开启正常，则会直接进入到显示页面，否则会进入到 GPS 设置页面。

设计 LocationListener 接口的子类，重写 onLocationChanged 和 onStatusChanged 方法，监听位置变化和状态变化事件，并获得实时的 GPS 数据。LocationListener 对象定义格式如下。

```
private LocationListener locationListener=new LocationListener() {
    public void onLocationChanged(Location location){
    }
    public void onStatusChanged(String provider, int status, Bundle extras) {
    }
}
```

可以在 onLocationChanged 方法中根据参数 location 中的经纬度值，显示指定的地理位置信息。

最后在活动中注册这个监听器对象，代码如下。

```
locationManager.requestLocationUpdates(LocationManager.GPS_PROVIDER,1000,1,locationListener);
```

下面仅介绍 LocationManager、LocationListener 和 Location 这 3 个类。

1．LocationManager

位置管理器类，用于操作 GPS 定位的相关设备，需要定义 LocationManager 对象如下。

```
LocationManager locationManager=
(LocationManager)this.getSystemService(Context.LOCATION_SERVICE);
```

监听器对象注册方法如下。

```
void requestLocationUpdates(String provider,
                            long minTime,
                            float minDistance,
                            LocationListener listener);
```

其中，provider 参数为要注册的提供者名，即 LocationManager.GPS_PROVIDER，minTime 参数为提醒间隔的最小时间（毫秒），minDistance 参数为提醒间隔的最小距离（米），listener 参数为位置监听器对象。

2．LocationListener

为位置监听器接口，用于监听位置、位置变化，以及设备的开关与状态，需要实现这个接口编写子类，并实现以下两个方法，前者是位置变化事件方法，后者是状态变化事件方法。

```
public void onLocationChanged(Location location);
public void onStatusChanged(String provider, int status, Bundle extras);
```

3. Location

为位置信息类，可以获取时间、经纬度和海拔等位置信息，比如上面 onLocationChanged()方法中的 location 参数即位置信息。其中，使用 Location 类的 getTime()方法获得时间，getLongitude()方法获得经度，getLatitude()方法获得纬度。

具体用法请参看 10.3 节【例 10-3】中的代码。

10.3 综合例题

【例 10-1】 传感器检测程序。

本题要求检测手机中有哪些传感器，各是什么品牌型号。

题目分析：

本程序的界面采用垂直线性布局，放置一个单独的 ListView 控件，用于显示全部传感器的类型和名称。

在程序代码中，首先通过活动的 findViewById()方法获得 ListView 控件资源所对应的控件对象，接着使用活动的 getSystemService()方法获得传感器服务管理对象，即 SensorManager 类的对象，然后使用 SensorManager 的 getSensorList()方法获得全部传感器列表，每个传感器都是 Senser 类型的，最后使用 Senser 的 getType()和 getName()方法获得每个传感器的类型和名称，保存在一个 List 数组中。定义 ListView 的适配器，类型为 ArrayAdapter<String>。

程序：

界面设计效果如图 10-4 所示。

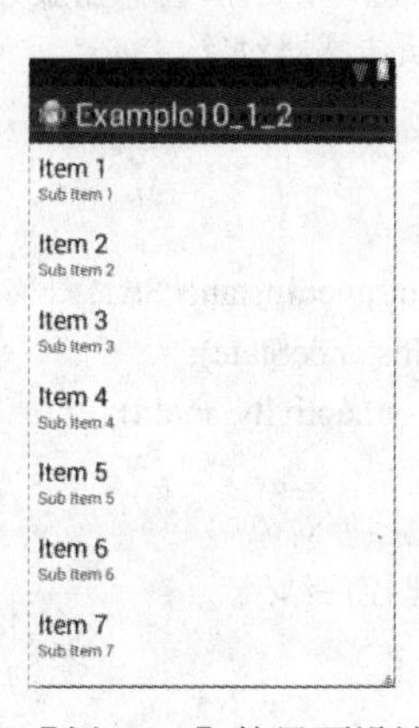

图 10-4 【例 10-1】的界面设计效果图

界面设计 XML 文件如下。

```
<?xml version="1.0" encoding="utf-8"?>
<LinearLayout xmlns:android="http://schemas.android.com/apk/res/android"
    android:layout_width="fill_parent"
    android:layout_height="fill_parent"
    android:orientation="vertical" >
```

```
    <ListView
        android:id="@+id/lv1"
        android:layout_width="fill_parent"
        android:layout_height="match_parent"
        android:hint="传感器列表" />

</LinearLayout>
```

主活动程序的代码如下。

```
package com.example.example10_1;

import java.util.ArrayList;
import java.util.List;

import android.app.Activity;
import android.hardware.Sensor;
import android.hardware.SensorManager;
import android.os.Bundle;
import android.widget.ArrayAdapter;
import android.widget.ListView;
import android.widget.TextView;

public class MainActivity extends Activity {

    SensorManager sensorManager = null; // 传感器服务管理对象
    Sensor sensor = null; // 默认传感器对象
    ListView lv1 = null; // 控件

    @Override
    public void onCreate(Bundle savedInstanceState) {
        super.onCreate(savedInstanceState);
        setContentView(R.layout.activity_main);

        initViews(); // 初始化控件对象
        initValues(); // 初始化控件结果
    }

    private void initViews() { // 初始化控件对象
        lv1 = (ListView) findViewById(R.id.lv1); // 获得 ListView 控件对象
    }

    private void initValues() { // 初始化控件结果
        sensorManager = (SensorManager) getSystemService(SENSOR_SERVICE); // 获得传感器
服务管理对象
        List<Sensor> sensors = sensorManager.getSensorList(Sensor.TYPE_ALL); // 获得全部传
```

```
感器列表

                this.setTitle("传感器列表(共" + sensors.size() + "个)"); // 在标题显示传感器数量
                List<String> dataList = new ArrayList<String>(); // ListView 每行数据
                for (Sensor oneSensor : sensors) { // 循环测试每一种传感器
                        int sensorType = oneSensor.getType(); // 获得传感器类型
                        String sensorName = oneSensor.getName(); // 获得传感器名称
                        dataList.add("" + sensorType + "," + sensorName);
                }

                ArrayAdapter<String> adapter = new ArrayAdapter<String>(this,
                                android.R.layout.simple_list_item_1, dataList); // 适配器对象
                lv1.setAdapter(adapter); // 为 ListView 设置适配器
        }

}
```

运行结果：

本例的运行结果如图 10-5 所示，其中左图为模拟器上传感器的测试结果，右图为某种真实手机上传感器的测试结果。

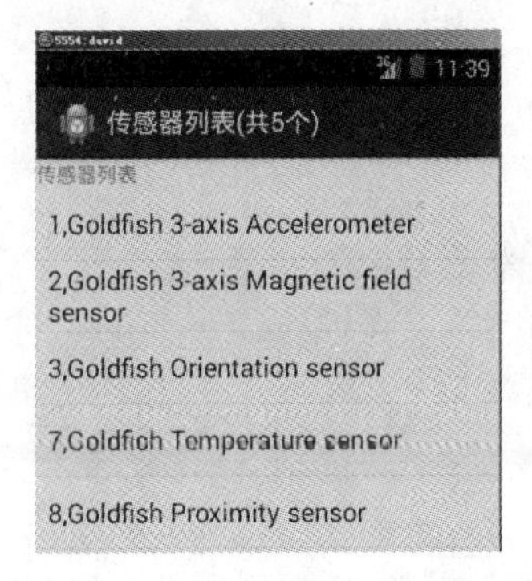

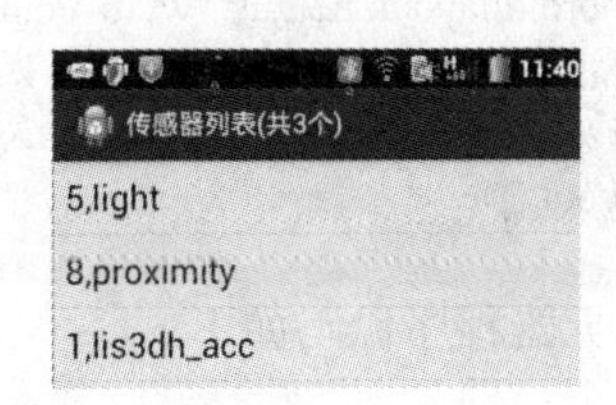

图 10-5 【例 10-1】的运行结果

【例 10-2】 加速度传感器数据测试程序。

本题要求获取加速度传感器的 x、y、z 这 3 个方向上的数据变化，以及精度值的变化。

题目分析：

在界面设计上非常简单，放置两个 TextView 控件，分别表示最新的坐标数值和精度值。在程序代码中，首先定义 SensorEventListener 的子类 MySensorEventListener 实现加速度传感器的事件监听，同时编写 onSensorChanged(SensorEvent sensorEvent)和 onAccuracyChanged(Sensor sensor, int accuracy)方法，接收加速度传感器的坐标变化数值（sensorEvent.values）和进度值（accuracy）；接着使用 getSystemService(SENSOR_SERVICE)方法获得传感器服务管理对象，使用 getDefaultSensor(Sensor.TYPE_ACCELEROMETER)方法获得传感器对象，构造传感器事件监听器 MySensorEventListener 的对象；最后使用 registerListener 方法对传感器服务管理对象注册加速度传感器的事件监听器。

程序：

界面设计效果图如图 10-6 所示。

图 10-6 【例 10-2】的界面设计效果图

界面设计 XML 文件如下。

```
<?xml version="1.0" encoding="utf-8"?>
<LinearLayout xmlns:android="http://schemas.android.com/apk/res/android"
    android:layout_width="fill_parent"
    android:layout_height="fill_parent"
    android:orientation="vertical" >

    <TextView
        android:id="@+id/tv1"
        android:layout_width="fill_parent"
        android:layout_height="wrap_content"
        android:hint="坐标值" />

    <TextView
        android:id="@+id/tv2"
        android:layout_width="fill_parent"
        android:layout_height="wrap_content"
        android:hint="精度" />

</LinearLayout>
```

加速度事件监听器程序代码如下。

```
class MySensorEventListener implements SensorEventListener {

    @Override
    public void onSensorChanged(SensorEvent sensorEvent) { // 加速度传感器坐标值变化方法
        float[] values = sensorEvent.values; // 获得加速度传感器坐标值
        String str = "(" + (int) values[0] + "," + (int) values[1] + ","
                + (int) values[2] + ")";
        tv1.setText(str); // 显示坐标值
    }

    @Override
    public void onAccuracyChanged(Sensor sensor, int accuracy) { // 加速度传感器精度变化方法
        String str = "";
        switch (accuracy) { // 获得精度值
        case SensorManager.SENSOR_STATUS_ACCURACY_HIGH:
            str = "高精度值";
```

```
                break;
            case SensorManager.SENSOR_STATUS_ACCURACY_LOW:
                str = "低精度值";
                break;
            case SensorManager.SENSOR_STATUS_ACCURACY_MEDIUM:
                str = "中精度值";
                break;
            default:
                str = "精度值不可靠";
                break;
            }
            tv2.setText(str);// 显示精度值
        }

    }
```

主活动程序代码如下。

```
package com.example.example10_2;

import android.app.Activity;
import android.hardware.Sensor;
import android.hardware.SensorEvent;
import android.hardware.SensorEventListener;
import android.hardware.SensorManager;
import android.os.Bundle;
import android.widget.TextView;

public class MainActivity extends Activity {

    private TextView tv1 = null;// 坐标值显示控件对象
    private TextView tv2 = null;// 精度值显示控件对象

    private SensorManager sensorManager = null; // 传感器服务管理对象
    private Sensor sensor = null; // 传感器对象

    MySensorEventListener mySensorEventListener = null;

    @Override
    protected void onCreate(Bundle savedInstanceState) {
        super.onCreate(savedInstanceState);
        setContentView(R.layout.activity_main);

        setTitle("加速度传感器检测"); // 窗口标题
        tv1 = (TextView) findViewById(R.id.tv1); // 获得坐标值显示控件对象
        tv2 = (TextView) findViewById(R.id.tv2); // 获得精度值显示控件对象

        sensorManager = (SensorManager) getSystemService(SENSOR_SERVICE);
```

```
                                                        // 获得传感器服务管理对象
        sensor = sensorManager.getDefaultSensor(Sensor.TYPE_ACCELEROMETER);
                                                        // 获得传感器对象
        mySensorEventListener = new MySensorEventListener();
    }

    @Override
    protected void onResume() {
        super.onResume();
        sensorManager.registerListener(mySensorEventListener, sensor,
                SensorManager.SENSOR_DELAY_NORMAL); // 注册加速度传感器的事件
监听器

    }

    @Override
    protected void onPause() {
        super.onPause();
        sensorManager.unregisterListener(mySensorEventListener); // 注销加速度传感器的事件
监听器
    }

}
```

运行结果：

本例的运行结果如图 10-7 所示，图中为某种真实手机上传感器的测试结果。

图 10-7 【例 10-2】的运行结果

扩展思考：

以上仅考虑了加速度传感器，还可以进一步对其他类型的传感器进行数据测试。

【例 10-3】 设计一个 GPS 位置提醒服务程序。

本题要求通过 GPS 实时获取手机或模拟器所在的当前时间、经度、纬度和海拔。

题目分析：

在界面设计上非常简单，放置一个 TextView 控件，用于显示手机或模拟器所在的当前时间、经度、纬度和海拔等数据。

在程序中，首先定义位置监听器接口 LocationListener 的子类 MyLocationListener，主要实现位置信息变化 onLocationChanged(Location location)方法，在其中显示 location 参数中的当前时间、经度、纬度和海拔 4 个值，以及 onStatusChanged(String provider, int status, Bundle extras)方法；然后通过活动的 getSystemService(Context.LOCATION_SERVICE) 方法获得位置管理器 LocationManager 的对象；最后通过 requestLocationUpdates(String provider, long minTime, float minDistance, LocationListener listener)方法注册位置变化监听器，并通过getLastKnownLocation(LocationManager.GPS_PROVIDER)方法获得最新位置数据，或者在onLocationChanged(Location location)方法中获得最新位置数据并显示。

程序：

在部署文件 AndroidManifest.xml 中，加入如下权限。

```
<uses-permission android:name="android.permission.ACCESS_COARSE_LOCATION" />
<uses-permission android:name="android.permission.ACCESS_FINE_LOCATION" />
```

界面设计效果图如图 10-8 所示。

图 10-8 【例 10-3】的界面设计效果图

界面代码如下。

```
<?xml version="1.0" encoding="utf-8"?>
<LinearLayout xmlns:android="http://schemas.android.com/apk/res/android"
    android:layout_width="fill_parent"
    android:layout_height="fill_parent"
    android:orientation="vertical" >

    <TextView
        android:id="@+id/tv1"
        android:layout_width="fill_parent"
        android:layout_height="wrap_content"
        android:cursorVisible="false"
        android:hint="经纬度显示" />

</LinearLayout>
```

位置监听器类程序的代码如下。

```
// 位置监听器
class MyLocationListener implements LocationListener {

    // 位置信息变化时触发
    @Override
    public void onLocationChanged(Location location) {
        updateView(location);
    }

    // GPS 状态变化时触发
    @Override
```

```
        public void onStatusChanged(String provider, int status, Bundle extras) {
        }

        // GPS 开启时触发
        @Override
        public void onProviderEnabled(String provider) {
            Location location = locationManager.getLastKnownLocation(provider);
            updateView(location);
        }

        // GPS 禁用时触发
        @Override
        public void onProviderDisabled(String provider) {
            updateView(null);
        }

    }
```

主活动程序代码如下。

```
package com.example.example10_3;

import android.app.Activity;
import android.content.Context;
import android.content.Intent;
import android.location.Criteria;
import android.location.Location;
import android.location.LocationListener;
import android.location.LocationManager;
import android.os.Bundle;
import android.provider.Settings;
import android.widget.TextView;
import android.widget.Toast;

public class MainActivity extends Activity {

    private TextView tv1 = null; // 经度、纬度显示控件
    private LocationManager locationManager = null; // 位置管理器
    private MyLocationListener locationListener = new MyLocationListener();// 位置监听对象

    public void onCreate(Bundle savedInstanceState) {
        super.onCreate(savedInstanceState);
        setContentView(R.layout.activity_main);
        this.setTitle("经度纬度显示");

        tv1 = (TextView) findViewById(R.id.tv1); // 获得经度、纬度显示控件

        String serviceName = Context.LOCATION_SERVICE; // 服务名称
```

```
        locationManager = (LocationManager) getSystemService(serviceName); // 获得位置管理器

        Location location = null;

        // 获取地理位置信息时不设置查询条件
        locationManager.requestLocationUpdates(LocationManager.GPS_PROVIDER,
                1000, 1, locationListener); // 注册位置数据变化监听器
        location = locationManager
                .getLastKnownLocation(LocationManager.GPS_PROVIDER);// 获取位置信息

        updateView(location); // 显示位置信息
    }

    // 实时更新文本内容
    private void updateView(Location location) {
        if (location != null) {
            tv1.setText("你当前处在：\n\n");
            tv1.append("\n 时间："+ location.getTime());
            tv1.append("\n 东经："+ location.getLongitude());
            tv1.append("\n 北纬："+ location.getLatitude());
            tv1.append("\n 海拔："+ location.getAltitude());
        } else {
            tv1.setText("");// 清空 TextView 控件
        }
    }

    @Override
    protected void onDestroy() {
        super.onDestroy();
        locationManager.removeUpdates(locationListener);
    }

}
```

运行结果：

本例的运行结果如图 10-9 所示。

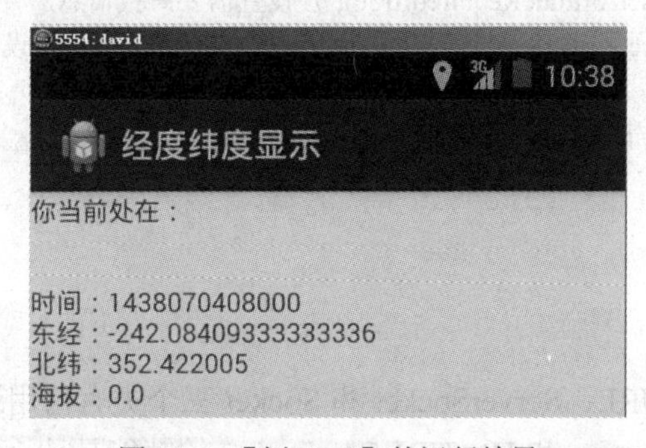

图 10-9 【例 10-3】的运行结果

扩展思考：

可以在程序中加入如下判断 GPS 是否正常启动的代码。

```
// 判断 GPS 是否正常启动
if (!locationManager.isProviderEnabled(LocationManager.GPS_PROVIDER)) { // 未启动
    Toast.makeText(this, "请开启 GPS 导航...", Toast.LENGTH_SHORT).show();
    // 返回开启 GPS 导航设置界面
    Intent intent = new Intent(Settings.ACTION_LOCATION_SOURCE_SETTINGS);
    startActivityForResult(intent, 0);
    return;

}
```

除了直接使用默认的 GSP 设备提供者 LocationManager.GPS_PROVIDER 之外，还可以设置 GPS 查询条件，即定义 Criteria 类的对象，设置查询条件参数，最后根据这个查询条件获得最佳设备提供者。代码如下。

```
// 获取地理位置信息时设置查询条件
Criteria criteria = getCriteria(); // 查询条件
String bestProvider = locationManager.getBestProvider(criteria, true); // 根据查询条件获得最佳提供者
locationManager.requestLocationUpdates(bestProvider, 2000, 0,
    locationListener); // 设置设备提供者、位置信息更新周期、位置变化最小距离和监听器
// locationManager.setTestProviderEnabled(bestProvider, true); //
// 设置允许测试 GPS 设备提供者
do {
    location = locationManager.getLastKnownLocation(bestProvider);// 获取位置信息
} while (location == null);

    // 返回查询条件
    private Criteria getCriteria() {
        Criteria criteria = new Criteria();

        criteria.setAccuracy(Criteria.ACCURACY_FINE); // 设置定位精确度为精细
        criteria.setSpeedRequired(false); // 设置要求速度
        criteria.setCostAllowed(false); // 设置不允许运营商收费
        criteria.setBearingRequired(false); // 设置不需要方位信息
        criteria.setAltitudeRequired(true); // 设置需要海拔信息
        criteria.setPowerRequirement(Criteria.POWER_LOW); // 设置对电源的需求为低

        return criteria;
    }
```

10.4 习题

1．Android 提供的 URL、ServerSocket 和 Socket 三个类有何用途？
2．URL、URLConnection 和 HttpURLConnection 的功能是什么？

3．线程是什么，它与普通程序有何主要区别？

4．Android 提供的 SQLite3 命令如何使用？

5．SQL 语言的 Select、Insert、Delete、Update 的格式各是什么？

6．SQLiteDatabase 类是干什么的、有哪些主要方法、如何使用？

7．SQLiteOpenHelper 类是干什么的、有哪些主要方法、如何使用？

8．Cursor 类是干什么的、有哪些主要方法、如何使用？

9．Android 提供的硬件传感器包括哪些？简要介绍其中的一种传感器的用法。

10．设计一个加速度传感器的应用程序，统计手机在 10s 之内摇动的次数。

11．设计一个方向传感器的应用程序，把手机当做开锁的密码器，当手机水平旋转一圈，左侧、右侧、顶部和底部各按顺序抬起一次时，显示“登录成功”，否则显示“登录失败”。

12．设计一个光线感应传感器的应用程序，根据光的强弱显示不同的界面图形形状，如矩形、三角形、菱形和圆形。

13．设计一个 GPS 校园导航演示应用程序，当移动手机到一定位置时提示到达的位置信息，地理位置信息对照表中至少有 10 条信息，可以按照经纬度建立这个对照表。

14．请查阅距离传感器的相关参考资料，研究其使用方法，然后设计一个距离传感器的应用程序，当手指在手机屏幕一定距离范围内时，改变界面的背景颜色，手指离开时又变回另一种颜色。

第11章　综合案例分析与设计

本章首先介绍MVC设计模式和JSON字符串格式，然后从一个案例入手，题目是“网络版的天气预报机器人客户端”，通过这个案例的分析与设计，着重介绍Android应用程序的开发过程，用到了面向对象编程、图形用户界面设计及网络应用编程等技术，程序总体框架采用MVC模式进行设计，即将人机界面设计、逻辑代码设计和数据管理设计3部分相分离，这样更有利于程序的团队开发，以及程序功能的维护和扩展。

11.1　MVC设计模式

MVC模式是一种软件分层次结构，它通常将软件系统分为3个基本的层次，即模型（Model）、视图（View）和控制器（Controller），简称为Model-View-Controller或“模型-视图-控制器”。采用MVC模式的目的主要是实现一种动态的程序设计结构，将界面、业务逻辑与数据相分离，既可以简化程序的复杂度，使程序结构更清晰、更直观，又可以实现程序的复用，大大降低程序的维护工作量。MVC模式的层次结构如图11-1所示，其中的实线表示各层之间的调用关系，虚线表示各层之间的反馈关系。

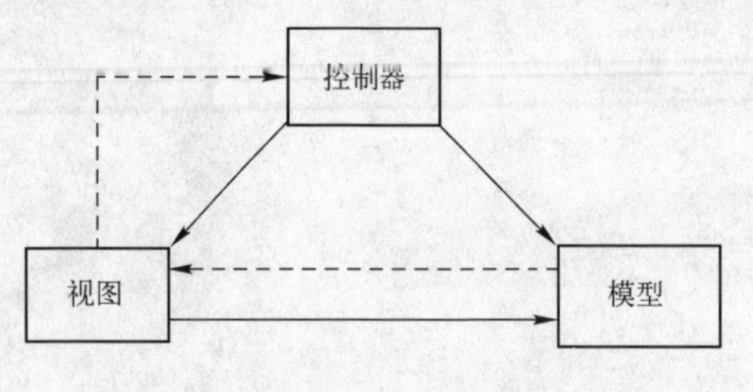

图11-1　MVC模式示意图

模型是应用程序中负责处理数据逻辑的部分，具体包括程序功能和算法的设计、数据库设计、数据管理和数据处理等功能，以及企业数据和业务规则的描述。模型独立于数据的表示格式和显示格式，不依赖视图和控制器，一个模型可以由多个视图重用，从而减少重复的代码量。在应用程序中，模型层的功能所占的比例较大。

视图负责界面上数据的显示，为用户提供友好的人机交互界面，它不去执行具体的程序逻辑和数据处理，而是由控制器调用模型来进行这些具体的工作。

控制器本身不做任何数据处理，也不输出任何结果，它负责模型与视图之间的请求转发，通过接收用户的输入并调用模型对用户的请求进行处理，调用视图对系统的应答进行显示，即它只是接收请求并决定调用哪个模型去处理请求，然后再确定用哪个视图来显示结果。控制器对模型和视图进行组织，然后控制整个应用程序的流程。

MVC 模式通过控制器将模型和视图的实现代码相分离，确保模型和视图之间的同步，从而使同一个程序可以灵活地显示各种不同的运行结果。在设计 MVC 模式时，通常的做法是将业务逻辑事务、数据访问事务和算法放在模型层上，视图层只负责数据的展示，控制器层只进行请求的转发工作。MVC 模式的这种将内容和显示相分离的较复杂的分层设计换来的是程序的健壮性、代码可重用性和结构合理性，从而提高了程序结构的弹性。

在 Android 应用程序的开发中广泛采用了 MVC 模式，其中，视图层是指采用 XML 脚本文件进行的界面描述和管理控件的脚本代码，使用时只需要引入即可；控制器层主要是指活动和事件监听器，一般不在活动原型中写过多的代码，仅通过活动交给业务逻辑层去处理；模型层完成业务计算、数据库访问和网络存取等操作，程序中的类、对象、变量、方法和事件处理等都放在模型层之中。

11.2 JSON 简介

JSON 是 JavaScript Object Notation 的缩写，即 JavaScript 对象表示法，是为 Web 应用开发者提供的一种轻量级的基于纯文本的数据交换格式。它既易于人的读写，也易于机器的解析和生成。JSON 当初主要是为网页中的 JavaScript 脚本语言准备的，但目前已经扩展到了各种流行的计算机语言中，而且 JSON 完全独立于计算机语言，并采用 C 语言的家族语言规范，包括 C、C++、C#、Java、JavaScript、Perl 和 Python 等，JSON 已经成为一种既成熟又理想的数据交换语言。

11.2.1 JSON 串的结构

JSON 采用两种结构，第一种是“名/值”对的集合，在具体的计算机语言中实际上作为一个对象、记录、结构、词典、散列表、主键列表或关联数组等看待；第二种是值的有序列表，在具体的计算机语言中实际上作为一个数组、向量、列表或序列来看待。

在 JSON 中，结构的书写形式如下。

对象，为无序的“名/值”对，以“{”开始，以“}”结束，名后跟“:”，各“名/值”对之间以“,”相间隔。举例：{ "firstName":"John" , "lastName":"Doe" , "age":28 }。

数组，为值的有序集合，以“[”开始，以“]”结束，各个值之间以“,”相间隔。举例如下。

```
{
    "authors": [{
        "firstName": "Isaac",
        "lastName": "Asimov",
        "genre": "sciencefiction"
    }, {
        "firstName": "Tad",
        "lastName": "Williams",
        "genre": "fantasy"
```

```
        }, {
            "firstName": "Frank",
            "lastName": "Peretti",
            "genre": "christianfiction"
        }],
        "musicians": [{
            "firstName": "Eric",
            "lastName": "Clapton",
            "instrument": "guitar"
        }, {
            "firstName": "Sergei",
            "lastName": "Rachmaninoff",
            "instrument": "piano"
        }]
    }
```

其中，值可以是双引号之间的一个字符串，数值，true、false、null 值，一个对象或一个数组。这些结构还可以嵌套。

字符串是 Unicode 字符序列，以双引号缠绕，可以使用“\”转义符，比如：\、\\、\/、\b、\f、\n、\r、\t 和\u 4 位十六进制数字。

数值与 C 语言、Java 语言中的非常相似，可以是整数、固定小数位浮点数和科学计数法浮点数，但只能采用十进制形式。

空白可以插入于任何一对标记之间。

11.2.2 Java 语言与 JSON 串

这里仅讨论一下如何在 Android 和 Java 语言中生成和解析 JSON 串。Android 中直接内置了 JSON 功能，在 Java 语言中，可以采用 JSON 官网提供的 Java 包 json.jar，通过 JSONObject 和 JSONArray 两个类可以非常方便地生成 JSON 对象和解析 JSON 串。下面举例说明。

1. 生成一个 JSON 对象

```
JSONObject jsonObject = new JSONObject();
jsonObject.put("firstName", "John");
jsonObject.put("lastName", "Doe");
jsonObject.put("age","28");
System.out.println(jsonObject.toString());
```

2. 解析一个 JSON 串

```
String jsonString="{ \"firstName\":\"John\" , \"lastName\":\"Doe\" , \"age\":28 }";
JSONObject jsonObject= new JSONObject(jsonString);
String firstName=(String) jsonObject.get("firstName");
String lastName=(String) jsonObject.get("lastName");
int age=(int) jsonObject.get("age");
System.out.println(firstName+","+lastName+","+age);
```

3. 生成 JSON 数组

```
JSONObject jsonObject=new JSONObject();              //JSON 对象
JSONArray jsonArray1 = new JSONArray();              //JSON 数组
JSONObject member1 = new JSONObject();               //JSON 数组元素 1
member1.put("firstName", "Isaac");
member1.put("lastName", "Asimov");
member1.put("genre","sciencefiction");
jsonArray1.put(member1);                             //加入元素 1

JSONObject member2 = new JSONObject();               //JSON 数组元素 2
member2.put("firstName", "Tad");
member2.put("lastName", "Williams");
member2.put("genre","fantasy");
jsonArray1.put(member2);

JSONObject member3 = new JSONObject();               //JSON 数组元素 3
member3.put("firstName", "Frank");
member3.put("lastName", "Peretti");
member3.put("genre","christianfiction");
jsonArray1.put(member3);
jsonObject.put("authors", jsonArray1);               //加入数组

JSONArray jsonArray2 = new JSONArray();
JSONObject member4 = new JSONObject();
member4.put("firstName", "Eric");
member4.put("lastName", "Clapton");
member4.put("instrument ","guitar");
jsonArray2.put(member4);

JSONObject member5 = new JSONObject();
member5.put("firstName", "Sergei");
member5.put("lastName", "Rachmaninoff ");
member5.put("instrument ","piano");
jsonArray2.put(member5);

jsonObject.put("musicians ", jsonArray2);
```

4. 解析 JSON 数组

```
String jsonString=
"{
    \"authors\": [{
        \"firstName\": \"Isaac\",
        \"lastName\": \"Asimov\",
        \"genre\": \"sciencefiction\"
    }, {
```

```
            \"firstName\": \"Tad\",
            \"lastName\": \"Williams\",
            \"genre\": \"fantasy\"
        }, {
            \"firstName\": \"Frank\",
            \"lastName\": \"Peretti\",
            \"genre\": \"christianfiction\"
        }],
        \"musicians\": [{
            \"firstName\": \"Eric\",
            \"lastName\": \"Clapton\",
            \"instrument\": \"guitar\"
        }, {
            \"firstName\": \"Sergei\",
            \"lastName\": \"Rachmaninoff\",
            \"instrument\": \"piano\"
        }]
    }";
    JSONObject jsonObject= new JSONObject(jsonString);                    //JSON 对象
    JSONArray jsonArray1=jsonObject.getJSONArray("authors");              //JSON 数组
    for(int i=0;i<jsonArray.length();i++){
        JSONObject user=(JSONObject) jsonArray.get(i);                    //JSON 数组元素
        String firstName=(String) user.get("firstName");
        String lastName=(String) user.get("lastName");
        String genre=(String) user.get("genre");
        System.out.println(firstName+","+lastName+","+genre);
    }

    JSONArray jsonArray2=jsonObject.getJSONArray("musicians");
    for(int i=0;i<jsonArray.length();i++){
        JSONObject user=(JSONObject) jsonArray.get(i);
        String firstName=(String) user.get("firstName");
        String lastName=(String) user.get("lastName");
        String instrument=(String) user.get("instrument");
        System.out.println(firstName+","+lastName+","+instrument);
    }
```

11.3 案例：天气预报机器人客户端

当今社会，因特网的应用非常广泛，不但可以进行资源共享、发布信息和电子商务活动，还可以提供智能系统与人进行交互，类似于一个网上的专家系统。本节将设计一个能够随时随地查询天气预报的 Android 手机客户端程序，即天气预报机器人。

天气预报信息来自于因特网上，目前中国气象网、新浪网和百度网等都提供这方面的免费信息，一般都是通过一套网络访问接口的方式来提供，用户只需要填入相关的参数就可以得到基本的城市信息和当天天气预报信息。如果需要得到进一步更新的信息，就需要注册一个用户账号并获得 APIKEY 调用密钥。以下首先介绍百度的天气预报接口，然后分析和设计一个天气预报客户端机器人程序。

11.3.1 百度天气预报接口 API

接口网址为：http://apistore.baidu.com/microservice/weather。

填入的参数格式为：cityname=城市名。

举例，如果需要得到北京的天气，可以将访问网址写为以下格式。

```
http://apistore.baidu.com/microservice/weather?cityname=北京
```

这里的城市名必须进行 UTF-8 的编码（实为一种 Unicode 的编码形式），然后才可以作为参数连同网址一起发送到百度天气预报网站。可以使用 Java 语言中的 URLEncoder 类的 encode 方法进行转换，比如，String cityname=e("北京", "utf-8"); 得到的 cityname 值为："%e5%8c%97%e4%ba%ac"。以上示例经过 UTF-8 编码后的结果如下。

```
http://apistore.baidu.com/microservice/cityinfo?cityname=%e5%8c%97%e4%ba%ac
```

其中，“%e5%8c%97%e4%ba%ac”是“北京”的 Unicode 编码方式的 URL。

网站返回的结果是 JSON 形式的字符串，格式如下。

```
{
errNum: 错误码,
errMsg: 错误信息,
retData:
{
    city: 城市,
    pinyin: 城市拼音,
    citycode: 城市编码,
    date: 日期,
    time: 发布时间,
    postCode: 邮编,
    longitude: 经度,
    latitude: 纬度,
    altitude: 海拔,
    weather: 天气情况,
    temp: 气温,
    l_tmp: 最低气温,
    h_tmp: 最高气温,
    WD: 风向,
    WS: 风力,
    sunrise: 日出时间,
    sunset: 日落时间
```

```
    }
}
```

其中，errNum 为整数值，longitude 和 latitude 为浮点数值，其他项均为字符串。当返回正确时，错误码为 0，错误信息为 success，否则，错误码为–1，错误信息为 errMsg；实际返回的数据在 retData 域中，这里只需要关心天气情况、气温、最低气温、最高气温、风向和风力等几个值就可以了。

举例，如果需要查询“北京”的天气预报，返回结果如下。

```
{
errNum: 0,
errMsg: "success",
retData:
{
    city: "\u5317\u4eac",
    pinyin: "beijing",
    citycode: "101010100",
    date: "15-09-26",
    time: " 08:00",
    postCode: "100000",
    longitude: 116.391,
    latitude: 39.904,
    altitude: "33",
    weather: "\u6674",
    temp: "10",
    l_tmp: "-4",
    h_tmp: "10",
    WD: "\u65e0\u6301\u7eed\u98ce\u5411",
    WS: "\u5fae\u98ce(<10m\/h)",
    sunrise: "07:12",
    sunset: "17:44"
  }
}
```

实际返回的 JSON 字符串的值是完整的一行 Unicode 编码形式的字符串，需要使用 Java 中的 URLDecoder 类的 decode 方法进行转换，比如：city=URLDecoder.decode("\u5317\u4eac", "GBK");得到的 city 值为：“北京”，其他的进行类似的转换。转换后的最终结果如下。

```
{
errNum: 0,
errMsg: "success",
retData:
{
    city: "北京",
```

```
      pinyin: "beijing",
      citycode: "101010100",
      date: "15-09-26",
      time: " 08:00",
      postCode: "100000",
      longitude: 116.391,
      latitude: 39.904,
      altitude: "33",
      weather: "晴",
      temp: "26",
      l_tmp: "15",
      h_tmp: "26",
      WD: "无持续风向",
      WS: "微风(<10m/h)",
      sunrise: "06:05",
      sunset: "18:06"
    }
}
```

使用 Java 的网络程序设计方法可以实现以上这些功能，涉及 URL 类、HttpURLConnection 类和 BufferedReader 类等，这些在前几章都已做过介绍。

11.3.2 人机界面设计

天气预报机器人客户端人机界面如图 11-2 所示。

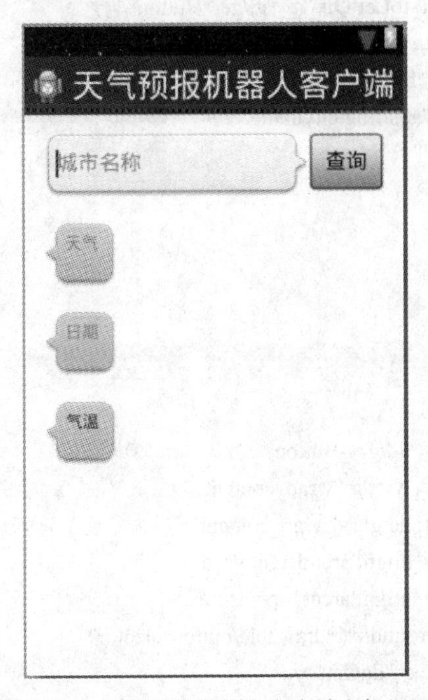

图 11-2　天气预报机器人客户端人机界面

人机界面的 XML 布局资源文件 activity_weathermain.xml 位于 res/layout 文件夹下，其内容如下。

```
<RelativeLayout xmlns:android="http://schemas.android.com/apk/res/android"
    xmlns:tools="http://schemas.android.com/tools"
    android:id="@+id/RelativeLayout1"
    android:layout_width="match_parent"
    android:layout_height="match_parent"
    android:orientation="vertical"
    android:paddingBottom="@dimen/activity_vertical_margin"
    android:paddingLeft="@dimen/activity_horizontal_margin"
    android:paddingRight="@dimen/activity_horizontal_margin"
    android:paddingTop="@dimen/activity_vertical_margin"
    tools:context="com.example.weatherclient.view.WeatherMainActivity" >

    <!-- 城市名称输入框 -->

    <EditText
        android:id="@+id/cityname_EditText"
        android:layout_width="wrap_content"
        android:layout_height="wrap_content"
        android:layout_alignParentLeft="true"
        android:layout_alignParentTop="true"
        android:layout_toLeftOf="@+id/get_Button"
        android:background="@drawable/input"
        android:ems="10"
        android:hint="@string/cityname"
        android:text="" >

        <requestFocus />
    </EditText>

    <!-- 查询按钮 -->

    <Button
        android:id="@+id/get_Button"
        android:layout_width="wrap_content"
        android:layout_height="wrap_content"
        android:layout_alignParentRight="true"
        android:layout_alignParentTop="true"
        android:background="@drawable/buttonselector"
        android:onClick="doGet"
        android:text="@string/get" />
```

```
        <!-- 天气输出框 -->

        <TextView
            android:id="@+id/weather_TextView"
            android:layout_width="wrap_content"
            android:layout_height="wrap_content"
            android:layout_below="@+id/cityname_EditText"
            android:layout_marginTop="20dp"
            android:background="@drawable/output"
            android:hint="@string/weather" />

        <!-- 日期输出框 -->

        <TextView
            android:id="@+id/date_TextView"
            android:layout_width="wrap_content"
            android:layout_height="wrap_content"
            android:layout_below="@+id/weather_TextView"
            android:layout_marginTop="20dp"
            android:background="@drawable/output"
            android:hint="@string/date" />

        <!-- 气温输出框 -->

        <TextView
            android:id="@+id/temp_TextView"
            android:layout_width="wrap_content"
            android:layout_height="wrap_content"
            android:layout_below="@+id/date_TextView"
            android:layout_marginTop="20dp"
            android:background="@drawable/output"
            android:text="@string/temp" />

    </RelativeLayout>
```

字符串资源文件 strings.xml 位于 res/values 文件夹下，其内容如下。

```
    <?xml version="1.0" encoding="utf-8"?>
    <resources>

        <string name="app_name">天气预报机器人客户端</string>
        <string name="cityname">城市名称</string>
        <string name="get">查询</string>
        <string name="weather">天气</string>
        <string name="date">日期</string>
```

```
    <string name="temp">气温</string>

</resources>
```

选择器资源文件 buttonselector.xml 位于 res/drawable 文件夹下，其内容如下。

```
<?xml version="1.0" encoding="utf-8"?>

<!-- 选择器 -->

<selector xmlns:android="http://schemas.android.com/apk/res/android">

    <!-- 默认时的按钮背景图片 -->
    <item android:drawable="@drawable/button_released"/>

    <!-- 按下时的按钮背景图片 -->
    <item android:drawable="@drawable/button_pressed" android:state_pressed="true"/>

    <!-- 释放时的按钮背景图片 -->
    <item android:drawable="@drawable/button_released" android:state_pressed="false"/>

</selector>
```

在 res/drawable 文件夹下，设计以下几个九格图片。
button pressed.9.png：按钮按下时的背景图。
button_released.9.png：按钮抬起时的背景图。
ic_launcher.png：程序图标。
input.9.png：输入框的背景图。
output.9.png：输出框的背景图。
另外，需要在配置文件 AndroidManifest.xml 中增加访问因特网的权限如下。

```
<uses-permission android:name="android.permission.INTERNET" />
<uses-permission android:name="android.permission.ACCESS_NETWORK_STATE" />
```

11.3.3 类设计

这里将类分为 3 种，分别是模型类 WeatherInfo、视图类 WeatherMainActivity 和控制器类 WeatherController，它们分别在包 com.example.weatherclient.model、com.example. weatherclient. view 和 com.example.weatherclient.control 中。其中，WeatherInfo 类主要是进行天气预报信息的定义，WeatherMainActivity 类是人机界面的输入输出控件和事件的管理，Weather Controller 类主要是接收人机界面的输入，并通过网络访问获得天气预报信息，保存为 WeatherInfo 类格式的数据，最后再返回给人机界面进行输出显示。

WeatherInfo 类的定义代码如下。

```
package com.example.weatherclient.model;

public class WeatherInfo { // 天气预报信息类

    private String city; // 城市
    private String pinyin; // 城市拼音
    private String citycode; // 城市编码
    private String date; // 日期
    private String time; // 发布时间

    private String postCode; // 邮编
    private String longitude; // 经度
    private String latitude; // 纬度
    private String altitude; // 海拔
    private String weather; // 天气情况

    private String temp; // 气温
    private String l_tmp; // 最低气温
    private String h_tmp; // 最高气温
    private String WD; // 风向
    private String WS; // 风力

    private String sunrise; // 日出时间
    private String sunset; // 日落时间

    public WeatherInfo() { // 默认构造方法

    }

    public WeatherInfo(String city, String pinyin, String citycode,
            String date, String time, String postCode, String longitude,
            String latitude, String altitude, String weather, String temp,
            String l_tmp, String h_tmp, String wD, String wS, String sunrise,
            String sunset) { // 带参数的构造方法
        this.city = city;
        this.pinyin = pinyin;
        this.citycode = citycode;
        this.date = date;
        this.time = time;
        this.postCode = postCode;
        this.longitude = longitude;
        this.latitude = latitude;
        this.altitude = altitude;
```

```
        this.weather = weather;
        this.temp = temp;
        this.l_tmp = l_tmp;
        this.h_tmp = h_tmp;
        WD = wD;
        WS = wS;
        this.sunrise = sunrise;
        this.sunset = sunset;
    }

    public String getCity() {
        return city;
    }

    public void setCity(String city) {
        this.city = city;
    }

    public String getPinyin() {
        return pinyin;
    }

    public void setPinyin(String pinyin) {
        this.pinyin = pinyin;
    }

    public String getCitycode() {
        return citycode;
    }

    public void setCitycode(String citycode) {
        this.citycode = citycode;
    }

    public String getDate() {
        return date;
    }

    public void setDate(String date) {
        this.date = date;
    }

    public String getTime() {
        return time;
    }
```

```
public void setTime(String time) {
    this.time = time;
}

public String getPostCode() {
    return postCode;
}

public void setPostCode(String postCode) {
    this.postCode = postCode;
}

public String getLongitude() {
    return longitude;
}

public void setLongitude(String longitude) {
    this.longitude = longitude;
}

public String getLatitude() {
    return latitude;
}

public void setLatitude(String latitude) {
    this.latitude = latitude;
}

public String getAltitude() {
    return altitude;
}

public void setAltitude(String altitude) {
    this.altitude = altitude;
}

public String getWeather() {
    return weather;
}

public void setWeather(String weather) {
    this.weather = weather;
}
```

```
public String getTemp() {
    return temp;
}

public void setTemp(String temp) {
    this.temp = temp;
}

public String getL_tmp() {
    return l_tmp;
}

public void setL_tmp(String l_tmp) {
    this.l_tmp = l_tmp;
}

public String getH_tmp() {
    return h_tmp;
}

public void setH_tmp(String h_tmp) {
    this.h_tmp = h_tmp;
}

public String getWD() {
    return WD;
}

public void setWD(String wD) {
    WD = wD;
}

public String getWS() {
    return WS;
}

public void setWS(String wS) {
    WS = wS;
}

public String getSunrise() {
    return sunrise;
}

public void setSunrise(String sunrise) {
```

```
		this.sunrise = sunrise;
	}

	public String getSunset() {
		return sunset;
	}

	public void setSunset(String sunset) {
		this.sunset = sunset;
	}

	@Override
	public String toString() {
		return "WeatherInfo [city=" + city + ", pinyin=" + pinyin
				+ ", citycode=" + citycode + ", date=" + date + ", time="
				+ time + ", postCode=" + postCode + ", longitude=" + longitude
				+ ", latitude=" + latitude + ", altitude=" + altitude
				+ ", weather=" + weather + ", temp=" + temp + ", l_tmp="
				+ l_tmp + ", h_tmp=" + h_tmp + ", WD=" + WD + ", WS=" + WS
				+ ", sunrise=" + sunrise + ", sunset=" + sunset + "]";
	}

}
```

WeatherMainActivity 类的定义代码如下。

```
package com.example.weatherclient.view;

import android.app.Activity;
import android.os.Bundle;
import android.os.Handler;
import android.os.Message;
import android.view.View;
import android.widget.EditText;
import android.widget.TextView;
import android.widget.Toast;

import com.example.weatherclient.control.WeatherController;
import com.example.weatherclient.model.WeatherInfo;

public class WeatherMainActivity extends Activity {

	EditText cityname_EditText = null; // 城市名称输入框变量
	TextView weather_TextView = null; // 天气显示框变量
	TextView date_TextView = null; // 日期显示框变量
```

```
    TextView temp_TextView = null; // 气温显示框变量

    String cityName = ""; // 城市名称变量

    private Handler handler = new WeatherHandler(); // 信息处理者对象

    @Override
    protected void onCreate(Bundle savedInstanceState) {
        super.onCreate(savedInstanceState);
        setContentView(R.layout.activity_weathermain);

        initViews(); // 初始化各控件变量方法调用
    }

    private void initViews() { // 初始化各控件变量方法定义
        cityname_EditText = (EditText) this
                .findViewById(R.id.cityname_EditText); // 初始化城市名称输入框变量
        weather_TextView = (TextView) this.findViewById(R.id.weather_TextView); // 初始化天气显
                                                                                // 示框变量
        date_TextView = (TextView) this.findViewById(R.id.date_TextView); // 初始化日期显示
                                                                          // 框变量
        temp_TextView = (TextView) this.findViewById(R.id.temp_TextView); // 初始化气温显示
                                                                          // 框变量
    }

    public void doGet(View view) { // "查询"按钮事件方法定义
        InputMethodManager imm = (InputMethodManager) getSystemService(INPUT_METHOD_
SERVICE);
        imm.toggleSoftInput(0, InputMethodManager.HIDE_NOT_ALWAYS); // 单击"查询"按钮时让
                                                                    // 手机软键盘消失
        boolean hasNetWork = WeatherController
                .checkNetWork(WeatherMainActivity.this); // 判断网络是否正常
        if (hasNetWork) { // 网络正常时
            cityName = "" + cityname_EditText.getText();
            Thread weatherThread = new WeatherThread(cityName); // 定义天气预报信息线程
                                                                // 对象
            weatherThread.start(); // 开启子线程访问网络获取数据
        } else { // 网络不正常时
            Toast.makeText(WeatherMainActivity.this, "网络连接异常，请检查配置...",
                    Toast.LENGTH_LONG).show();
        }
    }
```

```
    private class WeatherThread extends Thread { // 天气预报信息线程类定义

        String cityName = null; // 需要发送的城市名称信息

        WeatherThread(String cityName) { // 构造方法
            this.cityName = cityName; // 城市名称信息的初始化
        }

        @Override
        public void run() { // 线程方法
            WeatherInfo weatherMessage = WeatherController
                    .getWeatherFromBaidu(cityName); // 发送城市名称信息并接收天气预
                                                    // 报机器人的回复
            Message msg = Message.obtain(); // 信息对象定义
            msg.obj = weatherMessage; // 传递信息
            handler.sendMessage(msg); // 调用信息处理者在人机界面中显示信息
        }
    }

    public class WeatherHandler extends Handler { // 天气预报信息处理者类定义
        @Override
        public void handleMessage(android.os.Message msg) { // 信息处理方法定义
            WeatherInfo weatherMessage = (WeatherInfo) msg.obj; // 获得来自天气预报机器人
                                                                // 的回复
            weather_TextView.setText(weatherMessage.getWeather()); // 显示天气信息
            date_TextView.setText(weatherMessage.getDate()); // 显示日期信息
            temp_TextView.setText(weatherMessage.getTemp()); // 显示气温信息
        }
    }

}
```

WeatherController 类的定义代码如下。

```
package com.example.weatherclient.control;

import java.io.InputStream;
import java.net.HttpURLConnection;
import java.net.URL;
import java.net.URLDecoder;
import java.net.URLEncoder;
import java.util.Scanner;

import org.json.JSONObject;
```

```
import android.content.Context;
import android.net.ConnectivityManager;
import android.net.NetworkInfo;

import com.example.weatherclient.model.WeatherInfo;

public class WeatherController { // 天气预报控制器

    // 天气预报机器人访问网址
    private static final String Weather_GET_URL = "http://apistore.baidu.com/microservice/weather";

    public static WeatherInfo getWeatherFromBaidu(String cityName) { // 获得天气预报信息方法
                                                                    // 定义
        WeatherInfo weatherInfo = null;
        try {
            String urlStr = Weather_GET_URL + "?cityname="
                    + URLEncoder.encode(cityName, "utf-8"); // 对城市名称进行编码，生
                                                            // 成完整的 URL 网址
            URL url = new URL(urlStr); // 建立 URL 网址对象
            HttpURLConnection connection = (HttpURLConnection) url
                    .openConnection(); // 建立网络连接
            connection.setRequestMethod("GET"); // 设置访问方法为 GET
            connection.setConnectTimeout(5 * 1000); // 设置超时为 5s
            int code = connection.getResponseCode(); // 获取返回码
            if (code != 200) { // 返回不正确时
                return null;
            }

            InputStream is = connection.getInputStream(); // 输入流对象
            Scanner scanner = new Scanner(is, "UTF-8"); // 扫描器对象
            String jsonString = ""; // JSON 结果字符串变量
            while (scanner.hasNextLine()) { // 读取机器人回复的每一行信息
                String line = scanner.nextLine();
                jsonString = jsonString + line + "\r\n";
            }
            scanner.close(); // 关闭扫描器对象
            is.close(); // 关闭输入流对象
            connection.disconnect();// 断开网络连接

            JSONObject jsonObject = new JSONObject(jsonString); // 构造 JSON 对象变量
            int errNum = jsonObject.getInt("errNum"); // 获得错误号
            String errMsg = jsonObject.getString("errMsg"); // 获得错误信息
            if (errNum == -1) { // 访问错误时
                return null;
```

```
}
weatherInfo = new WeatherInfo(); // 构造天气预报信息对象

JSONObject jsonObject2 = (JSONObject) jsonObject.get("retData"); // 获得核心天气预
                                                                 // 报信息 JSON 对象

String city = jsonObject2.getString("city"); // 城市
city = URLDecoder.decode(city, "GBK");
weatherInfo.setCity(city);

String pinyin = jsonObject2.getString("pinyin"); // 城市拼音
weatherInfo.setPinyin(pinyin);

String citycode = jsonObject2.getString("citycode"); // 城市编码
weatherInfo.setCitycode(citycode);

String date = jsonObject2.getString("date"); // 日期
weatherInfo.setDate(date);

String time = jsonObject2.getString("time"); // 发布时间
weatherInfo.setTime(time);

String postCode = jsonObject2.getString("postCode"); // 邮编
weatherInfo.setPostCode(postCode);

String longitude = jsonObject2.getString("longitude"); // 经度
weatherInfo.setLongitude(longitude);

String latitude = jsonObject2.getString("latitude"); // 纬度
weatherInfo.setLatitude(latitude);

String altitude = jsonObject2.getString("altitude"); // 海拔
weatherInfo.setAltitude(altitude);

String weather = jsonObject2.getString("weather"); // 天气情况
// weather = new String(weather.getBytes("GBK"));
weather = URLDecoder.decode(weather, "GBK");
weatherInfo.setWeather(weather);

String temp = jsonObject2.getString("temp"); // 气温
weatherInfo.setTemp(temp);

String l_tmp = jsonObject2.getString("l_tmp"); // 最低气温
weatherInfo.setL_tmp(l_tmp);
```

```
                String h_tmp = jsonObject2.getString("h_tmp"); // 最高气温
                weatherInfo.setH_tmp(h_tmp);

                String WD = jsonObject2.getString("WD"); // 风向
                // WD = new String(WD.getBytes("GBK"));
                WD = URLDecoder.decode(WD, "GBK");
                weatherInfo.setWD(WD);

                String WS = jsonObject2.getString("WS"); // 风力
                // WS = new String(WS.getBytes("GBK"));
                WS = URLDecoder.decode(WS, "GBK");
                weatherInfo.setWS(WS);

                String sunrise = jsonObject2.getString("sunrise"); // 日出时间
                weatherInfo.setSunrise(sunrise);

                String sunset = jsonObject2.getString("sunset"); // 日落时间
                weatherInfo.setSunset(sunset);
            } catch (Exception e) {
                weatherInfo = null;
            }
            return weatherInfo;
        }

        // 检查网络是否正常
        public static boolean checkNetWork(Context context) {
            ConnectivityManager connectivity = (ConnectivityManager) context
                    .getSystemService(Context.CONNECTIVITY_SERVICE);// 获取网络管理器
            if (connectivity != null) {
                NetworkInfo info = connectivity.getActiveNetworkInfo(); // 获取网络信息
                if (info != null && info.isAvailable()) { // 判断网络是否连接
                    return true;
                }
            }
            return false;
        }

}
```

11.3.4 运行结果

天气预报机器人客户端运行结果如图 11-3 所示。

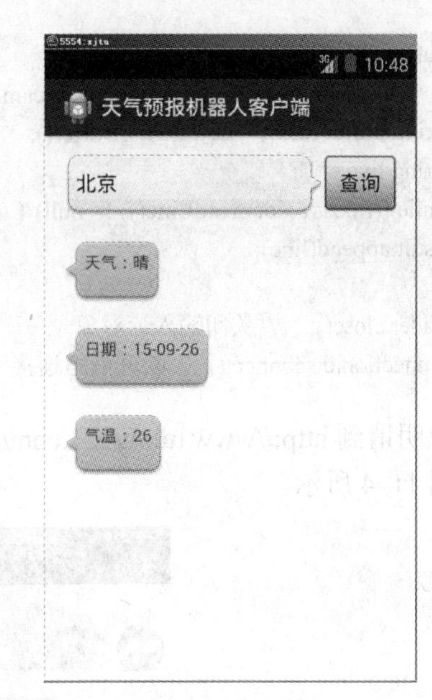

图 11-3　天气预报机器人客户端运行结果

11.3.5　扩展思考

Android 九格图的制作请读者自学，还可以将天气状况显示为图的形式，比如晴天为、多云为等。借助于 GPS 功能，可以进一步实现动态显示所在区域的天气预报信息。

11.4　习题 11

题目：设计一个网络智能机器人客户端程序。以下进行简单说明。

首先到 http://www.tuling123.com 网站注册一个账号，并获得一个具有图灵机器人访问权限的 key 字符串，如 1ca80891c02eb2edb736b8ce41591×××。

然后在程序中访问网址：http://www.tuling123.com/openapi/api，其中参数有两个，一个是 key，另一个是 info，如下所示。

```
"http://www.tuling123.com/openapi/api?key=1ca80891c02eb2edb736b8ce41591×××&info=你好"
```

最后取得网站的 JSON 返回结果，并获取其中的 code 和 text 值即可。

调用图灵机器人平台接口的片段程序如下。

```
String APIKEY = "开发者注册账号，激活之后即可获得";
String INFO = URLEncoder.encode("你好", "utf-8");
String getURL = "http://www.tuling123.com/openapi/api?key=" + APIKEY + "&info=" + INFO;
URL getUrl = new URL(getURL); // 打开网址
HttpURLConnection connection = (HttpURLConnection) getUrl.openConnection();
connection.connect(); // 建立网络连接

// 取得输入流对象，并使用 Reader 类读取信息
```

```
BufferedReader reader =
    new BufferedReader(new InputStreamReader( connection.getInputStream(), "utf-8"));
StringBuffer result = new StringBuffer();
String line = "";
while ((line = reader.readLine()) != null) { // 读取网站返回信息
result.append(line);
}
reader.close();   // 关闭输入流对象
connection.disconnect(); // 断开网络连接
```

详细说明请到 http://www.tuling123.com/openapi/cloud/access_api.jsp 网站浏览，运行结果示意图如图 11-4 所示。

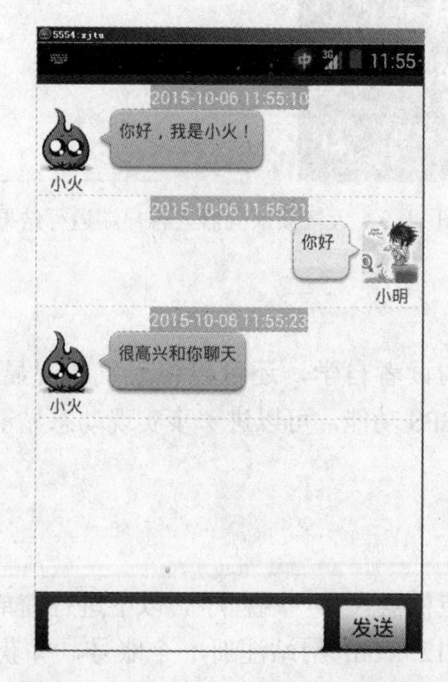

图 11-4　图灵机器人客户端人机界面

附　　录

附录A　常用的ADB命令

1．显示当前运行的全部模拟器或手机：adb devices
2．对某一模拟器执行命令：adb -s 模拟器编号 命令
3．安装软件：adb install apk 文件名称.apk
4．重新安装 apk 软件：adb install -r apk 文件名称.apk
5．卸载 apk 软件：adb uninstall apk 包名.apk
6．获取模拟器中的文件：adb pull <remote> <local>
7．向模拟器中写文件：adb push <local> <remote>
8．进入手机命令行界面：adb shell
9．重新挂载文件系统：adb remount
10．重启手机：adb reboot
11．显示系统中全部的 Android 平台：android list targets
12．显示系统中全部的 AVD（模拟器）：android list avd
13．创建 AVD（模拟器）：android create avd --name 名称 --target 平台编号
14．启动模拟器：emulator -avd 名称 -sdcard ~/名称.img [-skin 1280×800]
15．删除 AVD（模拟器）：android delete avd --name 名称
16．创建 SDCard：mksdcard 1024M ~/filename.img
17．启动 DDMS：ddms

附录B　Android SDK常用的包与类

1．java.lang　Java 语言核心包

Integer　整数类
Double　浮点数类
String　字符串类
System　系统类
Math　数学类
Thread　线程类
Class　类解析类

2．java.util　Java 语言工具包

GregorianCalendar　日期时间类
ArrayList　数组列表类
LinkedList　链表类
Scanner　输入类
Random　随机类
Stack　栈类

Vector　向量类
Hashtable　散列表类
Timer　定时器类
TreeMap　树映射类
TimerTask　定时器任务类
TreeSet　树集合类
HashMap　散列映射类
Properties　属性类
HashSet　散列集合类

3．java.io　Java 语言输入输出与文件包

File　文件类
FileReader　文本文件输入类
PrintStream　二进制标准输出类
FileWriter　文本文件输出类
FileInputStream　二进制文件输入类
BufferedReader　文本缓冲输入类
FileOutputStream　二进制文件输出类
BufferedWriter　文本缓冲输出类
DataInputStream　二进制过滤输入类
ObjectInputStream　对象输入类
DataOutputStream　二进制过滤输出类
ObjectOutputStream　对象输出类
PrintWriter　文本标准输出类

4．java.net　Java 语言网络通信包

ServerSocket　服务器端套接字类
URL　网址类
Socket　客户端套接字类
URLConnection 网址连接类
InetAddress　IP 地址类
HttpURLConnection　http 网址连接类

5．java.sql　Java 语言数据库包

DriverManager　数据库驱动程序管理类
PreparedStatement　预编译 SQL 语句类
Connection　数据库连接类
ResultSet　查询结果类
Statement　SQL 语句类

6．android.app　Android 应用程序包

Activity　活动类
Service　服务类

7．android.content　Android 内容包

Context　上下文类
ContentProvider　内容提供者类
Intent　意愿类
BroadcastReceiver　广播接收者类

8．android.database　Android 数据库包

Cursor　游标类

9．android.database.sqlite　Android SQlite 数据库包

SQLiteDatabase　SQLite 数据库类
SQLiteOpenHelper　SQLite 开放辅助类

10．android.graphics　Android 绘图包

Canvas　画布类
PointF　点类
Color　颜色类
RectF　矩形类
Paint　绘图类
Bitmap　位图类

11．android.location　Android 位置服务包

Location　位置类
LocationProvider　位置提供者类
LocationManager　位置管理者类

12．android.os　Android 操作系统包

Environment　环境变量类
Message　信息类

Vibrator 震动类

Bundle 数据绑定类

13．android.widget Android 部件包

Button 按钮

CheckBox 校验框类

DatePicker 日期选择器类

TextView 文本显示类

EditText 文本编辑类

DigitalClock 数字时钟类

ImageView 图片显示类

ListView 列表显示类

ScrollView 滚动显示类

Spinner 下拉框类

TimePicker 事件选择器类

Toast 及时对话框类

LinearLayout 线性布局类

AbsoluteLayout 绝对布局类

FrameLayout 帧布局类

TableLayout 表格布局类

GridView 单元格显示类

14．android.hardware Android 硬件包

Sensor 传感器类

SensorEvent 传感器事件类

SensorManager 传感器管理器类

SensorEventListener 传感器事件监听器

SensorListener 传感器监听器

附录 C Android 常用的资源文件及位置

布局资源：res/layout/layout.xml 文件名可变（下同）

字符串资源：res/values/strings.xml

图片资源：res/drawable/file_name.png

菜单资源：res/menu/menus.xml

颜色资源：res/values/color.xml

数组资源：/res/values/arrays.xml

尺寸资源：res/values/dimens.xml

样式资源：/res/values/styles.xml

主题资源：/res/values/themes.xml

原始 XML 资源：res/xml/test.xml

附录 D Eclipse 常用的快捷键

【Ctrl+1】快速修复

【Ctrl+D】删除当前行

【Ctrl+Alt+↓】复制当前行到下一行

【Ctrl+Alt+↑】复制当前行到上一行

【Alt+↓】当前行和下一行交换位置

【Alt+↑】当前行和上一行交换位置

【Alt+←】前一个编辑的页面

【Alt+→】下一个编辑的页面

【Alt+Enter】显示当前所选工程、资源或文件的属性

【Shift+Enter】在当前行的下一行插入空行
【Shift+Ctrl+Enter】在当前行插入空行
【Ctrl+Q】定位到最后编辑的地方
【Ctrl+L】定位到某行
【Ctrl+M】最大化或还原当前的 Edit 或 View
【Ctrl+/】注释当前行，再按则取消注释
【Ctrl+O】快速显示大纲
【Ctrl+T】快速显示当前类的继承结构
【Ctrl+W】关闭当前编辑器
【Ctrl+K】参照选中的词快速定位到下一个
【Ctrl+E】快速显示当前编辑器的下拉列表
【Ctrl+/】（小键盘）折叠当前类中的所有代码
【Ctrl+*】（小键盘）展开当前类中的所有代码
【Ctrl+Space】或【Alt+/】代码助手完成一些代码的插入
【Ctrl+Shift+E】显示管理当前打开的所有 View 的管理器
【Ctrl+J】正向增量查找
【Ctrl+Shift+J】反向增量查找
【Ctrl+Shift+F4】关闭所有打开的编辑器
【Ctrl+Shift+Y】把当前选中的文本全部变为小写
【Ctrl+Shift+F】格式化当前代码
【Ctrl+Shift+P】定位到对应的匹配符
【Alt+Shift+R】重命名
【Alt+Shift+M】抽取方法
【Alt+Shift+C】修改函数结构
【Alt+Shift+L】抽取本地变量
【Alt+Shift+F】把类中的局部变量变为成员变量
【Alt+Shift+I】合并变量
【Alt+Shift+V】移动函数和变量
【Alt+Shift+Z】取消最近的重构
【Ctrl + Z】返回到修改前的状态
【Ctrl + Y】返回到修改后的状态
【Shift + /】自动导入类包
【Ctrl + Shift + /】自动注释代码
【Ctrl + Shift + \】自动取消已经注释的代码
【Ctrl + Shif +O】自动导入类包

附录 E　Eclipse 下 Android 程序的调试方法

调试 Android 程序的第一种简单的方法是在程序代码中加入临时的输出语句

System.out.println()，显示所要观察的变量结果。

第二种方法是使用类似于 Java 语言程序的 debug 调试手段，此时需要选择 Windows→Open Perspective→Debug 命令，打开调试视图，然后设置程序代码的运行断点，最后使用调试中的快捷键定位错误即可，其中，按【Ctrl+Shift+B】组合键表示添加/去除断点、按【F7】键表示单步从函数返回，按【F6】键表示单步跳过函数，按【F5】键表示单步跳入函数，按【F8】键表示继续运行，按【Ctrl+R】组合键表示运行至行，按【F11】键表示重新运行 debug 等。比较好的方法是使用 LogCat（日志猫）来显示变量的值，首先在程序开始引入 android.util.Log 类，然后选择 windows→show view→other→android→LogCat 视图并打开，最后在程序代码中需要的地方使用类似 Log.v("name","vaue")格式的语句，程序运行中的内容将显示在 Logcat 窗口中，其中，Log 类有以下几个静态方法。

int d(String tag,String msg); 发送 DEBUG 调试日志信息。

int e(String tag,String msg); 发送 ERROR 错误日志信息。

int i(String tag,String msg); 发送 INFO 正常日志信息。

int v(String tag,String msg); 发送 VERBOSE 详细日志信息。

int w(String tag,String msg); 发送 WARN 警告日志信息。

其中，tag 参数为信息名，msg 为信息值。

第三种方法是最好的方法，是使用 ADT 自带的 DDMS（Dalvik Debug Monitor Service）插件，即 Dalvik 虚拟机调试监控服务，可以更方便和全面地调试 Android 程序。DDMS 提供的功能包括测试设备截屏、针对特定的进程查看正在运行的线程及堆信息、Logcat、广播状态信息、模拟电话呼叫、接收 SMS 和虚拟地理坐标等。以下主要介绍这种调试方法。

选择 Windows→Open Perspective→DDMS 命令打开 DDMS 视图，在 DDMS 界面中选择 Devices 菜单，查看其菜单的功能，可以看到 Debug Process（调试进程）、Update Threads（更新线程）、Update Heap（更新堆）、Cause GC（引发垃圾回收）、Stop Process（停止进程）、Screen Capture（屏幕截图）和 Reset adb（重启 Android Debug Bridge 调试桥）等菜单选项。从中可以观察到 Android 程序运行时的各种状态，比如进程信息、线程分析、堆内存的占用和结束一个进程等。此时仍然可以使用 Logcat 通过 android.util.Log 类的以上各个静态方法来查找错误和显示系统日志信息。同样可以使用 System.out.println();，其结果也会输出在 LogCat 中。还可以使用 DDMS 浏览模拟器或手机的文件系统，测试打电话、发短信及 GPS 等功能。

参 考 文 献

[1] 卫颜俊. Java 应用开发技术基础[M]. 西安：西安交通大学出版社，2008.

[2] 肖云鹏. Android 程序设计教程[M]. 北京：清华大学出版社，2013.

[3] Wei-Meng Lee. Android 4 编程入门经典[M]. 北京：清华大学出版社，2012.

[4] 郭宏志. Android 应用开发详解[M]. 北京：电子工业出版社，2010.

[5] Meier, Reto. Android 2 高级编程[M]. 北京：清华大学出版社，2010.